Renate Wahsner

Das Aktive und das Passive

Akademie der Wissenschaften der DDR
Zentralinstitut für Philosophie

Schriften
zur Philosophie und ihrer Geschichte

25

Renate Wahsner

Das Aktive und das Passive

Zur erkenntnistheoretischen Begründung der Physik durch den Atomismus – dargestellt an Newton und Kant

Akademie-Verlag · Berlin
1981

Erschienen im Akademie-Verlag, 1080 Berlin, Leipziger Straße 3–4

Lizenznummer: 202 · 100/4/81
Gesamtherstellung: IV/2/14 VEB Druckerei »Gottfried Wilhelm Leibniz«,
4450 Gräfenhainichen · 5636
Einbandgestaltung: Willi Bellert
Bestellnummer: 753 792 1 (2178/25) · LSV 0155
Printed in GDR
DDR 12,– M

Inhalt

Einleitung

Die Physik ist bekanntlich die erste Naturwissenschaft im eigentlichen Sinne, die Untersuchung ihrer erkenntnistheoretischen Problematik wird daher von maßgeblicher Bedeutung für das philosophische Verständnis des Charakters der Naturwissenschaft überhaupt sein. Vom philosophischen Begriff einer empirischen Wissenschaft hängt aber unter anderem ab, ob eine materialistische Dialektik, insbesondere eine objektive Naturdialektik konzipiert werden kann. Deshalb bedarf die gnoseologische Behandlung der Physik besonderer philosophischer Aufmerksamkeit. Diese Aufmerksamkeit muß allerdings stets die Entstehung und Entwicklung der Physik einschließen, denn eine modernistische Betrachtungsweise, die sich bei der Behandlung grundlegender erkenntnistheoretischer Fragen der Physik hauptsächlich oder gar ausschließlich auf Probleme der modernen Physik bezieht und zu wenig die ursprünglichen Fragestellungen beachtet, die einst zur Begründung der Physik geführt haben, kann dieser Aufgabe nicht gerecht werden.

So kann ohne Newton und Kant, ohne ihr positives konstruktives Verständnis, die Naturwissenschaft – auch die moderne – nicht philosophisch begriffen werden. Die von ihnen diskutierten Fragen gehören nach wie vor zu den Grundproblemen und ihre Antworten zu den Grundlagen der Physik.

Derartige Fragen, die in der modernen Physik als Grundprobleme auftreten, die die Struktur der Physik als solche und damit die Grundlagen der Physik betreffen, sind zum Beispiel: Kann die Physik auf die Annahme eines elementaren Teilchens verzichten? Können Gravitationsfeld- und Quantentheorie in einer einheitlichen Feldtheorie miteinander vereint werden? Wie ist Kosmologie möglich? Ist Kosmologie als reine Physik möglich? Diese Grundprobleme treten zum Beispiel in Gestalt der von Einstein diskutierten Frage auf, ob singularitätsfreie Theorien möglich seien, ob das Postulieren von Grenzbedingungen im Großen und im Kleinen vermeidbar sei.[1]

Daß es bislang in der Physik notwendig ist, im Unendlichkleinen und im Unendlichgroßen etwas zu setzen in Form von Rand- und Anfangsbedingungen, daß bislang keine reine Feldtheorie (Kontinuitätstheorie) ausgearbeitet werden konnte, scheint prinzipielle Gründe zu haben und scheint unter anderem

1 Vgl. S. 162, Anm. 359.

speziell darauf zu verweisen, daß man *etwas Elementares und Konstantes* in jeder physikalischen Theorie *voraussetzen muß*.

Schwierigkeiten heutiger physikalischer Theorien bzw. Probleme, deren Lösung zur Aufstellung neuer physikalischer Theorien führten, erscheinen in einem nichttrivialen Sinne als Frage nach dem Atom bzw. als seine Neubestimmung. (Im nichttrivialen Sinne – das heißt, daß das Atom nicht schlechthin als klitzekleines Bausteinchen verstanden wird, sondern als eine Lösung des Kontinuitäts- und Diskontinuitätsproblems.) Die ungelöste Frage: Was ist ein Elementarteilchen? wird gewiß hier einzuordnen sein. Doch auch das quantenphysikalische Problem: Was ist ein Zustand? bzw. das Problem, das vor der Relativitätstheorie stand: Was ist „jetzt"? gehören dazu.

Da es sich hierbei um Kernfragen der Physik handelt, insofern sich die ihnen zugrunde liegende Problematik durch die gesamte Geschichte der Physik zieht, erwuchs hieraus die Vermutung, daß der Atomismus von grundsätzlicher *erkenntnistheoretischer* Bedeutung für die Physik ist.

Um diese Vermutung zu prüfen, muß untersucht werden, welche erkenntnistheoretische Problematik der antike Atomismus enthält, wie der atomistische Grundgedanke bei Newton – dem Begründer der Physik – und wie er bei Kant – dem (vermeintlichen oder wirklichen) Erkenntnistheoretiker der Physik – aufgenommen wurde. Unter diesem Gesichtspunkt wird der Beitrag des Atomismus zur erkenntnistheoretischen Begründung der Physik diskutiert.

Den Grundgedanken des Atomismus formuliert Lukrez in seinem großen Lehrgedicht in der Weise:

> „Also die ganze Natur wie sie ist, an sich selber, bestehet
> Aus zwei Dingen allein, aus Körpern nämlich und Leerem;
> Jene liegen in diesen; dies macht die Bewegungen möglich."[2]

Mit diesem Grundgedanken, die ganze Welt, alles Bestehende, auf das Atom und das Leere, auf Körper und Raum, auf das Sein und das Nichts zu reduzieren und dadurch die Bewegung denkbar zu machen, mit diesem Grundgedanken entwickelte der Atomismus erstmals ein Prinzip physikalischer Naturdarstellung.

Wie durch Reduktion alles Bestehenden auf Atome und das Leere diese Leistung vollbracht wurde, ist auf den ersten Blick kaum zu sehen. In der marxistisch-leninistischen philosophischen Literatur wird Demokrit – mit Verweis auf Lenin, der von der Linie Demokrits und der Linie Platons spricht, um den Kampf zwischen Materialismus und Idealismus in der Philosophiegeschichte zu kennzeichnen – sehr wohl als Stammvater des Materialismus gewürdigt. Atomistische Konzeptionen werden mit materialistischen identifiziert, und es

2 Lucretius Carus, Von der Natur der Dinge, hrsg. v. O. Güthling, Leipzig 1927, Erstes Buch, Vers 410–412, S. 79.

wird die Bedeutung hervorgehoben, die der Wiederaufnahme atomistischen Gedankenguts bei der Ausarbeitung einzelner physikalischer und chemischer Theorien zukommt. Doch die erkenntnistheoretische Leistung des Atomismus bei der Lösung des Bewegungsproblems wird kaum untersucht. Damit bleibt aber die grundlegende Bedeutung des atomistischen Prinzips für die Physik im dunkeln, und mithin kann die grundlegende Bedeutung der materialistischen Philosophie für die Physik nicht voll in Erscheinung treten.

Die bürgerliche Philosophiegeschichtsschreibung sieht den Zusammenhang von Atomismus und erkenntnistheoretischer Begründung der Physik zwar durchaus – erwähnt sei nur die enzyklopädische Darstellung von Lasswitz „Geschichte der Atomistik vom Mittelalter bis Newton". Sie kann ihn jedoch in Ermangelung einer Konzeption materialistischer Naturdialektik nicht konsequent zu Ende denken.

Die erkenntnistheoretische Leistung der Atomistik für die Herausbildung von Grundprinzipien der Physik (der Physik als mathematisierter empirischer Naturwissenschaft) ist bislang am angemessensten durch namhafte Physiker gewürdigt worden.[3] Allerdings zeigen gerade die Schrödingersche Behauptung, die Verkettung der heutigen Physik mit der antiken atomistischen Weltsicht beweise, daß die Voraussetzungen der Physik nicht notwendig, sondern künstlich, nur historisch entstanden seien[4], und die Heisenbergsche Diskussion um das Elementarteilchen[5] die Notwendigkeit philosophischer, dialektisch-materialistischer Aufnahme und Verarbeitung ihrer Gedanken.

Das Prinzip einer physikalischen Darstellung der Natur entwickelten die griechischen Atomisten in Reaktion auf die von ihren Vorgängern, den Eleaten und Herakliteern, errungene Erkenntnis, daß die Bewegung widerspruchslos nicht gedacht werden kann, woraus sie schlossen, sie könne überhaupt nicht gedacht werden. Die Welt sei daher – wie die Eleaten meinten – zwar erkennbar, aber nur deshalb, weil sie in Wahrheit unbewegt sei. Nach Meinung der Herakliteer hingegen ist die Welt in ständiger Bewegung, aber nur die sinnliche

3 Vgl. z. B. A. Einstein/L. Infeld, Die Evolution der Physik, Wien 1950; E. Schrödinger, Die Natur und die Griechen, Wien 1955; W. Heisenberg, Der Teil und das Ganze, München 1969; W. Heisenberg, Was ist ein Elementarteilchen?, in: Die Naturwissenschaften, 1/1976; H. Weyl, Was ist Materie?, in: Gesammelte Abhandlungen, Bd. II, hrsg. v. K. Chandrasekharan, Berlin(West)–Heidelberg–New York 1968; H.-J. Treder, Die Trägheit und Schwere des Lichts, in: Spektrum, 7/1974; H.-J. Treder, Elementare Kosmologie, Berlin 1975.

4 E. Schrödinger, Die Natur und die Griechen, a. a. O., S. 41.

5 Über die Beziehung der modernen Elementarteilchentheorie zur antiken Philosophie schreibt Heisenberg: „Die Elementarteilchen können mit den regulären Körpern in Platos ‚Timaios' verglichen werden. Sie sind die Urbilder, die Ideen der Materie. Die Nukleinsäure ist die Idee des Lebewesens. Diese Urbilder bestimmen das ganze weitere Geschehen. Sie sind die Repräsentanten der zentralen Ordnung." (W. Heisenberg, Der Teil und das Ganze, a. a. O., S. 326).

Wahrnehmung könne Wahres über sie reflektieren, erkennbar sei die Welt jedoch nicht. Die Bewegung soll nach eleatischer wie nach herakliteischer Auffassung nicht gedacht werden können, weil das Nichtsein als nicht denkbar angesehen wurde. (Was keine Bestimmungen hat, kann nicht gedacht werden.) Mithin galt auch der Widerspruch, daß etwas ist und zugleich nicht ist, an einem Ort ist und zugleich nicht an ihm ist, als undenkbar.

Die antiken Atomisten lösten das von Eleaten und Herakliteern aus verschiedener Sicht aufgeworfene Bewegungs-, Denk- und Realitätsproblem, das der Einsicht in die Inkongruenz von (widerspruchsfreiem) Denken und Existenzweise der Wirklichkeit entsprang, also der Grundfrage der Philosophie, die hier erstmals explizit gestellt wurde. Sie fanden aus dem Dilemma – entweder befindet sich die Welt in ständigem Fluß und ist nicht erkennbar, oder sie ist erkennbar und verharrt in Unbeweglichkeit – einen genialen Ausweg, indem sie eben mit jener Reduktion alles Bestehenden auf Atome und das Leere eine Möglichkeit aufzeigten, wie Sein und Nichtsein zugleich als in der Welt existierend gedacht werden können. Die Atome repräsentieren das Sein, die Leere das Nichtsein, wobei das Nichtsein so real ist wie das Sein. Durch diese Realität des Nichtseins kann das Sein gegensätzliche Bestimmungen haben. Es ist kontinuierlich und diskontinuierlich, unteilbar und teilbar, gleich und unterschieden, unbewegt und beweglich, ewig und veränderlich, unendlich und endlich. Die erste Bestimmung betrifft jeweils das einzelne Atom, das Atom als solches, die zweitgenannte die Atomzusammensetzung, also die makroskopischen Körper bzw. überhaupt die Beziehungen der Atome zueinander. Daß es das gleiche Sein ist, dem diese verschiedenen Bestimmungen zukommen, wird dadurch gewährleistet, daß alle Atome gleicher Qualität sind. Alle haben nur Größe und Form, zwischen ihnen gibt es nur quantitative Unterschiede.

Als bedeutsam für eine physikalische Naturdarstellung folgt hieraus zunächst die universelle Vergleichbarkeit aller Vorgänge in der Welt, und es folgt, daß die sinnlich wahrgenommene Vielfalt aus minimalen Voraussetzungen abgeleitet werden kann und sich als quantitativ bestimmbare Unterschiedenheit darstellt. Es ist dies bekanntlich ein wichtiges Prinzip der Naturwissenschaft, wie zum Beispiel Einstein in seiner Schrift „Die Evolution der Physik" bemerkte. Er schreibt hier: „Von der griechischen Philosophie bis zur modernen Physik hat es in der Geschichte der Wissenschaft nie an Versuchen gefehlt, die scheinbare Vielfältigkeit des Naturgeschehens auf einige wenige einfache Grundideen und grundlegende Beziehungen zurückzuführen. Dieses Prinzip macht das Wesen jeder Naturphilosophie aus. Es kommt sogar im Denken der Atomisten zum Ausdruck."[6]

Die minimalen Voraussetzungen realisieren sich in den ein für allemal gegebenen und nicht weiter reduzierbaren Eigenschaften des Atoms. Nicht weiter reduzierbar, denn die elementaren Partikeln sollten nur solche Eigenschaften haben,

6 A. Einstein/L. Infeld, Die Evolution der Physik, a. a. O., S. 42.

ohne die ein Körper sich nicht denken läßt, also solche, die man nicht beseitigen kann (auch gedanklich nicht), wenn es noch ein Körper sein soll, Eigenschaften also, die bei *allem* Wechsel der Erscheinungen verharren. Sie bzw. das Atom als ihr Träger werden *gesetzt*, als vorhanden vorausgesetzt, so wie später von der Physik die Naturgegenstände bzw. von einzelnen physikalischen Theorien bestimmte Konstanten, die *in* dieser Theorie als das Elementare erscheinen, in ihr nicht aufgelöst werden können.

Lediglich durch die Annahme kleinster Teilchen wäre die Lösung des vor der Atomistik stehenden Problems nicht möglich gewesen, wie die Versuche von Empedokles und Anaxagoras gezeigt hatten, wonach jeder Stoff *seine* elementaren Teilchen besitzt. Hiermit wird die gesamte Problematik von der Makrowelt nur in die Mikrowelt geschoben. Da die Homöomerien des Anaxagoras dieselbe Qualität haben wie das, dessen Homöomerien sie sind, müssen sie genauso wie dieses vergänglich sein. Jedes Teilchen hat hier *alle* Eigenschaften des Zusammengesetzten.

Die Qualitäten der Atome sind im Grunde genommen die Eigenschaften des eleatischen Seins. Mit der Möglichkeit, auch das Nichtsein als real anzusehen, konnte man dieses Sein übernehmen. Die Beziehungen zwischen Sein und Nichtsein heben die „Mängel", die unliebsamen Konsequenzen des Seins der Eleaten, auf. Würden allerdings das Sein, das Volle, und das Nichtsein, das Leere, nur nebeneinander existieren, so wäre das eine Trennung der Welt in ein Diesseits und ein Jenseits, und die Erscheinungen könnten aus ihnen nicht erklärt werden. Nach der atomistischen Konzeption aber wird das Volle durch das Leere geteilt, und durch wechselnde Verhältnisse der Teile des Vollen entstehen Vielfalt und Wechsel der Dinge.

Durch den atomistischen Grundgedanken wurde auch die Idee der Pythagoreer, alles Sein aus der Zahl abzuleiten, wissenschaftlich nutzbar gemacht. Wissenschaftlich nutzbar, weil die atomistische Konzeption eine Grundlage bot, um physikalische Naturgesetze als Größengleichungen aufzustellen, mithin überhaupt Physik entwickeln zu können.

Zum einen garantiert die Unveränderlichkeit der Atome, daß im Wechsel der Erscheinungen stets etwas Konstantes erhalten bleibt, und ermöglicht so die Existenz objektiver Naturgesetze, die das notwendig Wiederholbare und Allgemeine erfassen. Zum anderen sind die Atome – durch primäre Qualitäten bestimmt und sich untereinander nur durch quantitative Differenzen unterscheidend – auch die Vorstufe der physikalischen Größen, ohne die physikalische Größengleichungen, ohne die physikalische Naturgesetze nicht formuliert werden können.

Die Qualitäten physikalischer Größen sind mit „Energie", „Länge" usw. bestimmt, gemessen werden quantitative Unterschiede. Ebenso wie die Atome sind die physikalischen Größen nicht unmittelbar sinnlich wahrnehmbar und nicht ohne Denken zu erfassen. Dies gilt in der gleichen Weise, wie man einem Produkt in der Warenproduktion nicht unmittelbar ansehen kann, daß es Träger von Wert ist. Was Wert ist, daß heißt, was es ist, das die qualitativ verschiedenen Produkte zu Gleichartigem, untereinander Austauschbarem macht, das muß durch Gedankenarbeit und durch die handelnde Tätigkeit des Menschen herausgefunden und hernach in seiner Größe bestimmt werden. Es gibt allerdings keine Methode, den primären Atomqualitäten einen Wert zuzuordnen, da sie eben nicht meßbar sind. Dies unterscheidet sie von den physikalischen Größen und verweist auf die Grenzen der erkenntnistheoretischen Begründung der Physik durch den Atomismus.

Naturwissenschaft ist bekanntlich Einzelwissenschaft. Indem die Atomisten das, was zuvor von den Eleaten global behauptet wurde, als Moment oder Teil nahmen, erzeugten sie eine Grundvoraussetzung dafür, Einzelwissenschaft ausüben zu können, fanden sie also die Möglichkeit, nicht nur das Weltganze rational (und zwar philosophisch) betrachten zu können, sondern auch Teilgebiete (und zwar physikalisch). Da das Wesen aller Erscheinungen in der Welt durch die Atome und das Leere gegeben ist, etabliert sich das Wesen nicht erst durch die universelle, den allgemeinen Zusammenhang herstellende Wechselwirkung, sondern bereits durch einige wenige Atome und den leeren Raum zwischen ihnen (zumindest hierdurch nicht weniger als durch das Ganze). So wurde die Basis einer Wissenschaft geschaffen, deren Gegenstand nicht die Welt als Totum ist, sondern einzelne ihrer Bereiche, wobei grundsätzlich jeder Bereich der Welt zu ihrem Gegenstand werden kann. Dies ist sogar unabdingbare Voraussetzung und findet in der Forderung nach universeller Vergleichbarkeit seinen Ausdruck.

Seine hier kurz skizzierte positive Leistung – die sich als Begründung des Prinzips physikalischen Denkens zusammenfaßt – erbrachte der Atomismus durch die *Verteilung* der nur in Einheit bestehenden Momente, durch eine *Verteilung der gegensätzlichen Bestimmungen und deren Hypostasierung*. Gegensätzliche begriffliche Bestimmungen (Sein und Nichtsein) werden zu zwar zusammengehörigen, aber deutlich voneinander abgegrenzten objektiven Bereichen (Atome und Leeres). Die damit vollzogene begriffliche Trennung von Materie und Raum ermöglichte aber die gedankliche Fassung der Bewegung.

Die grundlegende Bedeutung des Atomismus für die Physik erkennend, schreibt Schrödinger: „So war die Atomistik eine Waffe, geschmiedet zur Überwindung der Schwierigkeiten des mathematischen Kontinuums, deren sich Demokrit . . . völlig bewußt war. Für ihn war die Atomistik ein Mittel, die Kluft zwischen den wirklichen physikalischen Körpern und den idealisierten geometrischen Gestalten der reinen Mathematik zu überbrücken."[7]

Die Erkenntnis der Inkongruenz von Denken und Wirklichkeit sowie die Erkenntnis der Widersprüchlichkeit der Bewegung waren die Voraussetzungen, um das atomistische Prinzip, also das physikalische Denkprinzip zu entwickeln. Maßgeblich war hierbei die Konzeption eines selbständigen Raumes. Ohne

7 E. Schrödinger, Die Natur und die Griechen, a. a. O., S. 151.

einen solchen Raumbegriff wäre die gleichzeitige Realität des Seienden und des Nichtseienden nicht zu behaupten gewesen. Nun aber erschien der Raum als Möglichkeit der Bewegung, als Bedingung für die Möglichkeit der Bewegung und somit zugleich als Bedingung für die Möglichkeit der Erkenntnis, der Erkennbarkeit der Welt, und zwar einer bewegten Welt.

Die atomistische Lösung, die Bewegung denkbar zu machen, Denken und Wirklichkeit, Materie und Bewußtsein wieder miteinander zu verbinden, implizierte aber, die Existenz der *Natur als unbezweifelte Voraussetzung* zu nehmen. Die ganze Welt wurde als Natur gedacht. Die Atomisten selbst sehen das nicht in jedem Falle so, aber nach ihrer eigenen Auffassung gibt es eben nur die Atome und das Leere. Auch der Mensch ist nichts anderes. In die Atomistik ging der Mensch nur unter der Voraussetzung seiner Identität mit der Natur ein. Es wurde von dem abstrahiert, was den Kontakt zwischen Mensch und Natur herstellt, von der gegenständlich verändernden und denkenden Tätigkeit des Menschen. Es ist dies genau der (legitime) naturwissenschaftliche Standpunkt. Für die Naturwissenschaft ist es unausweichlich, die Welt unter der Form des Objekts zu betrachten, die Gleichheit von Mensch und Natur zu unterstellen.

Sowie man aber die Welt ausschließlich von diesem Standpunkt aus sieht, hat man sich, also das Subjekt, eigentlich schon ausgeschaltet. Das Subjekt wird zum äußeren Beobachter. In seiner Schrift „Die Natur und die Griechen" vermerkt Schrödinger diesen Sachverhalt und fügt hinzu: „Man darf nicht vergessen, daß wir diese Voraussetzung gemacht haben und durch sie die ganze Naturwissenschaft gefärbt ist. Aber nur ein Narr würde diese Voraussetzung nicht machen."[8] Man darf nicht diese Voraussetzung vergessen und dann in der als reines Objekt bestimmten Welt das Subjekt suchen oder aus ihr ableiten wollen, also vom naturwissenschaftlichen Standpunkt aus philosophieren wollen. Doch ohne das Subjekt-Objekt-Verhältnis zum Gegenstand der Untersuchung zu machen, kann man natürlich kein Erkenntnisproblem lösen. Und so mußte auch Demokrit den Widerspruch der Bewegung, den er durch seine atomistische Lösung aus der Welt herausnahm, ins Subjekt verlegen, um ihn dort ungelöst liegen zu lassen.[9]

Die atomistische Konzeption machte die Bewegung physikalisch denkbar, konnte aber keinen *notwendigen* Zusammenhang zwischen diesem Denkprinzip (bzw. der in dieser Weise aufgestellten Theorie) und der sinnlichen Wahrnehmung begründen. Der Atomismus konnte gerade durch die List, die ihn als philosophische Basis für die Begründung des Prinzips physikalischen Denkens geeignet machte, das offen gebliebene Erkenntnisproblem nicht lösen. Hierfür

8 Ebenda, S. 155.

9 Vgl. hierzu K. Marx, Hefte zur epikureischen, stoischen und skeptischen Philosophie, in: Karl Marx/Friedrich Engels, Werke (im folgenden: MEW), Ergänzungsband, Erster Teil, Berlin 1968; K. Marx, Doktordissertation: Differenz der demokritischen und epikureischen Naturphilosophie, in: MEW, Ergänzungsband, Erster Teil, Berlin 1968.

war eine Modifizierung des Atomismus erforderlich. In der ursprünglichen Atomistik wird das Atom seinem eigentlichen Begriffe nach als absolutes Individuum unterstellt. Diese Konzeption ist gepaart mit einem Bild vom Menschen als Einzelwesen. Auf der Grundlage der Vereinzelung des menschlichen Individuums ist das Erkenntnisproblem aber ebensowenig zu lösen, wie auf der Grundlage der Vereinzelung des physikalischen Körpers als Atom das physikalische Problem im Sinne einer ausreichenden (Theorie und Messung verknüpfenden) erkenntnistheoretischen Grundlegung einer physikalischen Theorie zu lösen ist. Die Grenze der Atomistik entspringt daraus, daß sie die Mannigfaltigkeit der Welt, die Vielfalt der Prozesse und Erscheinungen, das Werden und Vergehen durch Eigenschaften erklären will, die einem *Körper als einzelnem* zugeschrieben werden können.

Die Isolierung des physikalischen Körpers als Atom wurde aufgehoben durch den physikalischen Kraftbegriff, der die Wirkungsfähigkeit der Naturkörper unterstellt in dem Sinne, daß die Körper Kraft ausüben, indem sie *sich aufeinander beziehen,* also nichts streng Isoliertes, nichts absolut Einzelnes sind. Auf dem Fundament der in den dazwischenliegenden Jahrhunderten erarbeiteten, namentlich mit der Ausbildung der experimentellen Methode verknüpften, Voraussetzungen entwickelte Newton diese – sich über den Standpunkt des klassischen antiken Atomismus erhebende – Konzeption, indem er mit der klassischen Mechanik die erste physikalische Theorie, die erste Dynamik ausarbeitete. Dabei kam er zu dem Schluß, daß die Kraft, mit der die Körper einander anziehen, keine der Materie inhärente Eigenschaft ist, das heißt, daß sie nicht als primäre Eigenschaft der einzelnen Atome angesehen werden kann. Newton unterstellte, daß alle Körper, auch wenn sie voneinander entfernt sind, aufeinander wirken. Dies schloß er aus der Einsicht – zu der er durch sein mathematisch formuliertes und auf experimentellem Weg gewonnenes Gravitationsgesetz gekommen war –, daß *die Körper nicht an sich, sondern nur gegeneinander schwer sind.* Newton erkannte, daß Physik nur auf passiven Prinzipien, nur auf primären Atomeigenschaften, nicht errichtet werden kann.[10]

Mit der Einführung aktiver Prinzipien revolutionierte Newton das Verständnis physikalischer Erklärung. Unter „physikalisch erklären" verstand man vor Newton und allgemein noch zu seiner Zeit die Zurückführung der Erscheinungen auf die primären Eigenschaften der einzelnen Atome wie Ausdehnung, Undurchdringlichkeit, Beweglichkeit und Trägheit. Der Begründer der theoretischen Physik suchte daher zunächst immer wieder, die physikalische Ur-

10 Die in Lasswitz' Werk (K. Lasswitz, Geschichte der Atomistik vom Mittelalter bis Newton, Hildesheim 1963) vertretene Auffassung, Newton habe die fernwirkende Kraft – da nicht als Atomeigenschaft – als immaterielles Prinzip konzipiert, kann nicht akzeptiert werden. Lasswitz gelangt zu dieser Meinung, da er selbst die eigentliche erkenntnistheoretische Leistung Newtons verkennt.

sache der Gravitation in Äthermodellen zu finden, also in Modellen, die die Gravitation als Folge inhärenter Atomeigenschaften erklärten. Zugleich bewies ihm sein Gravitationsgesetz, daß die Schwere nicht den primären Eigenschaften der kleinsten Partikeln zugerechnet werden kann, und Newton war daher in den „Mathematischen Prinzipien" der Meinung, die Gravitation nur mathematisch beschrieben, aber noch nicht physikalisch erklärt zu haben. Sich einerseits voll dessen bewußt seiend, daß das, was er gefunden hatte, nur mathematisch ausgesprochen werden konnte, sah er zunächst nicht, daß ein physikalisches Gesetz *prinzipiell nicht* anders formuliert werden kann. Er betonte, daß die in seiner Physik gewonnenen Erkenntnisse nicht von der mathematischen Struktur, in der sie dargestellt wurden, losgelöst werden können und suchte eben deshalb zunächst darüber hinaus noch nach einer physikalischen Erklärung. Die Gravitation wurde als physikalische Realität aufgefaßt, als Newton sich entschloß, sie – im Gegensatz zum passiven Prinzip Trägheit – als aktives Prinzip zu bestimmen. Mit der Frage nach dem Wesen der Gravitation wurde das Problem diskutiert, inwiefern eine mathematische Größengleichung Ausdruck eines physikalischen Gesetzes sein kann, und die Einsicht in die Mathematik als Sprache der Physik gewonnen. Indem Newton aktive Prinzipien einführte, hieß „physikalisch erklären" also nicht mehr Zurückführung auf die primären (postulierten) Eigenschaften der einzelnen Atome, sondern Zurückführung auf physikalische Naturgesetze, auf Gesetze über physikalische Wechselwirkungen.

Umgekehrt folgt hieraus: Ohne Wechselwirkung gibt es keine physikalischen Naturgesetze und auch keine physikalischen Körper.

Atome müssen natürlich postuliert werden, um etwas zu setzen, wozwischen die Wechselwirkung stattfinden kann. Atome müssen nach Newton aber auch angenommen werden, soll Harmonie und Gesetzmäßigkeit in der Natur sein. Sie sind für ihn in bezug auf die Mechanik *Voraussetzungen*, können also aus dieser physikalischen Theorie nicht abgeleitet werden. Es findet dies seinen Ausdruck in der Formulierung, daß Gott – also ein außerphysikalisches Prinzip – sie geschaffen hat, und zwar genau so, wie sie als Voraussetzungen der Mechanik sein müssen. Die Existenz von Atomen mit ganz bestimmten Eigenschaften muß angenommen werden, damit die Welt so sein kann, wie sie ist, damit die Atome, indem sie aufeinander einwirken, die Naturdinge bilden können, damit die Theorie der klassischen Mechanik die Welt so beschreiben kann, wie sie es tut.

Erkennt man diesen Zusammenhang, so ist selbstverständlich, daß die durch die mechanischen Gesetze bestimmten Kräfte, die aktiven Prinzipien, auf keine Weise die Atome aufspalten können. „Keine Macht gewöhnlicher Art", schreibt Newton, „ist in der Lage zu teilen, was Gott als Ganzes geschaffen hat." Die Kräfte der Mechanik können nicht die Basis zerstören, auf der die Mechanik ruht. Keine Kraft gewöhnlicher Art könnte dies, das heißt keine der in der Mechanik definierten Kräfte.

Darin, daß Newton die Notwendigkeit sieht, Atome *und* Kräfte, also passive *und* aktive Prinzipien anzunehmen, daß er nicht versucht, die einen auf die anderen zu reduzieren, reflektiert sich seine Einsicht in die klassische Mechanik als *physikalischer Theorie,* die weder eine bloße Sammlung empirischer Daten ist noch ein rein rational ableitbares mathematisches System, das ohne experimentelle Untersuchungen Gesetzesaussagen über die Natur machen könnte. Es reflektiert sich darin Newtons Einsicht, daß Physik zwar ohne Dynamik nicht Physik sein kann, sie sich aber auch nicht in Dynamik auflöst, sondern zugleich auch auf Voraussetzungen beruht, die aus der Dynamik nicht ableitbar sind, daß eine physikalische Theorie also stets aus einem dynamischen und einem (voraus)gesetzten oder „apriorischen" Anteil besteht.

Die mit der Begründung der klassischen Mechanik erbrachte erkenntnistheoretische Leistung hob Kant ins philosophische Bewußtsein. Den Atomismus lehnte er in seiner kritischen Periode namentlich zwar ab, durch seine erkenntnistheoretische Konzeption jedoch, nach der *apriorische* Verstandesbestimmungen stets erforderlich sind, um zu notwendigen und allgemeingültigen Gesetzesaussagen zu gelangen, durch seine Einsicht, daß die Physik stets Gedankenbestimmungen voraussetzt, die sie selbst nicht weiter untersucht, durch seine Art, die Antinomie der Vernunft mittels Aufteilung der Welt in die Welt der Dinge an sich und die Welt der Erscheinungen zu lösen, durch seine Bemühung, die Mannigfaltigkeit der Welt auf kontinuierlich abstufbare Grundkräfte zu reduzieren, begründete er gerade die Notwendigkeit des atomistischen Grundgedankens für das erkenntnistheoretische Fundament der Physik, genauer: die Notwendigkeit des durch die experimentelle Methode und den Kraftbegriff modifizierten Atomismus.

Kant gelangte zu dieser Überzeugung, nachdem er zunächst von der entgegengesetzten Position ausgegangen war. In seinen Frühschriften war er bestrebt, die Eigenschaften der Atome vollständig auf Kräfte, das heißt auf aktive Prinzipien, zu reduzieren und die Newtonsche Mechanik zur Kosmogonie und Kosmologie zu erweitern. Diese Bemühung entsprang dem Bestreben, die Grundfrage der klassischen bürgerlichen Philosophie zu beantworten, also die Möglichkeit der rationalen Herrschaft des Menschen über Natur und Gesellschaft zu begründen. Zu diesem Zwecke mußte bewiesen werden, daß die ganze Welt rational, das heißt wissenschaftlich, erfaßt werden kann und zu ihrer Erklärung wie zu ihrem Bestand keines übernatürlichen Prinzips bedarf, keiner außerhalb der Welt liegenden Bedingung, außer Gottes als erstem Akteur, das heißt als erstem Beweger oder als Schöpfer der Materie. Daher und zu diesem Ziele wollte Kant zeigen, daß die seinerzeit einzige wirkliche Naturwissenschaft, die Newtonsche Mechanik, in der Lage ist, auch die Entstehung und das weitere Schicksale des Universums zu erklären. Er wollte also das Newtonsche Gravitationsgesetz nicht nur wie die mechanischen Materialisten zum Weltgesetz, sondern zur Weltgeschichte extrapolieren.

Kant glaubte, damit überhaupt erst den physikalischen Teil zur klassischen Mechanik auszuarbeiten, zu der Newton nur die mathematische Hälfte geliefert haben sollte. Er meinte, Newtons Axiome sagten nichts über die physischen Bedingungen, unter denen die mechanischen Gesetze wirken, diese seien für beliebige Welten formuliert, nicht für den wirklichen Kosmos. Im Rahmen der dynamischen Grundgesetze sollten die physikalischen Verhältnisse im Kosmos aus sich selbst heraus verstanden und eine konsistente physikalische Theorie des Kosmos entwickelt werden. Kant wollte also in dem genannten Interesse physikspezifische Bedingungen, Voraussetzungen der Physik „wegdynamisieren". Dies verweist freilich auf eine gewisse Verkennung dieser Wissenschaft. Die hier gegebene Kritik der Kantschen Darstellung soll das Ziel haben, die Problematik der Vereinigung von Atomismus und Kraftbegriff in ihrer Bedeutung für die erkenntnistheoretische Grundlegung der Physik zu verdeutlichen.

Kant glaubte, den apriorischen Teil der klassischen Mechanik reduzieren und in die Dynamik wesentlich mehr als Newton hineinlegen, die klassische Mechanik kosmologisch und kosmogonisch erweitern zu können unter der einzigen Voraussetzung, daß Materie vorhanden sei. Dies kommt in seinem berühmten Satz zum Ausdruck: „Gebet mir Materie! Ich will euch zeigen, wie eine Welt daraus entstehen soll." Diese Materie stellte sich Kant aus Atomen bestehend vor, denen die Newtonschen Gesetze eingeprägt sind. Es ließ sich diese Konzeption aber nicht konsistent durchführen. Und vor allem: Sobald sich Kant des Problems bewußt wurde, wie der Mensch zu Gesetzesaussagen kommt, gab er sein Ziel auf, alle passiven Prinzipien durch aktive zu ersetzen, und gelangte zu seinem Raum-Zeit-Apriorismus.

Obwohl Kant irrtümlicherweise meinte, dieser Apriorismus beziehe sich auf die gesamte menschliche Erkenntnis, zeigte er, indem er bei seiner Konstruktion des menschlichen Erkenntnisprozesses stets die klassische Mechanik als Modell vor Augen hatte, den „Rhythmus der Erkenntnis" dieser Mechanik auf. Da sich nun aber die Newtonsche Mechanik in dem Sinne als Protophysik erwies, daß man immer wieder auf ihre ursprünglichen Fragestellungen und Grundbegriffe zurückgreifen muß, hat Kant mit seinem Raum-Zeit-Apriorismus eine grundlegende Aussage über den physikalischen Erkenntnisprozeß überhaupt getroffen.

Kant hat – wie Hegel hervorhob – darauf aufmerksam gemacht, „daß die Physik Gedankenbestimmungen ohne deren weitere Untersuchung gebraucht, welche die wesentlichen Grundlagen ihrer Gegenstände ausmachen". „Er hat die Grundbegriffe und Grundprinzipien dieser Wissenschaft zu bestimmen versucht und zu einer sogenannten *dynamischen* Naturlehre die Veranlassung gegeben."[11] Damit hat Kant das *Bedürfnis* des philosophischen (womit gemeint ist des dialektischen, namentlich auch des naturdialektischen) Denkens begrün-

11 G. W. F. Hegel, Vorlesungen über die Geschichte der Philosophie, Leipzig 1971, Bd. III, S. 519.

det, eben – um mit Hegel zu sprechen – „den Rhythmus der Erkenntnis, der wissenschaftlichen Bewegung, als ein allgemeines Schema vorgezeichnet".[11a] Aber Kant hat nicht begründet, woher die von der Physik ohne weitere Untersuchung gebrauchten Gedankenbestimmungen kommen, sondern er glaubte, sie aus der ewigen Natur des menschlichen Verstandes ableiten zu können.

Seine Philosophie zeichnet den physikalischen Erkenntnisprozeß im großen und ganzen adäquat nach, indem sie eine *Regel* angibt, wie Sinnlichkeit und Denken zusammenzubringen sind. Dabei faßt sie das Denken (den Verstand) ausschließlich so auf, wie es bei der Operation mit Werten (z.B. Werten von Waren) fungiert. Die physikalischen Größen entsprechen weitgehend der gnoseologischen Charakterisierung des Wertes der Ware. Die Kantsche Philosophie vermag jedoch nicht, die meßtheoretische Grundlage der Physik in ihrem Charakter und in ihrer Bedeutung wirklich zu erfassen, das Verhältnis der experimentellen Vergleichsarbeit zur produktiven, gegenständlich-verändernden Tätigkeit des Menschen zu bestimmen. Daher gelingt es ihr nicht, den physikalischen Erkenntnisprozeß in den gesamtgesellschaftlichen einzuordnen, ihn als Moment des mit dem Arbeitsprozeß verquickten allgemeinen Erkenntnisprozesses zu verstehen, und mithin gelingt es ihr nicht, seine Voraussetzungen zu begreifen und philosophisch zu analysieren, das postulierte absolute Apriori als nur relatives zu erkennen. Es kann aber eine Philosophie, die das nicht leistet, auch den Erkenntnisprozeß einer Naturwissenschaft nicht voll erfassen. Dies ist erst auf der Grundlage der Marxschen Konzeption der Historizität des menschlichen Wesens möglich. Insofern konnte Kant nicht *die* Erkenntnistheorie der Physik ausarbeiten.

Es soll in der vorliegenden Arbeit nicht darüber gerechtet werden, wie viele Vorläufer Newton hatte oder Kant. Die ausgewählten Personen gelten als Repräsentanten charakteristischer Stufen bei der Herausbildung der erkenntnistheoretischen Grundlegung der Physik. Es soll sich keineswegs um die Miniaturausgabe einer Physikgeschichte handeln. Daß Platon, Aristoteles, Archimedes, Nicolaus von Cues, Galilei und viele andere notwendige, nicht wegzudenkende Beiträge zur Geschichte der Physik, gerade auch unter erkenntnistheoretischem Aspekt, geleistet haben, soll und kann nicht bestritten werden. Hier wurde als Aufgabe gewählt zu zeigen, daß das atomistische Denkprinzip das Denkprinzip der Physik insofern lieferte, als es das Grundschema entwickelte, wie der die Bewegung ausmachende Widerspruch physikalisch zu fassen sei; und die Bewegung ist nun einmal der Gegenstand der Physik. Zugleich wird betont, daß noch etwas hinzukommen mußte, das prinzipiell nicht vom klassisch-atomistischen Standpunkt konzipiert werden konnte und das das Verhältnis von Denken, Sinnlichkeit und Realität bzw. die Wechselwirkung zwischen den Individuen betrifft. Es war dies – wie gesagt – die experimentelle Methode und der

11a Ebenda, S. 544.

mit ihr verknüpfte Kraftbegriff sowie die hieraus resultierenden Anforderungen an die Mathematik. Für das volle Verständnis der erkenntnistheoretischen Begründung der Physik ist die Darstellung aller mit der Herausbildung und Anwendung der experimentellen Methode verbundenen gnoseologischen Probleme unabdingbar und bedürfte einer eigenen Abhandlung. Sie wurde hier unterlassen, da die experimentelle Methode eben vom rein atomistischen Standpunkt nicht entwickelt werden konnte und hier vielmehr untersucht werden soll, wie diese Methode den Atomismus für die Belange der Physik modifiziert bzw. ob sie ihn vielleicht völlig negiert und seine totale Unbrauchbarkeit für die erkenntnistheoretische Begründung der Physik beweist. Wie sich zeigt, ist letzteres nicht der Fall. Der rationale Kern der materialistischen Philosophie des Atomismus erweist sich gerade dadurch, daß er – mit den vorgetragenen Einschränkungen – dem physikalischen Erkenntnisprozeß angemessen ist. Als Grundlage eines dialektisch-historischen Materialismus ist er indes ungeeignet. Es kann nur ein „physikalisches Atom", kein „philosophisches Atom" geben.[12]

12 Vgl. E. du Bois-Reymond, Die Grenzen des Naturerkennens, in: Reden von Emil du Bois-Reymond, Leipzig 1886, Bd. I. – Er gebraucht diese Termini allerdings in einem anderen Sinne als sie hier gemeint sind.

I. Die atomistische Lösung des Bewegungsproblems als Begründung des Prinzips physikalischen Denkens

1. Vorgeschichte des atomistischen Gedankens

Als die Atomistik auf den Plan trat, stand die antike Naturphilosophie vor dem Dilemma: Entweder befindet sich die Welt in ständigem Fluß und ist nicht erkennbar (denn in einer Welt, in der alles immer anders ist, lassen sich keine gesetzmäßigen Zusammenhänge finden), oder sie ist erkennbar, da sie in Ruhe verharrt, es in Wahrheit keine Bewegung gibt. Um eine *bewegte* Welt erkennen zu können, muß es in ihr außer der Bewegung ebenso real auch Ruhe und Stabilität geben. Die Atomisten fanden eine Lösung des Problems. Um ihre Antwort jedoch würdigen zu können, ist es erforderlich, verständlich zu machen, wieso es zu dem genannten Dilemma kommen mußte.

Das eine Extrem – die Welt ist erkennbar, da unbewegt – wurde von den Eleaten vertreten. Sie begriffen die Undenkbarkeit der Bewegung, und zwar in dem Sinne, daß man die Bewegung nicht vorstellen, ausmessen, abbilden kann, ohne das Kontinuierliche zu unterbrechen, ohne das Lebendige abzutöten.[13] Um die Erkennbarkeit der Welt zu retten, schlossen die Eleaten daher, daß die Welt in Wahrheit unbewegt sei. So kurios dieser Schluß vielleicht scheinen mag, mit ihrer Feststellung, daß *die Bewegung widerspruchslos nicht gedacht werden könne*, formulierten die Eleaten ein Grundproblem der menschlichen Erkenntnis, warfen sie eine Frage auf, die die Menschen bis heute beschäftigt hat und die nur mit der Entwicklung von Philosophie und empirischer Wissenschaft, von Logik und Mathematik beantwortet werden kann, daher aber auch immer wieder neu gestellt werden wird.

13 Vgl. hierzu Lenin: „Wir können die Bewegung nicht vorstellen, ausdrücken, ausmessen, abbilden, ohne das Kontinuierliche zu unterbrechen, ohne zu versimpeln, zu vergröbern, ohne das Lebendige zu zerstückeln, abzutöten. Die Abbildung der Bewegung durch das Denken ist immer eine Vergröberung, ein Abtöten – und nicht nur die Abbildung durch das Denken, sondern auch durch die Empfindung, und nicht nur die Abbildung der Bewegung, sondern auch die *jeden* Begriffes. Und darin liegt das *Wesen* der Dialektik (das zuvor Getrennte wieder zu vereinen – R. W.). *Gerade dieses Wesen* wird auch durch die Formel ausgedrückt: Einheit, Identität der Gegensätze." – Dies merkt Lenin zu einer Passage in Hegels „Vorlesungen über die Geschichte der Philosophie" an, in der Hegel, über die Eleaten nachdenkend, schreibt: „Was die Schwierigkeit macht, ist immer das Denken, weil es die in der Wirklichkeit verknüpften Momente eines Gegenstandes in ihrer Unterscheidung auseinanderhält." (W. I. Lenin, Konspekt zu Hegels „Vorlesungen über die Geschichte der Philosophie", in: Werke, Bd. 38, Berlin 1964, S. 246).

Das Gewand, in das die eleatische Erkenntnis des Bewegungsproblems gekleidet wurde, sind solche „unsinnigen Behauptungen" wie: Der fliegende Pfeil ruht; der schnelle Achilles wird die langsame Schildkröte nie einholen, wenn er ihr zunächst auch nur den allerkleinsten Vorsprung läßt. Diese zwei der berühmten Zenonschen Paradoxien lauten in der Wiedergabe bei Aristoteles (in der „Physik"):

Erstens: Das Langsamste, die Schildkröte, könnte von dem Schnellsten, von Achilles, nicht eingeholt werden, wenn sie irgendeinen Vorsprung vor ihm hat. Denn um sie einzuholen, müßte Achilles erst an den Punkt kommen, wo sie sich befand, als er anfing zu laufen, dann an den, bis wohin sie in der Zwischenzeit fortgerückt ist und so fort ins Unendliche. Ist es aber nicht möglich, daß das Langsamere von dem Schnelleren eingeholt wird, so ist es überhaupt nicht möglich, ein gegebenes Ziel zu erreichen. Es ist keine Bewegung möglich.

Zweitens: Solange etwas in dem gleichen Raume ist, ruht es. Nun ist aber der fliegende Pfeil in jedem Augenblick in dem gleichen Raume. Er ruht also in jedem Augenblick seines Fluges, also auch während des ganzen Fluges. Seine Bewegung ist nur Schein.

Die spontane Polemik: Man kann doch durch einen einfachen *Versuch* sofort feststellen, daß Achilles die Schildkröte einholt, und man *sieht* doch, daß der Pfeil sich bewegt, trifft nicht das Problem. Die Eleaten bestritten ja nicht, daß die Bewegung sinnlich wahrnehmbar sei, sondern sie wollten beweisen, daß die Bewegung nicht mit dem Denken zu erfassen sei, es sie deshalb in Wahrheit nicht geben könne und die sinnliche Wahrnehmung nur trügerischer Schein sei.

Der Angelpunkt des erstgenannten Beweises (Achilles und die Schildkröte) besteht in der Voraussetzung, daß ein gegebener Raum nicht durchlaufen werden könne, wenn nicht alle seine Teile durchlaufen werden, und dies hier unmöglich sei, weil es unendlich viele Teile sind. Denkt man sich den kontinuierlichen Raum als Summe diskreter Teile, dann wird die Bewegung unmöglich.

Im zweiten Beweis (fliegender Pfeil) wird analog mit der Zeit verfahren. Die Zeit der Bewegung des Pfeils wird in kleinste Teile aufgelöst. In einem Augenblick, also in einem Zeitpunkt, gibt es keine Bewegung. Andererseits kann man auf die Frage: Wo ist der fliegende Pfeil in diesem Moment? nicht antworten: im Übergang vom Ort (Raum) A in den Ort (Raum) B oder: in A und B. Man kann nur sagen: in A bzw. in B.[14] Das gilt für jeden Augenblick. Denkt man sich die Zeit als Reihe von Momenten, als Reihe von Zeitpunkten, so ist die Bewegung unmöglich.

Werden Raum und Zeit nur unter dem Aspekt ihrer Diskretheit gesehen, nur als Zusammenfassung oder Summe von „Hiers" und „Jetzts", so wird die gedankliche Erfassung der Bewegung unmöglich, wird die Bewegung in eine Anein-

14 Es sei denn, man formuliert: „Der fliegende Pfeil ist sowohl in A als auch in B und zugleich weder in A noch in B." Oder wie später Hegel: „Der bewegte Körper ist an einem Ort und zugleich nicht an einem Ort." Doch das ist ein Widerspruch. Hegel schloß daraus: die Bewegung *ist* ein Widerspruch, die Eleaten: die Bewegung kann es in Wahrheit nicht geben.

anderreihung von Ruhezuständen aufgelöst. Die Summe von Ruhezuständen ist natürlich Ruhe.

Genau mit dieser Bewegungsauffassung setzte sich auch Lenin auseinander. Er zitiert die Gegner Hegels, die meinen, Bewegung sei das Befinden eines Körpers in einem gegebenen Moment an einem gegebenen Ort und in einem anderen, darauffolgenden Moment an einem anderen Ort, und er entgegnet ihnen: „Dieser Einwand *stimmt nicht*: (1) er beschreibt das *Resultat* der Bewegung, nicht die Bewegung selbst; (2) er zeigt nicht, er enthält nicht die *Möglichkeit* der Bewegung; (3) er stellt die Bewegung als Summe, als Verbindung von Zuständen der *Ruhe* dar, d. h., der (dialektische) Widerspruch ist durch ihn nicht beseitigt, sondern nur verhüllt, beiseite geschoben, verdeckt, verhängt."[15]

Ein originales Fragment von Zenon bringt diese Bewegungsauffassung, bringt den Grundgedanken aller seiner Paradoxien klar zum Ausdruck: „Das Bewegte bewegt sich weder in dem Raum (an dem Ort), wo es sich befindet, noch in dem Raum (an dem Ort), wo es sich nicht befindet."[16] Letzteres ist klar: Wo es gar nicht ist, kann es sich auch nicht bewegen. Aber auch dort, wo es ist (an dem Punkt, an dem es ist), kann es sich nicht bewegen, denn bewegte es sich, dann wäre es ja nicht an diesem Ort. Die Aufteilung des Raumes aber in eine Reihe von diskreten Punkten wird als selbstverständlich, als a priori richtig vorausgesetzt.

Es kamen so die Eleaten zu dem Schluß, daß sich das Denken widerspricht, wenn es behauptet, dieses oder jenes bewege sich, denn es sagte damit, dieses oder jenes ist und ist nicht (jetzt an einem bestimmten Ort). Das heißt also: Man kann über die Bewegung, über das Werden, nichts Wahres sagen, sondern nur über das Sein. Erkennbar ist nur das Sein. Das Widerspruchslose wurde ihnen zum Kriterium der Existenz. Sie unterschieden deshalb von der Welt des wirklich Denkbaren, des Seienden, Widerspruchslosen die Welt des trügerischen Scheins, des Widerspruchsvollen, des eigentlich materiell Wirklichen, des sinnlich Wahrnehmbaren. In Wahrheit gäbe es also nur das Sein, das notwendigerweise nicht entstehen und vergehen kann, das einheitlich, unteilbar und unbeweglich sei (das diese Eigenschaften haben muß, soll jegliche Veränderung von ihm ferngehalten werden). Nur nach der Meinung der Menschen existierten also Mannigfaltigkeit und Veränderung.

Hat man das Sein aber so charakterisiert, so läuft das darauf hinaus, daß das Sein keinerlei (positive) Bestimmungen haben kann außer der *zu sein*. Die Aussage „Das Sein (und nur das Sein) ist erkennbar" enthält dann keinen großen Optimismus mehr. Wenn das Denken widerspruchslos sein soll, dann kann man von der Bewegung nichts wissen. Die Eleaten hatten den inneren Widerspruch des Begriffs „Bewegung" entdeckt. Sie nahmen diese Entdeckung aber nicht positiv,

15 W. I. Lenin, Konspekt zu Hegels „Vorlesungen über die Geschichte der Philosophie", a. a. O., S. 245f.

16 W. Capelle, Die Vorsokratiker, Berlin 1961, S. 177.

sondern strichen die Bewegung aus der wahren Welt, verwiesen sie in das Reich des trügerischen Scheins. Denn sie setzten voraus, daß ein absolut widerspruchsfreies Denken überhaupt möglich sei, sonst hätten sie sich selbst ad absurdum geführt, ihre Welt des wirklich Denkbaren zu einer Welt des Nichts gemacht. Die einzige Aussage nämlich über das Seiende, die widerspruchslos gedacht werden kann, ist die: „Das Seiende ist." Weitere Bestimmungen können nur durch Negationen gegeben werden. Dieser einzig mögliche widerspruchsfreie Satz sagt aber nichts über die Wirklichkeit, sondern definiert die logische Widerspruchsfreiheit.

Alle Überlegungen der Eleaten führen auf die Forderung, das Denken möge logisch widerspruchsfrei sein. Zugleich zeigten sie aber, daß das Denken allein damit nicht auskommen kann, daß es noch eine andere Art Denken geben muß, dialektisches Denken. Die Geschichte der Logik erweist sich so als untrennbar mit der Geschichte der Dialektik verbunden. Die Eleaten wurden die Begründer von beidem.[17]

Die eleatische Voraussetzung, das Denken könne im Prinzip generell absolut widerspruchsfrei sein, setzt ihrerseits eine andere Annahme voraus. Denn der Schluß, wenn das Bewegte existiert, dann muß es an einem Ort sein, unterstellt, das Kontinuierliche könne auf das Diskontinuierliche reduziert werden, derart, daß der Begriff des Kontinuierlichen überflüssig werde. Die Philosophen der eleatischen Schule benutzten aber gerade die Eigenheiten des Kontinuierlichen, als sie die genannte Reduktion verwirklichen wollten. Das heißt, sie bewiesen durch ihr eigenes Tun die Notwendigkeit beider Begriffe, die Existenz beider Momente. Sie wollten dies nur nicht wahrhaben. Oder mit anderen Worten: Die genannten Paradoxien entstehen nur, wenn nicht beachtet wird, daß das unendlich Teilbare seinem Wesen nach nicht dahin gelangen kann, unendlich geteilt zu sein, daß das unendlich Teilbare seinem Wesen nach nicht so lange geteilt werden kann, bis es aufhört, Kontinuum zu sein.

Das Verhältnis von Kontinuität und Diskontinuität *ist* ein Widerspruch. Man kann es nicht widerspruchslos ausdrücken, ohne die in der Wirklichkeit miteinander verknüpften Momente in irgendeiner Weise in ihrer Trennung ausein-

17 Vgl. hierzu Á. Szabó, Zur Geschichte der Dialektik des Denkens, in: Acta Antiqua Academiae Scientiarum Hungaricae, Tome II, Fasc. 1–2, Budapest 1954. Diese philosophiehistorische Untersuchung ist von wesentlicher Bedeutung für die moderne Widerspruchsdiskussion. – Der eleatischen Lehre ist nach Szabó zur Begründung der mathematischen Beweisführung zu entnehmen: 1. Nur das gelten lassen, was einzig und allein mit dem Denken erfaßt werden kann. 2. Zweiteilung in unbewiesene Prinzipien und bewiesene Sätze. Das heißt: *Man mußte sich im voraus einigen*, welche Begriffe, welche Aussagen von vornherein akzeptiert werden, als widerspruchsfrei gelten dürfen. Erst danach konnte man prüfen, ob die weiteren Aussagen *damit* widerspruchsfrei vereinbar sind. 3. Indirekte Beweise (andere wurden nicht verwandt) setzen Widerspruchsfreiheit als einziges Kriterium der Wahrheit voraus. – Ohne zu formalisieren, formulierten so die Eleaten das Prinzip der Identität, der Kontradiktion und des ausgeschlossenen Dritten.

anderzuhalten. Verfolgt man diesen Gedanken weiter, so führt dies zu dem heute noch diskutierten Problem einer logisch widerspruchsfreien Formulierung der Dialektik, das hier nicht weiter ausgeführt werden soll. Es genügt die wesentlich bescheidenere Feststellung, daß die Bewegung nur gedacht werden kann, wenn Kontinuität *und* Diskontinuität gedacht werden, daß die Welt als kontinuierlich *und* diskontinuierlich angenommen werden muß, wenn in ihr Bewegung denkbar sein soll.

Die Atomisten fanden gerade deshalb eine Lösung des Bewegungsproblems, weil sie zu dieser Einsicht gelangten. Um ihre Leistung jedoch voll würdigen zu können, sei zuvor noch eine andere Reaktion auf die Eleaten genannt, die Philosophie der Herakliteer.

Die Diskussion der eleatischen Lehre zeigte deutlich, daß die Erkenntnis der Widersprüchlichkeit der Bewegung, der Wirklichkeit, verknüpft war mit der Frage nach dem Verhältnis von Denken, sinnlicher Erfahrung und objektiver Realität. Beide Probleme entspringen der gleichen Quelle. Hieraus folgt – dies sei nebenbei bemerkt –, daß die Grundfrage der Philosophie nur im Zusammenhang mit der Frage nach der Dialektik zu begreifen ist und umgekehrt. Die Herakliteer sahen nun die gleiche Inkongruenz zwischen Denken und sinnlich wahrnehmbarer Welt wie die Eleaten. Nur entschieden sie sich gegen das Denken, für die wirkliche Welt, während die Eleaten umgekehrt verfahren waren. Sie verlegten die Wahrheit in die Sinneswahrnehmung, denn das Denken erfasse nicht – wie sie meinten – die bewegte Welt. Jede Aussage, da sie etwas Bestimmtes festhält, entstelle, verfälsche die Wirklichkeit, weil die Beschaffenheit der Welt widersprüchlich sei. Das bewegungslose Sein der Eleaten wird von den Herakliteern verworfen, denn es sei nur Schein. Wirklich sei allein die Welt der sinnlichen Erfahrung. Das Denken müßte widerspruchsvoll sein, sollte es diese Wirklichkeit zum Ausdruck bringen. (Tatsächlich gab es Versuche, eine solche Sprache zu finden.)

Wenn – wie die Überlieferung berichtet – manche Herakliteer gar nichts mehr sagten (da man nichts Wahres sagen kann), sondern nur noch den Finger bewegten oder zur Widerlegung der eleatischen Beweise gegen die Bewegung hin und her liefen, so war das zwar lächerlich, aber konsequent. Das Sein der Eleaten konnte – wollte man die Bewegung denken können – nicht ungestraft absolut verworfen werden. Wenn sich immer alles verändert, kann nichts Wahres gesagt werden. Allerdings widersprachen sich die Herakliteer selbst, als sie lehrten, alles sei im Fluß, nichts bleibe sich gleich, den Übergang von der Bewegung zur Ruhe aber leugneten. Warum sollte diese eine Veränderung ausgeschlossen sein? Es war dies auch inkonsequent bezüglich ihres absoluten Vertrauens in die Sinneswahrnehmung. Die sinnliche Erfahrung lehrt ja, daß es auch Ruhe gibt. Um der Bewegung willen hätte auch die Bewegungslosigkeit akzeptiert werden müssen, um den ständigen Übergang von einem Zustand in einen anderen behaupten zu können, hätte die Unterbrechung der Kontinuität anerkannt werden müssen, denn der Wechsel von einer Qualität in eine andere ist ein Sprung. *Nur* mit der Kontinuität ist die Bewegung nicht zu fassen.

Mit der Bewegung wird bei den Herakliteern auch Raum und Zeit wieder eingeführt, damit implizit aber auch die Diskretheit. Denn eine nur kontinuierliche Zeit, eine Zeit ohne Augenblicke, ohne Zeitpunkte, ist keine Zeit, ein Raum ohne Raumpunkte kein Raum. Die Bewegung nur unter dem Aspekt der Kontinuität zu fassen, erwies sich als genauso unmöglich, wie sie nur unter dem Gesichtspunkt der Diskontinuität zu begreifen.

Trotz ihrer extremen Standpunkte („Es gibt nur das Sein, deshalb ist die Welt erkennbar." „Es gibt nur die Bewegung, deshalb ist die Welt unerkennbar.") kamen die Eleaten und Herakliteer letztlich doch zu dem gleichen Ergebnis: Über die Bewegung kann man nichts Wahres sagen. Die sinnlich wahrnehmbare Welt stimmt mit dem Denken nicht überein.[18]

2. Atome und das Leere ermöglichen die Denkbarkeit der Bewegung

Die Atomistik fand einen genialen Ausweg, um der Sackgasse zu entrinnen, in die man geraten war.

Nach Demokrit ist das Sein in sich unbeweglich. Es sind dies die unteilbaren, unerschaffbaren, unzerstörbaren Atome. Aber außer dem Sein existiert das Nichtsein, das Leere, der Raum zwischen den Atomen. Dieses ermöglicht die Bewegung der Atome. Wenn das Sein nur einheitlich und kontinuierlich ist, kann sich nichts bewegen. In sich besitzt das Atom diese Eigenschaften. Aber das Sein als Ganzes ist vielfältig und diskontinuierlich, denn man kann über das einzelne Sein hinausgehen ins Nichtsein, das die verschiedenen Atome voneinander trennt. Wenn aber das Nichtsein die Bewegung ermöglicht und selbst per definitionem nicht veränderlich ist, und wenn es auf die Atome nicht einwirken kann, so ist die Bewegung ewig. Damit ist sowohl das Sein wie die Bewegung real und zeitlich unbegrenzt.

Unbegrenzt muß auch der Raum sein, denn begrenzt werden könnte er ja nur von etwas völlig anderem als er selbst ist. Es gibt aber nur die Atome und das Leere. Würde er durch das Leere begrenzt, dann durch Nichtseiendes. Er würde also durch Nichts begrenzt. Durch ein Atom kann er nicht begrenzt werden, wenn aber durch mehrere, dann würde er damit immer auch durch Leeres begrenzt, das zwischen den Atomen ist. Der Raum ist also unbegrenzt, und daher muß es auch unbegrenzt viele Atome geben, da sie sich sonst in dem grenzenlosen Raume verlieren würden, denn sie bewegen sich mit hoher Geschwindigkeit. Durch ihre Neugruppierungen entstehen ständig neue Welten.

Die Annahme einer diskontinuierlichen Struktur der Materie führte zu einem neuen Realitätsbegriff. Sie schloß die Existenz des leeren Raumes ein (aber nicht

18 Ausführlich zu den philosophischen Auffassungen der Eleaten und Herakliteer siehe z. B. E. Zeller, Die Philosophie der Griechen in ihrer geschichtlichen Entwicklung, Leipzig 1892, Bd. 1, 2; Á. Szabó, Zur Geschichte der Dialektik des Denkens, a. a. O.

etwa in dem Sinne, daß der Raum identisch mit Leere wäre, denn der Begriff „Raum" umfaßt das Leere und die Atome). Auch das Leere ist real. Real ist also auch etwas Unkörperliches, etwas, was kein sinnlich wahrnehmbarer Gegenstand ist, sondern was nur theoretisch erfaßt werden kann, seinerseits aber Voraussetzung der Erscheinung und der Erkenntnis ist.

Auch die Atome sind nicht sinnlich wahrnehmbar. Man argumentierte, sie seien es nicht wegen ihrer Kleinheit. Doch im Grunde waren auch sie erkenntnistheoretische Setzungen. Daß man sich ihrer schließlich als „Gedankendinge" bewußt wurde und so der Einsicht einen Schritt näher kam, daß „Materie" ein erkenntnistheoretischer Begriff, eine philosophische Kategorie und kein sinnlich wahrnehmbarer Gegenstand ist, dazu trug die Bestimmung des Leeren als auch Reales, als der eine „Anteil" der Realität, wesentlich bei.

Durch die begriffliche Trennung von Raum und Materie konnte die Atomistik eine bewegte Welt als erkennbar nachweisen. In einer erkennbaren und bewegten Welt muß es ebenso real Bewegung wie Ruhe, ebenso Kontinuität wie Diskontinuität geben. Die Atomistik erfüllte diese Bedingung: Das Sein ist so real wie das Nichtsein. Die atomistische Lösung widerlegte die eleatische Leugnung der Bewegung und wandte sich zugleich auch gegen die Herakliteer, gegen die Verabsolutierung der Bewegung. Denn es ist nicht so, daß etwas immer nur zu etwas wird, sondern es *ist* auch, es ist ein in sich bestimmtes Ding. Der atomistische Gedanke implizierte die Anerkennung auch dieses Moments und ermöglichte so späterhin die wissenschaftliche Abstraktion, ermöglichte ein physikalisches Herangehen an die Natur, Vergleichbarkeit von Verschiedenem, Größenbildung. Die atomistische Lösung hatte die Bewegung denkbar gemacht. Es ist erstaunlich, daß das möglich war allein durch die Reduktion des Bestehenden auf das Leere und die Atome, denen nur ein Minimum an Eigenschaften zugestanden wurde.

Die Atome sollten nur solche Eigenschaften haben, ohne die ein Körper sich nicht denken läßt, also solche, die man auch gedanklich nicht beseitigen kann, wenn es noch ein Körper sein soll, Eigenschaften also, die bei *allem* Wechsel der Erscheinungen verharren. Die Atome sind undurchdringlich, unzerstörbar, unentstanden, unteilbar, und sie unterscheiden sich nur nach Größe und Form, nicht nach qualitativen Eigenschaften. Unklar ist, ob Demokrit die Atome auch nach ihrer Schwere unterschieden hat. Die Überlieferung ist nicht eindeutig. Zweifellos hielt er sie nicht für gewichtslos. Daß Körper Gewicht haben, war dem Denken jener Zeit zu selbstverständlich, als daß man von dieser Eigenschaft hätte abstrahieren können.

Am wahrscheinlichsten ist die von Zeller[19] vertretene Meinung, daß für Demokrit mit der Größe unmittelbar auch die Schwere gegeben war, und zwar in der Weise, daß alle das gleiche spezifische Gewicht haben, sie deshalb an Schwere so verschieden sind wie an Größe, Demokrit die unterschiedliche Schwere als

19 E. Zeller, Die Philosophie der Griechen in ihrer geschichtlichen Entwicklung, a. a. O. S. 859f.

selbstverständliche Folge der (unterschiedlichen) Größe daher nicht ausdrücklich erwähnt hat.

Aristoteles gibt an, die Atome des Demokrit unterscheiden sich nach Gestalt, Lage und Anordnung (wie A von N, H von Ξ, AN von NA). Es ist dies aber kein Widerspruch zur obigen Aussage. Gestalt umfaßt Größe und Form der Atome, und die beiden anderen Merkmale betreffen die Beziehungen der Atome zueinander.

Die Bewegung der Atome wird als etwas Selbstverständliches vorausgesetzt. Die Atome bewegen sich von Ewigkeit her im unregelmäßigen Auf und Ab im leeren Raum. Dabei kommt es zu Zusammenstößen und in der Folge zu Atomverbindungen. Es ist durchaus möglich, daß Demokrit das Zusammentreffen verschiedener Atome dadurch erklärte, daß die größeren und dadurch schwereren schneller fallen als die kleineren und jene dadurch auf diese treffen. Aristoteles' gegen Demokrit gerichtete Polemik, im leeren Raum müßten alle Körper gleich schnell fallen (und deshalb könne es keinen leeren Raum geben), läßt sich anders eigentlich nicht verstehen. Alle Erscheinungen, die Bildung unserer Welt und anderer Welten erklärt die Atomistik durch das Aufeinanderstoßen der Atome.

Die Eigenschaften der Atome sind dabei im Grunde die Eigenschaften des eleatischen Seins. Mit der Möglichkeit, auch das Nichtsein als real anzusehen, konnte man dieses Sein übernehmen. Die Beziehungen zwischen Sein und Nichtsein heben die „Mängel", die unliebsamen Konsequenzen des Seins der Eleaten auf.

Würden das Sein, das Volle, und das Nichtsein, das Leere, nur nebeneinander existieren, so wäre das eine Trennung der Welt in ein Diesseits und ein Jenseits, und die Erscheinungen könnten aus ihnen nicht erklärt werden. Nach der atomistischen Konzeption aber wird das Volle durch das Leere geteilt, und durch wechselnde Verhältnisse der Teile des Vollen entstehen Vielfalt und Wechsel der Dinge.

Wichtig ist dabei, daß die Möglichkeit der Teilung irgendwo gestoppt wird, denn eine absolute Teilung ließe – wie Zenon argumentierte – keine Größe mehr übrig. (Die Kontinuität darf die postulierten unabdingbaren Eigenschaften des Seins nicht zerstören.) Deshalb – so reagierte Demokrit – ist die Teilung nicht ohne Ende, sondern es gibt kleinste, nicht weiter teilbare Körperchen. Um an der Unveränderlichkeit des Seins festhalten zu können (daran, daß das Sein Sein bleibt und sich nicht in Nichts auflöst), mußte man die Einheit des Seins aufgeben. Es gibt unendlich viele Atome, unendlich viele „Seins" (die aber in ihrer Qualität völlig gleich sind).

Mit dieser Lösung legte man in das Seiende eine gewisse Unterscheidung, Variabilität, Vielgestaltigkeit hinein, hob also die Unveränderlichkeit in bestimmten Grenzen auf, aber so, daß diese Unterscheidung, Variabilität, Vielgestaltigkeit quantitativ erfaßt werden konnte. Die Atomisten behaupten somit eine Vielheit von Dingen, die aber gerade so beschaffen sind wie das Eine, das Sein schlechthin, die alle ein und dieselbe Qualität haben. Das vor der Atomistik stehende Problem wäre allein durch die Annahme kleinster Teilchen nicht möglich gewesen, wie die Versuche von Empedokles und Anaxagoras gezeigt hatten. Ihre kleinsten Teilchen verschieben die gesamte Problematik der Makrowelt nur auf eine andere Ebene, in die Mikrowelt. Da die Homöomerien dieselbe Qualität haben wie das, dessen Homöomerien sie sind, müssen sie genauso wie diese vergänglich sein.[20] Jedes Teilchen hat bei Anaxagoras *alle* Eigenschaften des Zusammengesetzten.

Nach der atomistischen Konzeption dagegen können die Mannigfaltigkeiten makroskopischer Eigenschaften aus einigen wenigen vorausgesetzten Eigenschaften der Atome abgeleitet werden. Es wird etwas als das Letzte gesetzt, als das Elementare, das (in dieser Theorie oder Konzeption) nicht aufgelöst werden kann. Es wird *gesetzt*, als vorhanden vorausgesetzt, so wie später von der Physik die Naturgegenstände bzw. von bestimmten physikalischen Theorien bestimmte Konstanten. Da diese vorausgesetzten oder primären Eigenschaften, soweit sie die *Unterschiede* zwischen den Atomen betreffen, quantitativ sind – es sind ja nur Unterschiede in Form und Größe zugelassen –, hat Demokrit auch die Idee der Pythagoreer, alles Seiende aus der Zahl abzuleiten, wissenschaftlich nutzbar gemacht. *Wissenschaftlich* nutzbar deshalb, weil die atomistische Konzeption eine Grundlage bot, um physikalische Naturgesetze als Größengleichungen aufstellen, mithin überhaupt Physik ausüben zu können. Werden und Vergehen, Veränderung und Wechselwirkung der Dinge beruhen auf der Trennung und Verbindung der sich nur quantitativ unterscheidenden Atome, denen eben deshalb nur Ortsbewegung zukommt, andere Bewegungsarten sollen nur den zusammengesetzten Körpern eigen sein. Daß mit dem Atomismus das Prinzip einer physikalischen Weltbetrachtung oder Naturdarstellung gegeben war, wird auch durch die in dieser Lehre zwangsläufige Annahme der Homogenität des Raumes belegt, aus der Demokrit schloß, unsere Welt könne nicht die einzige sein, sondern es müsse neben und nach ihr noch unzählige andere Welten geben. Aus der Homogenität des Raumes und der Zusammensetzung alles Bestehenden aus dem gleichen Grundstoff folgt aber die universelle Vergleichbarkeit, eine Grundvoraussetzung für eine Wissenschaft von der Natur.

Da das Seiende, also die Atome, kein bestimmter Stoff sein kann, sind die Atome auch nicht unmittelbar sinnlich wahrnehmbar, nicht ohne Denken zu erfassen, geradeso wie die Objekte der Physik, die physikalischen Größen.

20 Die Atome hingegen können, eben weil sie etwas anderes als die sinnlich wahrnehmbaren Gegenstände sind, unerschaffbar und unzerstörbar sein und somit die Grundlage für Immerwiederkehrendes, Allgemeines, Gesetzmäßiges bilden. Marx schreibt daher: „Es sind keine *bestimmten* Elemente für die Substanz zu halten, denn wenn in sie alles gelegt wird und alles aus ihnen entsteht, wer gibt uns das Recht, in diesem Wechselprozeß nicht vielmehr die Totalität der anderen Dinge für ihre Prinzipien zu halten, da sie selbst nur eine bestimmte, beschränkte Art der Existenz neben den andern sind und ebenso durch den Prozeß dieser Existenzen hervorgebracht werden? Wie umgekehrt." (K. Marx, Hefte zur epikureischen, stoischen und skeptischen Philosophie, a. a. O., S. 157).

Ein bestimmter Stoff kann das Seiende aber deshalb nicht sein, weil jede Bestimmung zugleich Ausschließung, also auch Nichtseiendes, wäre. Und die Realität des Nichtseienden anzuerkennen bedeutet ja in der Atomistik nicht, das Seiende als auch Nichtseiendes zu begreifen. Die atomistische Lehre vom Seienden unterscheidet sich in dieser wie auch in den anderen genannten Beziehungen von der eleatischen nur dadurch, daß sie auf die vielen Einzelsubstanzen überträgt, was die andere von der einen allgemeinen Substanz oder dem Weltganzen ausgesagt hatte. Indem sie aber das, was zuvor global behauptet wurde, als Moment oder Teil nahm, erzeugte sie eine grundlegende Voraussetzung dafür, Einzelwissenschaft betreiben zu können, also dafür, nicht nur das Weltganze rational betrachten zu können, sondern auch Teilgebiete des Universums, nicht nur philosophisch-rational (wie es in der voratomistischen Zeit seit Überwindung des mythologischen Weltbildes möglich geworden war) an die Erforschung der Natur herangehen zu können, sondern auch physikalisch-rational.

Die Art, in der die Atomisten das, was von den Eleaten global behauptet wurde, als Moment nehmen, bedingt, daß sie auch das dazu Gegensätzliche für real halten: das Sein ist so real wie das Nichtsein, die Diskontinuität so real wie die Kontinuität, die Ruhe ebenso wie die Bewegung. Beide Momente sollen wirklich existieren, aber sie müssen zwangsläufig ein voneinander getrenntes Dasein haben, als zwei festgesetzte verschiedene Wesen existieren. Unterschiedliche begriffliche Bestimmungen werden hypostasiert. Die Diskretheit vergegenständlicht sich zum Beispiel in der Vielzahl der Atome. Was Marx über Epikur schreibt, gilt für die gesamte Atomistik: „Er setzt nämlich die verschiedenen Bestimmungen eines Begriffes gern als verschiedene selbständige Existenzen. Wie sein Prinzip das Atom ist, so ist die Weise seines Wissens selbst atomistisch. Jedes Moment der Entwickelung verwandelt sich ihm unter der Hand sogleich in eine fixe, von ihrem Zusammenhang gleichsam durch den leeren Raum getrennte Wirklichkeit; alle Bestimmung nimmt die Gestalt der isolierten Einzelheit an."[21] *Durch diese Verteilung der in der Wirklichkeit miteinander verknüpften Momente ermöglichte die Atomistik, die Bewegung widerspruchslos zu denken*, machte sie die Bewegung für das Denken

21 K. Marx, Doktordissertation: Differenz der demokritischen und epikureischen Naturphilosophie, a. a. O., S. 292.

22 Wie im Unterschied (nicht im Gegensatz) zu diesem physikalischen Denkprinzip das philosophische Denken die Momente zusammenbringt, dazu vgl. Anm. 13. – Zudem sei bemerkt, daß auch die Eleaten die gegensätzlichen Momente getrennt hatten, aber nicht produktiv, nicht konstruktiv. Sie fanden keinen Weg, die gegensätzlichen Bestimmungen zusammenzubringen. Eine konstruktive Trennung ist auch eine solche Bedeutungsunterscheidung, wie sie z. B. Aristoteles vornimmt, wenn er sagt, es gäbe der Teilung nach Unendliches und der Ausdehnung nach Unendliches. Eine solche Unterscheidung ist ein erster Schritt, doch muß man darüber hinaus zeigen, wie beide Begriffsbestimmungen identisch werden können. Zudem ist mit der aristotelischen Bedeutungsunterscheidung die Widersprüchlichkeit des Begriffs „unendlich" nicht aufgehoben, die sich u. a. darin äußert, daß eine bestimmte, d. h. eine endliche Größe unendlich teilbar ist.

faßbar, und zwar für das physikalische Denken.[22] Mit anderen Worten: Der Atomismus fand einen Ausweg aus der Sackgasse, in die Eleaten und Herakliteer geführt hatten, indem er das Denkprinzip der Physik erfand.

Die Erkenntnis der Inkongruenz von widerspruchsfreiem Denken und Wirklichkeit sowie die Erkenntnis der Widersprüchlichkeit der Bewegung waren die Voraussetzungen, um das physikalische Prinzip zu entwickeln. Hatten die Eleaten gesagt: Das Nichtsein ist nicht denkbar, so widerlegten die Atomisten diese These mit dem Argument: Das Nichtsein ist real, so real wie das Sein. Um diese Antwort geben zu können, mußten sie Raum und Materie begrifflich trennen (was zuvor nicht getan wurde). Der Raumbegriff war also unabdingbar, um die gleichzeitige und gleichberechtigte Realität des Seienden und des Nichtseienden behaupten zu können. Der selbständige atomistische Raum tritt auf als Möglichkeit der Bewegung, als Bedingung für die Möglichkeit der Bewegung und somit zugleich als Bedingung für die Möglichkeit der Erkenntnis, als Voraussetzung der Erkennbarkeit der Welt.

Die atomistische Lösung, Denken und Wirklichkeit, Materie und Bewußtsein wieder miteinander zu verbinden, die Bewegung denkbar zu machen, erforderte, die Existenz der Natur als unbezweifelte Voraussetzung zu nehmen, die ganze Welt als Natur zu denken. Für die Atomisten selbst ist dies kein bewußtes Postulat. Aber nach atomistischer Auffassung gibt es eben nur die Atome und das Leere. Auch das Bewußtsein ist nichts anderes. Es ist dies genau der naturwissenschaftliche Standpunkt.

Als Lösung des von den Eleaten und Herakliteern erzeugten Dilemmas entwickelte sich aber – ohne den Atomismus zu verarbeiten – noch eine andere Richtung, die Sophistik. Die Eleaten hatten gelehrt: Wenn das Denken in Widersprüche gerät, so es die Bewegung erfassen will, dann kann es in Wahrheit keine Bewegung geben, und die Herakliteer: Es gibt nur Bewegung und keine Ruhe, folglich kann das Denken kein Denken über die Wirklichkeit sein. Beide Schulen kamen also in dieser Weise zu unterschiedlichen Schlußfolgerungen unter der gleichen Voraussetzung, eben der, das Denken müsse widerspruchsfrei sein. Der Sophist Protagoras nun entscheidet sich, die Widersprüchlichkeit des Denkens anzuerkennen und ein anderes Kriterium des Wahren zu wählen, den Menschen. Seine Devise lautet daher: „Der Mensch ist das Maß aller Dinge, der Seienden, daß sie sind, und der Nichtseienden, daß sie nicht sind."[23] Diese als Homo-mensura-Satz berühmte These beruht auf der Erkenntnis, daß jeder Begriff in sich widersprüchlich ist. Es gibt nach sophistischer Ansicht immer zwei entgegengesetzte gleichberechtigte Standpunkte. Durch diese andere Wahl des Maßes ist es auch Protagoras – wie zuvor der Atomistik – möglich, Seiendes und Nichtseiendes zusammenzubringen, aber in einer Weise, die zum Sensualismus und letztlich zum Subjektivismus führt. Die sophistische Schule lehrt: Man kann die Behauptung A genauso gut beweisen wie die Behauptung Nicht-A; es gibt kein Wissen

23 Vgl. W. Capelle, Die Vorsokratiker, a. a. O., S. 327.

über objektive Dinge. Die Sophisten kommen damit in einer Hinsicht zum gleichen Ergebnis wie die Herakliteer: Es ist nicht möglich, Wahres zu sagen.

Der von Protagoras gewählte Ausgangspunkt, der Mensch als unbezweifelte Voraussetzung, ist genau der philosophische Standpunkt. Physikalisches und philosophisches Prinzip entwickelten sich also als zwei mögliche Antworten auf das von Eleaten und Herakliteern aufgezeigte Problem, auf die von ihnen gestellte Frage nach der Dialektik und nach dem Verhältnis des Denkens zum Sein, zur Wirklichkeit. Waren diese Antworten jedoch befriedigend? Muß der philosophische Standpunkt zwangsläufig zum Subjektivismus führen? War die Philosophie des Protagoras mit dem Atomismus im Grunde schon überholt? Es wird sich zeigen, daß diese Fragen verneint werden müssen.

3. Sinnlichkeit und Denken im antiken Atomismus

Die demokriteische Lehre barg vielerlei Probleme in sich. Sie hatte die Bewegung denkbar gemacht. Doch allein durch das Denken kann man über die Wirklichkeit nichts erfahren, und allein durch das Denken kann man nicht herausfinden, ob man Wahres denkt. Die Brücke zwischen Denken und Sein, Denken und Wirklichkeit, bilden die Sinneswahrnehmungen. Die Atome aber haben keinerlei sinnlich wahrnehmbare Qualitäten. Wie kann man dann aber etwas über die Eigenschaften der aus den Atomen zusammengesetzten Körper wissen? Wie entsteht aus dem Sein, aus den Atomen, die Erscheinung, das sinnlich Wahrnehmbare?

Demokrit unterscheidet zwischen Eigenschaften, die den Dingen selbst zukommen, die sich unmittelbar aus den verschiedenen Mischungsverhältnissen der Atome erklären lassen – primären Eigenschaften –, und solchen, die nicht den Dingen selbst eigen sind, sondern sich aus der Wahrnehmung ergeben, die die von den Dingen bewirkten Wahrnehmungen betreffen – sekundären Eigenschaften. Der Kontakt zwischen den äußeren Dingen und dem wahrnehmenden Subjekt wird durch die sich von den Gegenständen ablösenden Bilderchen hergestellt. Diese Eidola, Abbilder, übertragen die Gestalt des Gegenstandes auf die Sinnesorgane. Doch bildet sich dadurch kein Zusammenhang zwischen primären und sekundären Qualitäten. Der unvermittelte Unterschied zwischen Denken und sinnlicher Wahrnehmung bleibt. Demokrit lehrte nach Sextus Empiricus: „Es gibt zwei Formen der Erkenntnis, die eine echt, die andere dunkel. Zur dunklen gehört all dies: Gesicht, Gehör, Geruch, Geschmack, Gefühl (Tastsinn). Die andere aber, von dieser verschieden, ist echt." „Wenn die dunkle nichts mehr Kleineres sehen, hören, riechen, schmecken oder durch Betasten wahrnehmen kann, sondern die Untersuchung ins Feinere hinein fortgesetzt werden muß, tritt an ihre Stelle die echte."[24] „Daß wir nun, wie jedes Ding in Wahrheit beschaffen oder nicht

24 Griechische Atomisten. Texte und Kommentare zum materialistischen Denken der Antike, hrsg. v. F. Jürß, R. Müller und E. G. Schmidt, Leipzig 1973, S. 181f.

beschaffen ist, nicht wissen, ist oft dargelegt worden."[25] Und Diogenes Laertius berichtet, Demokrit habe gesagt: „In Wirklichkeit wissen wir nichts, denn die Wahrheit ist in der Tiefe."[26]

Demokrit ist also den Sinneswahrnehmungen gegenüber skeptisch. Steht dies nun aber nicht in Widerspruch dazu, daß er sich vorrangig als empirischer Naturforscher betätigte? Sein praktisches Verhalten widerspricht seinem Skeptizismus und ist zugleich dessen Konsequenz.

Die sekundären Qualitäten entstehen im Subjekt als Reaktion auf die durch die Abbilder ausgelösten sinnlichen Reize. Aber es gibt keine Vermittlung zwischen Wahrem und Wahrgenommenem. Die Erscheinung ist nur subjektiver Schein. Der Widerspruch – beispielsweise der zwischen Sein und Erscheinung, zwischen Denken und Sinneswahrnehmung – wird ins Subjekt verlegt, nicht aufgelöst. Deshalb schreibt Marx: „Demokrit, dem das Prinzip nicht in die Erscheinung tritt, ohne Wirklichkeit und Existenz bleibt, hat dagegen als reale und inhaltsvolle Welt die *Welt der sinnlichen Wahrnehmung* sich gegenüber. Sie ist zwar subjektiver Schein, allein eben dadurch vom Prinzip losgerissen, in ihrer selbständigen Wirklichkeit belassen; zugleich einziges reales Objekt, hat sie *als solche* Wert und Bedeutung. Demokrit wird daher in *empirische Beabachtung* getrieben. In der Philosophie unbefriedigt, wirft er sich dem *positiven Wissen* in die Arme ... In der Physik, Ethik, Mathematik, in den enzyklischen Disziplinen, in jeder Kunst ist er bewandert ... Wie es aber der Charakter der Gelehrsamkeit ist, in die Breite zu gehen und zu sammeln und von außen zu suchen: so sehen wir den Demokrit die *halbe Welt durchwandern*, um Erfahrungen, Kenntnisse, Beobachtungen einzutauschen ... Es ist einerseits die *Wissenslust*, die ihm keine Ruhe läßt; es ist aber zugleich die *Nichtbefriedigung im wahren, d. i. philosophischen Wissen*, die ihn in die Weite treibt. Das Wissen, das er für wahr hält, ist inhaltslos; das Wissen, das ihm Inhalt gibt, ist ohne Wahrheit."[27]

War die Atomistik also am Ende ihrer Kunst angelangt? Um das zu entscheiden, ist zu prüfen, ob es wesentliche Unterschiede zwischen den verschiedenen atomistischen Systemen gab, ob andere atomistische Systeme als das demokriteische das Problem des Verhältnisses von Sinnlichkeit und Denken tragfähig lösten. Marx hat sich bekanntlich in seiner Doktordissertation mit der Differenz der demokriteischen und epikureischen Naturphilosophie beschäftigt und sie als den Unterschied zwischen empirischer Naturforschung und philosophischer Naturbetrachtung bestimmt.

An den Atomen unterscheidet Epikur anders als Demokrit Größe, Gestalt *und Schwere*. Mathematisch sind die Atome noch weiter teilbar bis zu den Minima, nicht herauslösbaren Einheiten, die kleiner als die Atome und überhaupt jede

25 Ebenda, S. 182.

26 Ebenda, S. 184.

27 K. Marx, Doktordissertation: Differenz der demokritischen und epikureischen Naturphilosophie, a. a. O., S. 272f.

vorstellbare Größe sind, aber größer als Null; ihre Anzahl bestimmt Größe und Schwere des Atoms, ihre Anordnung dessen Form. Rein äußerlich wird man hier noch keinen allzu großen Unterschied zu Demokrit sehen. Doch die Schwere hat bei Epikur eine ganz andere Funktion als bei Demokrit. Deshalb wird sie auch als Atomeigenschaft gesondert aufgeführt. Sie ist die Ursache der Bewegung der Atome. Aristoteles hatte an der Konzeption Demokrits kritisiert, daß dieser nicht die Ursache der Bewegung angebe. Es war dies insofern ungerechtfertigt, als Demokrit noch zu jener hylozoistischen ursprünglichen philosophischen Schule zählte, die die Bewegung als etwas Selbstverständliches, als etwas mit der Materie unmittelbar Gegebenes auffaßte. Epikur jedoch – zum Ausgang der Antike lebend – akzeptierte die aristotelische Kritik und gab die spezifische Schwere der Atome als Ursache ihrer Bewegung an: Da sie schwer sind, fallen sie. Wohin? Nach unten. – Man wird einwenden, daß im unendlichen Raum kein Oben und Unten zu bestimmen sei. Epikur sah das Problem und meinte, es gäbe kein absolutes Oben und kein absolutes Unten, aber es sei doch immer die Richtung vom Kopf zum Fuße des Menschen auszumachen. Dies sei die Richtung nach unten, die entgegengesetzte die nach oben. Daß eine zweite anziehende Masse da sein müsse, damit etwas fallen kann, dieser Gedanke ist der ganzen Antike nicht gekommen. Für sie waren die Körper an sich selbst schwer.

Die Polemik des Aristoteles gegen den Atomismus enthielt nun aber auch den Einwand, daß die Atome im leeren Raum alle gleich schnell fallen müßten, daher zusammengesetzte Körper gar nicht entstehen, aus den Atomen also die Erscheinungen nicht hervorgehen könnten. Epikur, der dieses Argument anerkannte, führte daher, damit die Atome zusammentreffen können, die Deklination ein, die Abweichung des Atoms von der geraden Linie.

Die Art, in der Epikur die Schwere einführt (als Eigenschaft des Atoms selbst, nicht als Eigenschaft, die die Atome nur in bezug aufeinander haben, also nicht als etwas, das die Beziehung *zwischen* den Atomen betrifft), bedingte, daß die Schwere nicht Ursache für das Zusammentreffen von Atomen sein konnte. Sie befähigte das Atom noch nicht, das zu sein, was es sein sollte – Baustein der Welt. Die epikureische Schwere war Ursache lediglich einer „toten Bewegung", einer Bewegung an sich, die noch nichts ausrichten konnte. Die Fallbewegung ist für alle Atome gleich; sie fallen parallel in gerader Linie. Die Schwere repräsentiert die Notwendigkeit der Atombewegung. Durch bloße Notwendigkeit kann jedoch nichts entstehen.[28] Deshalb mußte Epikur zusätzlich noch ein „aktives Prinzip" einführen.

In ähnlicher Weise tat sich später dieses Problem dem Begründer der theoretischen Physik Newton auf. Derartige aktive Prinzipien kann man nicht vollständig

28 Ähnlich argumentiert später Newton. In der Allgemeinen Anmerkung seiner „Prinzipien" liest man: „Die blinde metaphysische Notwendigkeit, welche stets und überall dieselbe ist, kann keine Veränderung der Dinge hervorbringen." (I. Newton, Mathematische Prinzipien der Naturlehre, hrsg. v. J. Ph. Wolfers, Berlin 1872, S. 510).

aus der Theorie ableiten, aus ihr erklären, aber die Theorie macht offensichtlich, daß man derartige Prinzipien braucht. Bei Epikur verhält es sich analog: Aus den genannten Eigenschaften des Atoms, Größe, Form und Schwere, folgt nicht, daß sie zusammentreffen können. Man muß *postulieren*, daß das Atom der aus den genannten Eigenschaften folgenden Notwendigkeit ausweichen kann (ein bißchen). Daher setzt Epikur die Deklination als aktives Prinzip. Bei Epikur wie bei Newton zeigt sich die Grenze der Atomistik, nur ist Newton tatsächlich auch über sie hinausgegangen, Epikur nicht. Das liegt eindeutig daran, daß Newton die notwendigen aktiven Prinzipien nicht als inhärente Atomeigenschaften oder als äußerliche willkürliche Eingriffe auffaßte, sondern als Eigenschaften, die durch die *Beziehungen* der elementaren Partikeln *zueinander* konstituiert werden. Genau als eine solche Wechselwirkungseigenschaft bestimmte Newton die Schwere, die deshalb und nur deshalb bei ihm „Bewegungsursache" ist. Der Vergleich zwischen Epikur und Newton verdeutlicht jedoch auch, daß Epikur gegenüber Demokrit das Prinzip des physikalischen Denkens weitergeführt hat.[29] Er antizipierte die Einsicht, daß für den Aufbau einer physikalischen Theorie aktive Prinzipien notwendig sind, wenn er auch ihren Ursprung nicht erklären konnte. Daraus, wie Epikur die Bewegung der Atome konzipiert, folgt nun auch, wie er den Zusammenhang zwischen Denken und Sinnesempfindung, zwischen Sein und Erscheinung sieht.

Die sekundären Qualitäten sollen nicht erst – wie im demokriteischen System – durch die Wahrnehmung entstehen, nicht erst im Subjekt, sondern durch die Atomzusammensetzung, die mehr oder etwas anderes ist als die Summe ihrer Teile. Im Brief an Herodotos schreibt Epikur: „Vielmehr macht alles das in seiner Gesamtheit das spezifische bleibende Wesen des ganzen Körpers aus, aber nicht so, als sei er aus alledem zusammengesetzt, wie etwa ein größerer Körper aus den Masseteilen selbst gebildet wird, sei es nun aus Atomen oder auch bloß aus solchen, die kleiner sind als das Ganze – er hat allein, wie ich behaupte, aus alledem (zusammengenommen – R. W.) sein spezifisches bleibendes Wesen ... ; dabei wird das Einzelne nicht isoliert, sondern in seiner Verbindung mit dem Ganzen aufgefaßt, das erst von diesem das Ganze umfassenden Begriff her die Bezeich-

29 Allgemein wird von Naturwissenschaftlern die epikureische Konzeption als moralistische Verflachung der demokriteischen physikalisch-sachlichen Form der Atomistik angesehen – trotz der Marxschen Dissertation, in der vor über 100 Jahren die gedankliche Bereicherung der Atomistik durch Epikur nachgewiesen wurde. So schreibt z. B. E. Schrödinger in seiner interessanten Schrift „Die Natur und die Griechen": „Epikur fügte dem System noch einigen Unsinn hinzu, der gewissenhaft von all seinen Nachfolgern, natürlich auch von Lucretius Carus, nachgebetet wurde." (E. Schrödinger, Die Natur und die Griechen, a. a. O., S. 168). – Es gibt nur wenige Ausnahmen von dieser Fehleinschätzung Epikurs aus naturwissenschaftlicher Sicht, wie z. B. Treder, der schreibt, daß die Neuerungen Epikurs (Schwere und Deklination) die demokritische Atomistik bereicherten und von Lukrez in seine Kosmologie und Kosmogonie übernommen wurden (H.-J. Treder, Die Trägheit und Schwere des Lichtes, a. a. O., S. 338).

nung ‚Körper‘ erhält.“[30] Die Erscheinung ist also objektiv, ist nicht subjektiver Schein. Obwohl Epikur keinen Mechanismus angibt, wie die Erscheinung entsteht, so hat er doch einen weiteren Schritt zur Möglichkeit einer Physik getan, indem er einen Weg fand, die Erscheinung als objektiv anzusehen, die sekundären Qualitäten zu etwas Objektivem und damit der physikalischen Erforschung Zugänglichem zu machen. Physik ist nur möglich, wenn die Sinneswahrnehmungen für den Aufbau der physikalischen Theorie nutzbar werden. Die Physik verwirklicht diese Forderung durch die experimentelle Methode. Bis zu deren expliziter Entwicklung durch Galilei war es noch ein weiter Weg. Doch Epikur schuf eine Voraussetzung, um dieses Ziel zu erreichen. Objektive Erscheinung und subjektive Wahrnehmung fallen nicht mehr auseinander. Die Sinnlichkeit *ist* die – in sich reflektierte – erscheinende Welt.[31] Die Sinne werden so zum absoluten Kriterium der Wahrheit: „Nichts kann die sinnliche Wahrnehmung widerlegen.“[32]

Der Verstand hängt – im epikureischen System – ganz von den Sinnen ab. Aus der Sinneswahrnehmung ist das sinnlich nicht direkt Wahrnehmbare durch Überlegung zu erschließen (es handelt sich nach Marx um einen dogmatischen Sensualismus). Die Kette zwischen Sinnlichkeit und Verstand wird lückenlos geschlossen durch die Vermittlung von Erscheinung und Wesen. Dabei werden auch die Sinnestäuschungen und die Traumbilder in die Objektivität verlegt. Traumbilder sind auch real. Die Bilder irrealer Objekte wie zum Beispiel von Zentauren haben sich – meint Epikur – aus Abbildtrümmern realer Objekte wie Pferd und Mensch in der Luft zusammengesetzt, oder es sind Abbilder realer Objekte wie der Götter, und manche Bilder haben sich spontan in der Luft gebildet. Den (dialektischen) Widerspruch, den Demokrit in das Selbstbewußtsein des Menschen verlagert, um ihn aus der Welt auszuschließen, um eine widerspruchsfreie Welt zu haben, legt Epikur in die Realität, in die Welt, damit das Subjekt frei von Widerspruch sei.

Es drückt sich dies dann auch darin aus, daß dem Epikur die konkrete Erklärung der einzelnen Erscheinungen ziemlich gleichgültig ist, er – wie Marx schreibt – eine grenzenlose Nonchalance in der Erklärung der einzelnen physischen Phänomene zeigt. Erklärt Epikur irgendeine Naturerscheinung auf

30 Griechische Atomisten a. a. O., S. 244, oder Diogenes Laertius, Leben und Meinungen berühmter Philosophen, übers. v. O. Apelt, Berlin 1955, Bd. II, S. 254.

31 „Die εἴδωλα sind die Formen der Naturkörper, die sich als Oberflächen gleichsam von ihnen abhäuten und sie in die Erscheinung tragen. Diese Formen der Dinge strömen beständig von ihnen aus und dringen in die Sinne und lassen eben dadurch die Objekte erscheinen. Im Hören hört daher die Natur sich selbst, im Riechen riecht sie sich selbst, im Sehen sieht sie sich selbst. Die menschliche Sinnlichkeit ist so das Medium, in dem als in einem Fokus die Naturprozesse sich reflektieren und zum Licht der Erscheinung entzünden.“ (K. Marx, Doktordissertation: Differenz der demokritischen und epikureischen Naturphilosophie, a. a. O., S. 297).

32 Vgl. Griechische Atomisten, a. a. O., S. 366.

atomistischer Grundlage, so fügt er stets hinzu: so könnte es sein, aber es könnte auch anders sein, nur darf es nicht den Wahrnehmungen widersprechen. Frei von Irrtümern zu sein, soll in erster Linie dem Seelenfrieden des Menschen, seiner Ataraxie, der Beruhigung des Subjekts dienen. Im Brief an Herodotos schreibt Epikur so auch: „Es ist nun die Aufgabe der Naturphilosophie, die Ursache aller grundlegenden Erscheinungen genau darzulegen.... Was dagegen die detaillierte Erforschung des Unter- und Aufgangs, der Wende und Finsternis und ähnlicher Dinge betrifft, so bewirkt sie nicht das Glücksgefühl der Erkenntnis. Wer das alles weiß und dabei die Wesenheiten und grundlegenden Ursachen nicht kennt, der lebt genauso im Angstzustand, wie wenn er auch die speziellen Dinge nicht wüßte; ja er hat vielleicht noch mehr Angst, wenn das staunende Unbehagen, das aus den zusätzlichen Betrachtungen (über die Ursachen der Einzelheiten) entsteht, nicht durch die sachkundige Anwendung der entscheidenden Grundlehren beseitigt werden kann. Deshalb machen wir denn auch mehrere Ursachen der Wenden, des Unter- und Aufgangs, der Finsternisse und dergleichen ausfindig, wie das auch bei allen singulären Erscheinungen geschieht."[33] Und die elfte der epikureischen Hauptlehren lautet: „Wenn wir nicht durch den Verdacht beunruhigt würden, die Himmelserscheinungen und der Tod könnten uns vielleicht doch etwas angehen, ferner durch die Unwissenheit über die Grenzen der Schmerzen und Begierden – dann bedürften wir keiner Naturerkenntnis."[34] Diese Grundhaltung Epikurs berücksichtigend, kommt Marx zu dem Urteil: „Epikur ist *befriedigt* und *selig in der Philosophie* ... Während Demokrit, von der Philosophie unbefriedigt, sich dem empirischen Wissen in die Arme wirft, *verachtet Epikur die positiven Wissenschaften*, denn nichts trügen sie bei zur *wahren Vollendung*."[35]

Epikurs Ausgangspunkt ist klar und deutlich der Mensch, wie dies auch bei Protagoras der Fall war. Doch im Unterschied zu ihm baut Epikur den Menschen in die Natur ein. Er unternimmt den Versuch, physikalisches und philosophisches Prinzip zu vereinen, und zwar in der Weise, daß er Demokrits atomistisches System benutzt, um das Prinzip des isolierten Individuums als Weltprinzip nachzuweisen. Zu diesem Zweck hat er den Begriff des Atoms entwickelt, durchdacht und durchkonstruiert, die Konsequenzen des Begriffs „Atom" untersucht. Hierauf beruht die Konsistenz des epikureischen Systems sowie seine Leistung, die Atomistik philosophisch gefaßt und damit in gewissem Maße auch philosophisch begründet zu haben.

Überlegt man, worin der Begriff des Atoms besteht, kommt man notwendigerweise zu dem Ergebnis, daß es als reales Ding in einer Form *existieren* soll, die seinem *Wesen widerspricht*. Per definitionem soll es etwas absolut Unveränder-

33 Ebenda, S. 248f.

34 Ebenda, S. 325.

35 K. Marx, Doktordissertation: Differenz der demokritischen und epikureischen Naturphilosophie, a. a. O., S. 273.

liches sein. Um aber seine Funktion erfüllen zu können, für die es erdacht wurde, muß es mit anderen Atomen zusammenwirken können. Damit hat es etwas Veränderliches an sich. Oder es muß, wenn es existiert, eine bestimmte Größe haben. Das widerspricht jedoch seinem Wesen, seinem Begriff. Wollte man einen strengen, einen ganz und gar konsequenten Atomismus durchführen, so dürfte man überhaupt keine Unterschiede zwischen den Atomen zulassen, dann dürfte es nur eine Sorte von Atomen geben – so wie das heute der Quantenmechanik als Ideal vorschwebt. Erst dann wäre der Mangel der philosophischen Systeme von Empedokles und Anaxagoras total überwunden. Denn in den Größen- und Formenunterschieden sind sehr wohl noch Qualitäten versteckt. Erst eine Konzeption der Messung ermöglicht, klar zu definieren, was als quantitative Eigenschaft gelten kann. Ein absoluter Atomismus, also einer, der nur eine Sorte von Atomen zuläßt, könnte allerdings nicht Grundlage einer physikalischen Theorie sein, oder es müßte eine Physik gefunden werden, die ohne Konstanten auskommt. Ein solcher Atomismus wäre zwar in sich vollkommen konsequent, erklärte aber nicht die reale Wirklichkeit, die Erscheinungen. In der genannten „Inkonsequenz" der demokriteischen und epikureischen Philosophie liegt andererseits auch der Keim für die Grenze der Atomistik. Marx drückt diese Problematik mit den Worten aus: „Es widerspricht dem Begriff des Atoms, Eigenschaften zu haben; denn, wie Epikur sagt, jede Eigenschaft ist veränderlich, die Atome aber verändern sich nicht. Allein es ist nichtsdestoweniger *eine notwendige Konsequenz*, ihnen dieselben beizulegen. Denn die vielen Atome der Repulsion, die durch den sinnlichen Raum getrennt sind, müssen notwendig *unmittelbar voneinander* und *von ihrem reinen Wesen verschieden sein*, d. h. *Qualitäten* besitzen."[36]

Epikur löst dieses Problem, indem er eine Eigenschaft setzt und so die Konsequenz aus der realen Existenz des Atoms zieht, darauf jedoch zugleich Bestimmungen entgegensetzt, die den Begriff des Atoms geltend machen und die zuvor gesetzte Eigenschaft wieder vernichten. So bringt er das Gegensätzliche in Zusammenhang, vermittelt es, während es bei Demokrit unreflektiert nebeneinander bestehenbleibt.

Das Atom ist seinem Wesen nach gedacht als absolutes Individuum, somit als etwas, das sich nur auf sich bezieht; es soll aber in steter Fallbewegung sein. Nach Epikur ist jeder Körper, in der Bewegung des Falls aufgefaßt, nichts weiter als ein sich in gerader Linie bewegender Punkt. In der geraden Linie gibt aber der Punkt seine Einzelheit – damit sein Wesen, Individuum zu sein – auf. Sofern nun das Atom nur als in gerader Linie fallend aufgefaßt wird, verhält es sich lediglich als mathematischer Körper, ist es noch kein physikalisches Objekt. Es ist als Individuum noch nicht realisiert, seine Festigkeit noch nicht vorhanden. „Die Bewegung des Falls ist die Bewegung der Unselbständigkeit."[37] Die gerade Linie ist das Anderssein des Atoms. Im Ausbeugen von ihr (De-

36 Ebenda, S. 285. 37 Ebenda, S. 281.

klination) bezieht sich das Atom auf sich, das heißt, auf ein anderes Atom, auf etwas ihm Wesensgleiches. Nur so kann es sich auf sich beziehen und seine Individualität realisieren. Indem es von der geraden Linie abweicht, kann es mit anderen zusammentreffen und so seine Funktion erfüllen, also gewährleisten, daß aus ihm die Welt gebaut werden kann. In der Deklination von der geraden Linie verwirklicht sich das Wesen des Atoms. Der Widerspruch zwischen Existenz und Wesen verkörpert sich in den beiden entgegengesetzten Bewegungen, der Bewegung in gerader Linie und der Deklination von ihr.

In Verkennung ihrer Rolle im epikureischen System ist die Deklination ihrem Erfinder oft als Willkür vorgeworfen worden. So schrieb zum Beispiel Cicero: „Da Epikur einsah, daß, wenn die Atome durch ihr eigenes Gewicht abwärts getrieben würden, nichts in unserer Gewalt stände, weil ihre Bewegung bestimmt und notwendig ist: erfand er ein Mittel, der Notwendigkeit zu entgehen, was dem Demokrit entgangen war. Er sagt, das Atom, obgleich es durch Gewicht und Schwere von oben nach unten getrieben wird, weiche ein klein wenig aus. Dies zu behaupten ist schmählicher als das, was er will, nicht verteidigen zu können."[38] Dieser Vorwurf ist – wie sich später zeigte, als man eine echte physikalische Theorie hatte, die klassische Mechanik – der „Vorwurf", daß man aktive Prinzipien braucht, die sich nicht auf Atomeigenschaften *reduzieren* lassen. Dem Epikur Willkür vorzuwerfen, ist unbedacht, weil der Begriff des Atoms erfordert, daß das Atom ausbeugen kann, sonst müßte man es aufgeben. Zudem begriff Epikur, daß eine Welt, in der es nur Notwendigkeit gäbe, nicht ohne Gott existieren könnte. Er sah keine andere Möglichkeit als die von ihm gewählte, den Zufall in die Welt einzuordnen. Sein Motiv hierfür – zu widerlegen, daß nichts in des Menschen Gewalt stünde – ist keineswegs schmählich. Angelpunkt der Kritik am epikureischen System ist vielmehr, daß der Mensch nur als Einzelwesen gesehen, nur unter der Form der Einzelheit gefaßt wird. Aus diesem Grunde kann Epikur auch eine wirkliche Beherrschung der Natur durch den Menschen, die Souveränität des Menschen, und andererseits eine von fatalistischem Determinismus verschiedene, den Zufall als Moment einschließende Naturgesetzmäßigkeit nicht begründen. Wie den Menschen, so sieht Epikur das Atom als absolutes Individuum. Es entgeht ihm, daß das Atom durch die Wechselwirkung, also durch seine Beziehung zu anderen Atomen, Eigenschaften gewinnt, die es als etwas absolut Einzelnes aufheben. Er kann deshalb das unter physikalischem Gesichtspunkt unbedingt Erforderliche, die Möglichkeit des Zusammentreffens der Atome, nur als willkürlich erscheinende Annahme einführen. Das Deklinationspostulat folgt nicht aus den angegebenen Atomeigenschaften, und andere Eigenschaften werden prinzipiell nicht zugelassen. Einerseits soll alles aus den primären Atomeigenschaften abgeleitet werden können, andererseits würde der ganze Sinn des Atomismus hinfällig werden, ließe man nicht die Fähigkeit des Atoms zu,

38 Zit. bei K. Marx, ebenda, S. 278.

ausbeugen zu können, was dem Atom als solchem widerspricht. Marx nennt dies das Ausbeugen des Atoms von seinen Voraussetzungen.[39]

Die Individuen – Mensch wie Atom – werden bei Epikur nur in Form der abstrakten Einzelheit gefaßt. Hierin liegt der Grund des ganzen Dilemmas. Als absolutes Individuum darf es nicht an Voraussetzungen gebunden sein, nicht durch außerhalb seiner Bestehendes bestimmt sein. Will es sich aber als absolutes Individuum äußern, muß es sich auf anderes, auf ihm Äußerliches beziehen, ohne dieses kann es nicht als absolutes Individuum bestätigt werden. Trotz dieses im Rahmen des reinen Atomismus nicht auflösbaren Widerspruchs bleibt bestehen, daß die epikureischen Individuen ersonnen wurden, um das aus ihnen Zusammengesetzte, die realen Körper (bzw. die Gesellschaft), die Erscheinungen zu erklären, und mithin bleibt die Frage zu beantworten, wie sich die Erscheinung zum Wesen des Atoms verhält. Für Demokrit hatten auch die zusammengesetzten Körper an sich selbst nur die primären Eigenschaften. Die Erscheinung zeigte nicht an sich selbst, daß sie Erscheinung ist (das geschieht ja erst im Subjekt), etwas vom Wesen Unterschiedenes. Was in der äußeren Natur als realer Gegenstand existiert, ist nach demokriteischer Ansicht bloße Zusammensetzung aus den Atomen, eine Zusammensetzung, die identisch ist mit der Summe ihrer Teile. Die Erscheinung fällt hiernach von der Existenz her mit dem Wesen zusammen, wird begrifflich jedoch völlig vom Wesen getrennt, und deshalb stellt sie sich nur als subjektiver Schein dar. Bei Epikur jedoch ist die Erscheinung wirklich Erscheinung, etwas vom Wesen Verschiedenes. Er faßte ja das Ganze als eine neue Qualität gegenüber der Summe der Teile auf, konnte also nicht die Erscheinung als bloße (mechanische) Zusammensetzung konzipieren. Die Form der Erscheinung ist ihm die Zeit.

Um diese Konsequenz verständlich zu machen, sei daran erinnert, daß das Atom zunächst als räumlicher Punkt erscheint. Marx schreibt in seiner Disser-

39 „Wie das Atom von seiner Voraussetzung ausbeugt, seiner qualitativen Natur sich entzieht und darin nachweist, daß dies Entziehn, dieses voraussetzungslose, inhaltslose Insichbeschlossensein für es selbst ist, daß so seine eigentliche Qualität erscheint, so beugt die ganze epikureische Philosophie den Voraussetzungen aus, so ist z. B. die Lust bloß das Ausbeugen vom Schmerze, also dem Zustande, worin das Atom als ein differenziertes, daseiendes, mit einem Nichtsein und Voraussetzungen behaftetes erscheint. Daß der Schmerz aber ist etc., daß diese Voraussetzungen, denen ausgebeugt wird, sind für den einzelen, das ist seine Endlichkeit, und darin ist er zufällig. Zwar finden wir schon, daß an sich diese Voraussetzungen für das Atom sind, denn es beugte nicht der graden Linie aus, wenn sie nicht für es wäre. Aber dies liegt in der Stellung der epikureischen Philosophie, sie sucht das Voraussetzungslose in der Welt der substantialen Voraussetzung, oder logisch ausgedrückt, indem ihr das Fürsichsein das ausschließliche, unmittelbare Prinzip ist, so hat sie das Dasein sich unmittelbar gegenüber, sie hat es nicht logisch überwunden.

Dem Determinismus wird so ausgebeugt, indem der Zufall, die Notwendigkeit, indem die Willkür zum Gesetz erhoben wird ..." (K. Marx, Hefte zur epikureischen, stoischen und skeptischen Philosophie, a. a. O., S. 167).

tation: „Zunächst, wenn die Leere als räumliche Leere vorgestellt wird, ist das *Atom die unmittelbare Negation des abstrakten Raums*: also ein *räumlicher Punkt*. Die Solidität, die Intensivität, die sich gegen das Außereinander des Raums in sich behauptet, kann nur durch ein Prinzip hinzukommen, das den Raum seiner ganzen Sphäre nach negiert, wie es in der wirklichen Natur die Zeit ist."[40] Das *Außereinander* des Raumes, des (gleichgültigen) Nebeneinanderbestehens soll also (dialektisch) negiert werden, durch das *Auseinander*-Hervorgehen, durch die Zeit, durch das, was nicht nebeneinander, nicht gleichzeitig bestehen kann (Definition der Zeit als Ausschluß des logischen Widerspruchs[41]). Dem Raum als passive Form der Erscheinung wird – wie Marx definiert – die Zeit als aktive entgegengesetzt. Zum vollen Verständnis dieser These muß der epikureische Zeitbegriff natürlich etwas näher betrachtet werden.

Für die gesamte Atomistik ist die Zeit aus der Welt des Wesens ausgeschlossen, denn die Atome sind unentstanden und unvergänglich. Eingeschlossen kann sie also nur in die Welt der Erscheinungen sein. Demokrit, dem die Erscheinung zum subjektiven Schein wird, verlegt daher die Zeit in das Selbstbewußtsein des philosophierenden Subjekts. Die Zeit hat bei ihm keine Bedeutung, sie ist keine Notwendigkeit für sein System, er braucht sie nicht. Die Dinge werden als an sich gegebene gesetzt, nur ihrer Existenz nach betrachtet. Hingegen ist bei Epikur die Erscheinung objektiv und so natürlich auch die Zeit. Die Zeit verkörpert in seinem System das Wesen der Erscheinung, das, was die Erscheinung zur Erscheinung macht. Sie ist die absolute Form der Erscheinung. Wie in der Welt des Wesens das Atom, so ist dem Epikur in der Welt der Erscheinung die Zeit das Charakteristische. Eine so eingeordnete Zeit macht den Begriff einer absoluten, einer verselbständigten Zeit, einer Zeit an sich unmöglich: „So auch bestehet für sich die Zeit nicht. Selber die Dinge geben uns erst den Begriff von dem, was früher geschehen, was jetzt wirklich geschieht und was in der Folge noch sein wird."[42]

Für Epikur ist die Zeit Begleiter der Bewegung, eine Eigenschaft von Eigenschaften der Dinge,[43] eine Eigenschaft der Eigenschaft zu werden und zu vergehen. Die Zeit sei deshalb nicht durch eine Analogie zu erklären, sondern

40 K. Marx, Doktordissertation: Differenz der demokritischen und epikureischen Naturphilosophie, a. a. O., S. 280.

41 Dies entspricht namentlich der Leibnizschen Raum-Zeit-Bestimmung.

42 Lucretius Carus, Von der Natur der Dinge, a. a. O., Erstes Buch, Vers 448–450, S. 80.

43 So argumentiert Sextus Empiricus in seiner Schrift „Gegen die Mathematiker": „Akzidens der Akzidenzien ... Deshalb zwingt auch Epikur, da er sagt, man müsse sich den Körper denken als Zusammensetzung von Größe und Gestalt, Widerstand und Schwere, dazu, sich den existierenden Körper aus nicht existierenden Körpern zu denken ... Daher müssen, damit die Zeit vorhanden sei, Akzidenzien sein; damit aber die Akzidenzien vorhanden sind, ein zugrunde liegender Umstand da sein muß; ist aber kein zugrunde liegender Umstand vorhanden, dann kann auch nicht die Zeit vorhanden sein ... Also wenn dieses die Zeit ist, Epikur aber sagt, seine Akzidenzien ihre (die Zeit), dann wird nach Epikur die Zeit selbst

nur dadurch, wie wir sie messen und das Gemessene verbinden. Im Brief an Herodotos schreibt Epikur: „Ferner muß man genau beachten, daß die Zeit sich nicht, wie alles sonst, was zu einem Gegenstand gehört, untersuchen läßt, indem wir es auf die unmittelbar evidenten Begriffe zurückführen, die wir in uns selbst erfassen. Vielmehr ist diese Evidenz selbst, mit der wir von langer oder kurzer Zeit sprechen, auf die ihr gemäße Art zu behandeln und zu erkennen. Und man soll nicht andere, vermeintlich bessere Ausdrücke für die alten eintauschen, sondern die vorhandenen dafür verwenden; auch darf man nicht etwas anderes von der Zeit aussagen, das angeblich seinem Wesen nach gerade mit dem Spezifischen (der Zeit) identisch wäre; denn das machen einige. Allein jenes muß bedacht werden, mit dem wir dieses Spezifische in Verbindung bringen und messen. Und das bedarf keiner Beweisführung, sondern nur der Überlegung, daß wir mit Tag und Nacht und deren Teilen, mit den Affekten und affektfreien Zuständen und mit Bewegung und Ruhe ein besonderes Symptom in Verbindung bringen, das wir, gerade wenn wir es bei all diesen Erscheinungen berücksichtigen, Zeit nennen."[44] Epikur faßt die Zeit als Wechsel des Endlichen und vermittelt so das Wesen mit der Erscheinung. Das Wesen des Atoms ist seine Ewigkeit, die Erscheinung ist dem entgegengesetzt, sie ist zeitlich, aber der Wechsel ewig.

So wie Demokrit den Raumbegriff einführte, um die Bewegung überhaupt denkbar zu machen, führte Epikur den Zeitbegriff ein, um die Erscheinung theoretisch faßbar zu machen, sie mit dem Wesen zu vermitteln. Die Atomistik erweist sich auch hier wieder als Denkprinzip der Physik, indem sie die Rolle von Raum und Zeit genau so bestimmt, wie sie für die Physik gültig ist: Raum und Zeit dienen in der Physik dazu, den Übergang oder Zusammenhang von Kontinuität und Diskontinuität – den man zerstören muß, um physikalische Begriffe zu bilden – wiederherzustellen bzw. als gegeben zu setzen. Mit dem Begriff der Zeit wird bei Epikur der Zusammenhang zwischen den Teilen (den einzelnen Atomen) und dem Ganzen (den aus ihnen zusammengesetzten Körpern, der Erscheinung) hergestellt und somit über Demokrit hinausgehend ein Zusammenhang zwischen Wesen und Erscheinung begründet. Dieser Zusammenhang ist allerdings nicht so konzipiert, daß er das Wesen empirisch zugänglich macht. Raum und Zeit erweisen sich somit bereits hier als Bedingungen für die Möglichkeit der Erkenntnis, also bereits im Atomismus, nicht erst bei Kant (obwohl bei ihm Raum und Zeit natürlich in einem anderen Verständnis Erkenntnisbedingungen sind).

ihr eignes Akzidens sein." (Zit. bei K. Marx, Doktordissertation: Differenz der demokritischen und epikureischen Naturphilosophie, a. a. O., S. 357).

44 Griechische Atomisten, a. a. O., S. 245f.

4. Naturwissenschaftlicher und naturphilosophischer Standpunkt in der Atomistik

Daß der Zeitbegriff erst vom naturphilosophischen Standpunkt des Epikur, nicht von dem demokriteischen des empirischen Naturforschers in die Atomistik eingeführt werden konnte, ist möglicherweise ein Hinweis darauf, daß der philosophische Zeitbegriff – wenn man diesen mit Entstehen von Neuem, mit Entwicklung verknüpft – von dem der Physik unterschieden ist. Die Physik setzt die Naturgegenstände als gegeben voraus und sie muß, um Physik sein zu können, die Abhängigkeit ihrer Maßstäbe von der Vorgeschichte gerade ausschließen. Dies ist – wie Treder darstellt – im folgenden Sinne gemeint: Physik beruht auf der Möglichkeit, daß die untersuchten makrophysikalischen Prozesse wiederholbar und reproduzierbar sind. Diese Wiederholbarkeit und Reproduzierbarkeit hängt ihrerseits von der geochronometrischen Struktur der Raum-Zeit-Welt ab. Das wurde bereits 1918 in einer Diskussion zwischen Einstein und Weyl anläßlich der ersten, von Weyl vorgeschlagenen, einheitlichen Feldtheorie erörtert. In dieser Diskussion gab Einstein zu bedenken, daß die geometrische Struktur der Raum-Zeit-Welt so beschaffen sein muß, daß es möglich ist, Etalons (Einheitsmaßstäbe, Einheitsuhren) zu definieren, die jederzeit den Vergleich und die Nachprüfung der Meßergebnisse durch verschiedene Physiker erlauben. Wenn an einem Ort zu einem bestimmten Zeitpunkt eine Vielzahl von solchen Etalons geeicht wird, einige von ihnen an verschiedenen Orten zu verschiedenen Zeiten zu bestimmten Messungen benutzt werden, dann muß, wenn diese Etalons später wieder an einem Ort verglichen werden, ihre Eichung relativ zueinander erhalten geblieben sein. Das heißt, ihr Zustand ist dann eben gerade unabhängig von dem Weg, den sie genommen haben, er ist unabhängig von dem, was mit ihnen geschehen ist. Die ein physikalisches System charakterisierenden Eigengrößen müssen im ganzen Kosmos miteinander vergleichbar sein. Nur unter dieser Voraussetzung ist es überhaupt möglich, Physik als Naturwissenschaft zu betreiben.[45]

Den unterschiedlichen Zeitbegriff Epikurs und Demokrits, die unterschiedliche Lösung der Frage nach dem Verhältnis von Denken und Sinnlichkeit, Wesen und Erscheinung bedenkend, erweist sich die Differenz des epikureischen und demokriteischen Atomismus als Unterschied von naturphilosophischem und naturwissenschaftlichem Standpunkt. Marx drückt dies so aus: „Die Betrachtung der Eigenschaften der Atome liefert uns also dasselbe Resultat wie die Betrachtung der Deklination, nämlich, daß Epikur den Widerspruch im Begriff des Atoms zwischen Wesen und Existenz verobjektiviert und so die Wissenschaft der Atomistik geliefert hat, während beim Demokrit keine Realisierung des Prinzips selber stattfindet, sondern nur die materielle Seite festgehal-

45 Vgl. H.-J. Treder, Philosophische Probleme des physikalischen Raumes, Berlin 1974, S. 296.

ten und Hypothesen zum Behufe der Empirie beigebracht werden."[46] Demokrit betrachtet nirgends die Eigenschaften in bezug auf das Atom selbst. Deshalb gibt es bei ihm auch keinen Widerspruch zwischen dem Begriff, dem Wesen des Atoms und seiner objektiven Existenzform. Die atomaren Eigenschaften sind ihm nur Hypothesen zur Erklärung der erscheinenden Mannigfaltigkeit. (Die bekannten Erscheinungen, z. B. Erdbeben, kann man erklären, wenn man annimmt, daß sich die Atome so und so zusammenfinden und dieses und jenes bewirken.) Demokrit schließt den Widerspruch aus dem Atom, aus der Welt des Wesens, aus der äußeren Natur aus. Das Atom erscheint nur als die eine Seite, der eine Pol eines Widerspruchs, deren anderer die sinnliche Anschauung ist. Epikur dagegen zeigt den Widerspruch *im* Atom. Er sieht die Welt unter Einschluß des Widerspruchs oder den Widerspruch als objektiven. Naturwissenschaftlicher und naturphilosophischer Standpunkt sind gleichberechtigt in dem Sinne, daß zur Erkenntnis der Welt beide notwendig sind. Der Standpunkt Demokrits verlegt das von den Eleaten und Herakliteern diskutierte Problem ins Subjekt, ohne es dort zu lösen. Das macht jede Physik, und es ist ihr gutes Recht, da sie eben die Welt unter der Form des Objekts betrachtet, Mensch und Natur gleichsetzt.[47] Der Standpunkt Epikurs ist im Prinzip der philosophische. Von ihm aus kann man nicht Physik betreiben, wohl aber ist er notwendig, um ein Prinzip physikalischer Sinnlichkeit zu finden, also ein Prinzip, das Denken und Sinnlichkeit so verknüpft, daß Physik als solche wirklich möglich wird. Erst mit einem solchen Prinzip wäre die erkenntnistheoretische Begründung der Physik vollendet. Epikur hat das nicht geleistet, aber er hat einen wesentlichen Schritt dazu getan und unbewußt auf die Grenze der Atomistik verwiesen.

Trotz der gegebenen Charakterisierung ist die Lehre Demokrits natürlich Philosophie, nicht Physik. Demokrit entwickelt den *Standpunkt* des empirischen Naturforschers, seine Atomistik das *Prinzip* physikalischen Denkens. Und die epikureische Lehre ist nicht Inkarnation der Philosophie. Zwar nimmt Epikur dem philosophischen Vorgehen entsprechend den Menschen als undiskutable Voraussetzung, aber sein Menschenbild ist natürlich ein spezielles, nicht *das* philosophische. Er faßt den Menschen nur als vereinzeltes Individuum, als abstraktes Selbstbewußtsein.[48] Auf Grund dieses Menschenbildes, das sich

46 K. Marx, Doktordissertation: Differenz der demokritischen und epikureischen Naturphilosophie, a. a. O., S. 289f.

47 E. Schrödinger, Die Natur und die Griechen, a. a. O., S. 155; vgl. S. 13, Anm. 8.

48 Deshalb erscheint der Unterschied von Demokrit und Epikur in bestimmter Hinsicht als Unterschied von Physik und Mathematik. Demokrit fragt nach den *realen Möglichkeiten*, die die Notwendigkeit und Wirklichkeit ihres Objekts zu begründen suchen. Epikur fragt nach dem *Abstrakt-Möglichen*, das lediglich darin besteht, frei von Widerspruch zu sein (für das Subjekt), der Wahrnehmung nicht zu widersprechen. Die Einheit beider — der Physik und der Mathematik — ist nur in der Philosophie zu finden. Insofern ist Epikurs Standpunkt ein Extremum, das auf Grund seines nichtmathematischen Ziels (Beruhigung

auch in der philosophischen Auffassung vom Verhältnis des Einzelnen zum Allgemeinen, des Wesens zur Erscheinung, des Menschen zur Natur niederschlägt, kann Epikur seinem Vorsatz, physikalisches und philosophisches Prinzip zu vereinen, nicht treu bleiben. Nur wenn der Mensch als gesellschaftliches Individuum, sein Wesen als Ensemble der gesellschaftlichen Verhältnisse konzipiert wird, kann sowohl die Selbständigkeit der Natur als auch die wirkliche Möglichkeit menschlicher Beherrschung der Natur begründet werden; kann das Allgemeine als kollektive, kollektiv produzierte Einheit verstanden, der Widerspruch zwischen dem Atom als Individuum und der Notwendigkeit aktiver Prinzipien gelöst, Denken und Sinnlichkeit, Wesen und Erscheinung wirklich zur Einheit gebracht werden.

Da Epikur eine solche philosophische Konzeption nicht hatte und auch nicht haben konnte, aber genau diese Ziele anstrebte, muß er natürlich mit sich selbst in Konflikt geraten. Dort, wo er die Selbständigkeit der Natur zugeben müßte, verleugnet er sein eigenes atomistisches Prinzip, durchbricht er die Konsistenz seines Systems, das einzelne Selbstbewußtsein ruft sich als das wahre Prinzip aus und befeindet die selbständig gewordene Natur.[49] Es tritt dies zutage in der Behandlung der Himmelskörper. Sie sind eigentlich die wirklich gewordenen Atome, und Epikur müßte sie als Realisierung seines Atombegriffs feiern.[50]

des Subjekts) in philosophischem Gewand erscheint, nicht aber wirkliches philosophisches Verhalten repräsentiert. (Vgl. auch P. Ruben, Natur und Naturwissenschaft in der Entstehung der marxistischen Philosophie, in: Naturphilosophie – von der Spekulation zur Wissenschaft, hrsg. v. H. Hörz, R. Löther und S. Wollgast, Berlin 1969).

49 Vgl. K. Marx, Doktordissertation: Differenz der demokritischen und epikureischen Naturphilosophie, a. a. O., S. 303.

50 Marx bemerkt zu diesem Problem: „Das Atom ist die Materie in der Form der Selbständigkeit, der Einzelheit, gleichsam die vorgestellte Schwere. Die höchste Wirklichkeit aber der Schwere sind die Himmelskörper. In ihnen sind alle Antinomien zwischen Form und Materie, zwischen Begriff und Existenz, die die Entwickelung des Atoms bildeten, gelöst, in ihnen alle Bestimmungen, die gefordert wurden, verwirklicht. Die zölestischen Körper sind ewig und unveränderlich; ihren Schwerpunkt haben sie in sich, nicht außer sich; ihr einziger Akt ist die Bewegung, und, getrennt durch den leeren Raum, beugen sie aus von der geraden Linie, bilden ein System der Repulsion und Attraktion, in dem sie ebensosehr ihre Selbständigkeit bewahren, und erzeugen endlich die Zeit als die Form ihrer Erscheinung aus sich selbst. *Die Himmelskörper sind also die wirklich gewordenen Atome.* In ihnen hat die Materie in sich selbst die Einzelheit empfangen. Hier also mußte Epikur die höchste Existenz seines Prinzips, den Gipfel und Schlußpunkt seines Systems erblicken. Er gab vor, die Atome zu unterstellen, damit unsterbliche Fundamente der Natur zugrunde lägen. Er gab vor, daß es ihm um die substantiale Einzelheit der Materie zu tun sei. Wo er aber die Realität seiner Natur – denn er kennt keine andere als die mechanische – vorfindet, die selbständige, unzerstörbare Materie, in den Himmelskörpern, deren Ewigkeit und Unveränderlichkeit der Glaube der Menge, das Urteil der Philosophie, das Zeugnis der Sinne bewies: da ist es sein einziges Streben, in die irdische Vergänglichkeit sie hinabzuziehen; da wendet er sich eifernd gegen die Verehrer der selbständigen, den Punkt der Einzelheit

Er tut das aber keineswegs. Die Himmelskörper sind ein Jenseits der Sinne, und deshalb können sie nichts Wesenhaftes sein, denn sie wären dann ein echter Gegenpart des menschlichen Individuums, es wäre die Ataraxie des einzelnen Menschen, sein Selbstbewußtsein gefährdet. Es kann und darf keine sich nach Gesetzen vollziehenden Naturprozesse geben, wenn sie ein Jenseits der Sinne sind. Deshalb kann und darf es nicht nur eine einzige Erklärungsmöglichkeit für die Bewegung himmlischer Körper geben, sondern alles ist zulässig, was der Wahrnehmung nicht widerspricht.

Die oben gestellte Frage: Ist die Atomistik damit am Ende ihrer Kunst, der Kunst, die Kluft zwischen Denken, objektiver Realität und sinnlicher Wahrnehmung zu schließen? muß also bejaht werden. Der Atomismus entwickelte das Prinzip physikalischen Denkens, das Prinzip physikalischer Sinnlichkeit konnte er nicht ausarbeiten.

Als Philosophie ist der Atomismus historisch beschränkter Materialismus, ein Materialismus in einem bestimmten historischen Gewand. Die Form dieses Materialismus wurde letztlich überwunden im dialektischen und historischen Materialismus. Das Bleibende, das, was in die dialektisch-materialistische Philosophie aufgenommen wird, ist realisiert im Prinzip des physikalischen Denkens; das Bleibende besteht als Moment, als eine notwendige, aber nicht hinreichende Voraussetzung der dialektisch-materialistischen Philosophie, während es der mechanische Materialismus zum Absoluten erhob. Der mechanische Materialismus verabsolutiert das physikalische Denkprinzip, indem er die meßtheoretische Grundlage der Physik verkennt und so dem Irrtum verfällt, Philosophie könne mit Physik identifiziert werden.

Der Atomismus hat in seinem demokriteischen und epikureischen Gewand die Grundform des Verhältnisses von Naturwissenschaft und Naturphilosophie ausgeprägt. Er hat mit der Erfindung des Prinzips physikalischen Denkens eine konstruktive Antwort für die erstmals explizit gestellte Grundfrage der Philosophie vorgelegt. Umgekehrt konnte seinerzeit diese Frage materialistisch nur beantwortet werden durch eine (partielle) erkenntnistheoretische Begründung der Naturwissenschaft. So bewies der antike Atomismus die Notwendigkeit der Philosophie für die Begründung der Physik.

in sich besitzenden Natur. Dies ist sein größter Widerspruch." (K. Marx, Doktordissertation: Differenz der demokritischen und epikureischen Naturphilosophie, a. a. O., S. 302f.)

II. Newtons dynamischer Atomismus
Die Synthese des Prinzips physikalischen Denkens und des Prinzips physikalischer Sinnlichkeit durch Begründung der Einzelwissenschaft Physik

1. Physikalisch erklären = Zurückführen auf Eigenschaften von Atomen?

Der Atomismus, insofern er das Prinzip physikalischen Denkens entwickelte, war also notwendige erkenntnistheoretische Voraussetzung der mit der klassischen Mechanik begründeten Physik. Ihr Schöpfer, Newton, erkannte diese Bedeutung des Atomismus – wenn auch nicht in voller Tragweite, so doch in wesentlichen Aspekten. Atomistisch begründete er die Einheit, die Harmonie und Gesetzmäßigkeit der Natur, die ihm Ausgangspunkt all seiner Überlegungen waren. In der 31. jener der „Optik" angefügten Fragen schreibt er: „All dies bedenkend, scheint es mir wahrscheinlich zu sein, daß Gott am Anfang die Materie in soliden, massiven, harten, undurchdringlichen Teilchen von solcher Größe und Gestalt und mit solchen weiteren Eigenschaften und in solchem Verhältnis zum Raume erschuf, wie sie am besten dem Zweck entsprachen, für den er sie geschaffen hatte; und daß diese einfachen Teilchen etwas Festes sind, unvergleichlich härter als alle porösen Körper, die aus ihnen bestehen; sie sind sogar so hart, daß sie niemals zerstört werden oder in Stücke zerbrechen können; keine Macht gewöhnlicher Art ist in der Lage zu teilen, was Gott als Ganzes in der ersten Schöpfung gemacht hat. Solange die Teilchen bestehen bleiben, können sich aus ihnen Körper ein und derselben Natur und Struktur zu allen Zeiten zusammensetzen. Sollten sie aber zerstört werden oder in Stücke brechen, würde sich die Natur der Dinge, die von ihnen abhängen, verändern. ... Damit also die Natur beständig ist, können die Veränderungen der körperlichen Dinge nur in verschiedenen Trennungen und neuen Vereinigungen und Bewegungen dieser unveränderlichen Partikeln bestehen."[51]

Weil letztlich alles aus den gleichen Atomen besteht, ist die Natur einheitlich, kann man die verschiedensten Phänomene auf gleiche Prinzipien zurückführen, kann man für noch unverstandene Erscheinungen *analoge*, sie erklärende Prinzipien annehmen wie für die schon erkannten. Weil die Atome unzerstörbar sind, gibt es Wiederholbares, Stabiles, Allgemeines in der Welt, kann es objektive Gesetze geben.

Die atomistische Konzeption ließ zudem zu, von den Wirkungen auf die

51 I. Newton, Opticks. With a foreword by A. Einstein, an introduction by Sir E. Wittaker, a preface by I. B. Cohen, Dover 1952, S. 400.

Ursachen zu schließen, alle Erscheinungen kausal aufzufassen. Denn sie trat sowohl in der Antike als auch bei ihrer Wiederaufnahme in der Neuzeit antifinalistisch auf; die Begriffe „Ziel" und „Zweck" haben in ihr keinen Sinn.

Auch der leere Raum wäre nicht anders als atomistisch zu begründen gewesen. Ohne seine Annahme hätte sich aber die Physik seinerzeit nicht als Wissenschaft etablieren können. So war die Einsicht, daß alle Körper gleich schnell fallen, nur unter der Voraussetzung des Vakuums zu gewinnen. Daher auch ist das Galileische Fallgesetz weder mit der aristotelischen noch mit der cartesischen „Physik" vereinbar, die ihrerseits zwar die Fallbewegung beschreiben, aber kein *Gesetz* dieser Bewegung formulieren konnten. Newton benötigte in seiner Theorie den leeren Raum. Er lehnte die cartesische Vorstellung mit dem Argument ab, daß ein dichtes Fluidum von keinerlei Nutzen für die Erklärung der Naturphänomene sein könne, die Planeten- und Kometenbewegung besser ohne ein solches erklärt werden könnten. Hat jenes Fluidum aber keinen Nutzen, sondern hindert nur die Operationen der Natur und läßt sie erlahmen, so gibt es keinen evidenten Beweis für seine Existenz, und man sollte es daher ablehnen.[52] Daß Newton dies durchaus als Bekenntnis zum Atomismus versteht, ist dadurch belegt, daß er sich in seiner Polemik gegen den cartesischen Äther auf die alten atomistischen Philosophen beruft: „Für die Ablehnung solch eines Mediums spricht die Autorität jener ältesten und geehrtesten Philosophen *Griechenlands* und *Phöniziens*, die ein *Vakuum* und Atome und die Gravitation der Atome zu den ersten Prinzipien ihrer Philosophie machten."[53]

Das Raumganze, der Raum als Kontinuum konnte in der klassischen Mechanik nur als leerer Raum gedacht werden. Andererseits hatte die Newtonsche Mechanik das Raumganze aber unbedingt nötig, denn sie kommt mit den Begriffen des Massenpunkts, der zeitlich variablen Entfernung zwischen Massenpunkten nicht aus. Im Begriffssystem der griechischen, also der euklidischen Geometrie – die von der klassischen Mechanik ja als Raumstruktur vorausgesetzt wird – kam dieser Begriff jedoch nicht vor. Erst Descartes führte ihn in die Physik ein, indem er den Raumpunkt durch dessen Koordinaten beschrieb.[54] Die cartesische Raumauffassung entsprang nun aber der Identifizierung von Materie und Ausdehnung. Doch gerade diese Gleichsetzung verhinderte eine empirisch begründete Dynamik, eine Theorie, die tatsächlich physikalisch und nicht nur geometrisch-kinematisch ist. Sollte der von Descartes eingeführte Begriff des Raumganzen für die Physik brauchbar werden, so mußte daher diese Identifizierung aufgehoben und der Raum als leerer Raum gedacht werden, als Untergrund für die Bewegung der Materie.

Der Atomismus war aus all jenen Gründen, die ihn zum „Erfinder" des Prinzips physikalischen Denkens werden ließen, als gnoseologische Basis der Phy-

52 Ebenda, S. 368.

53 Ebenda, S. 69.

54 Vgl. A. Einstein, Mein Weltbild, hrsg. v. C. Seelig, Berlin (West) 1966, S. 138–147.

sik erforderlich. Er erwies sich jedoch nicht als hinreichend, um die Physik erkenntnistheoretisch zu begründen.[55]

In Fortsetzung der zitierten Worte aus Frage 31 schreibt Newton: „Es scheint mir ferner, daß die Partikeln nicht nur eine *Vis inertiae* besitzen und damit den aus dieser Kraft ganz natürlich entspringenden passiven Bewegungsgesetzen unterliegen, sondern daß sie auch von aktiven Prinzipien bewegt werden, wie es das der Gravitation ist und das, welches die Gärung verursacht und die Kohäsion der Körper. Diese Prinzipien betrachte ich nicht als occulte Qualitäten, die aus der spezifischen Form der Dinge hervorgehen sollen, sondern als allgemeine Naturgesetze, durch die die Dinge selbst gebildet werden."[56] Nach Newton sind aktive Prinzipien notwendig, damit Mannigfaltigkeit und Bewegung in der Welt erhalten bleiben und reproduziert werden. Durch passive Prinzipien (wie z. B. die Trägheit) allein könnte keine Bewegung in der Welt sein, sondern die Mannigfaltigkeit der Bewegung würde konstant zerfallen.[57]

Newton gelangte zu der Auffassung, daß es notwendig ist, aktive Prinzipien anzunehmen, nachdem er sich jahrelang um eine physikalische Erklärung der Gravitation bemüht hatte, die er noch über das Gravitationsgesetz hinaus glaubte geben zu müssen. Denn unter *physikalisch erklären* verstand er zunächst – dem Zeitgeist entsprechend – die Zurückführung auf die primären Eigenschaften der einzelnen Atome. Es war Newton aber von Anfang an klar, daß die Körper oder Atome nicht an sich, sondern *gegeneinander* schwer sind.

Von denjenigen Gelehrten, die das nicht sahen, wurde der Begriff der Gravitation als nicht in die Mechanik gehörig betrachtet. Huygens und Leibniz waren empört über den „Rückfall in die Qualitätenphysik der Scholastik".[58] Sie nahmen an – ebenso wie der englische Geistliche und Altphilologe Bentley –, Newton halte die Gravitation für eine wesentliche und inhärente Eigenschaft der Materie. Newton wehrte sich entschieden dagegen und schrieb 1692 an Bentley: „Sie sprechen mitunter von der Gravitation als der Materie wesentlich und inhärent. Ich bitte darum, diese Auffassung nicht mir zuzuschreiben; die Ursache der Gravitation gebe ich nicht vor zu kennen. Hierfür brauchte man mehr Zeit, um sie zu berücksichtigen."[59] Der zweiten Ausgabe seiner

55 Vgl. hierzu H.-H. v. Borzeszkowski/R. Wahsner, Die Mechanisierung der Mechanik, in: Newton-Studien, Veröffentlichungen des Forschungsbereichs Geo- und Kosmoswissenschaften, Heft 8, Berlin 1978. Vgl. auch H.-H. v. Borzeszkowski/R. Wahsner, Newton und Voltaire. Zur Begründung und Interpretation der klassischen Mechanik, Berlin 1980, S. 11–30. – Hierauf stützen sich die folgenden Aussagen über Newton in wesentlichen Passagen.

56 I. Newton, Opticks, a. a. O., S. 401.

57 Vgl. ebenda, S. 397, 399.

58 Siehe Briefwechsel zwischen Huygens und Leibniz, z. B. in: G. W. Leibniz, Hauptschriften zur Grundlegung der Philosophie, übers. v. A. Buchenau und hrsg. v. E. Cassirer, Leipzig 1904, Bd. I und II.

59 I. Newton, Briefe an W. Bentley, in: Isaac Newton's Papers and Letters on Natural Philosophy, ed. by I. B. Cohen, Cambridge/Mass. 1958, S. 298.

„Mathematischen Prinzipien der Naturlehre" fügte Newton im Scholium generale hinzu: „Ich habe noch nicht dahin gelangen können, aus den Erscheinungen den Grund dieser Eigenschaften der Schwere abzuleiten und Hypothesen erdenke ich nicht."[60] Und weiter meint er in den „Regeln zur Erforschung der Natur" in derselben Ausgabe: „Ich behaupte doch aber nicht, daß die Schwere den Körpern wesentlich zukomme."[61] Letzteres folgt für ihn aus der dritten Regel, nach der man diejenigen Eigenschaften der Körper, welche weder verstärkt noch vermindert werden können und welche allen Körpern zukommen, an denen man Versuche anstellen kann, für Eigenschaften aller Körper halten muß. So sah er die Ausdehnung, Härte, Undurchdringlichkeit, Beweglichkeit und Trägheit auch für Eigenschaften der kleinsten Teile der Körper „und damit für inhärente" und wesentliche an, nicht aber die Gravitation. Denn sie nimmt mit der Entfernung der Massen voneinander ab; sie ist nicht die Eigenschaft eines einzelnen Körpers, sondern die Körper sind *gegeneinander* schwer. Sie konnte also nicht den Eigenschaften der kleinsten Partikeln, der Atome, ihren primären Eigenschaften, aus denen man die ganze Natur erklären wollte, zugerechnet werden. Sie konnte nicht als Attribut betrachtet werden, das einem einzelnen Wesen an sich zukommen kann, sondern sie erwies sich als gebunden an das Vorhandensein von mindestens zwei Körpern oder Massenpunkten, die allein dadurch, daß sie existieren, aufeinander wirken. (Ohne das Aufeinanderwirken der Körper kann der Begriff „Masse" gar nicht gebildet werden.)

Wegen dieser Eigenart der Gravitation, die sich zunächst als unverständliche Schwierigkeit auftat, prüfte Newton viele Äther-Modelle, die diese – sich aus der Beziehung der Atome zueinander ergebende – Eigenschaft aus Eigenschaften der einzelnen Atome erklären sollten. Sie alle mußten verworfen werden, da sie eben das nicht leisteten, und Newton wurde zu der Einsicht gezwungen, daß Physik nicht möglich ist, setzt man die Naturkörper als von ihrer Umgebung isolierte Einzelwesen voraus mit inhärenten Eigenschaften, also mit solchen, die sie schon an sich haben, nicht erst durch die Wechselwirkung mit anderen Körpern. Nähme man nur derartige Körper an, gelangte man im besten Falle zum Trägheitsprinzip, und auf diesem allein läßt sich noch keine Physik aufbauen.

Dieser Einsicht hatte sich – wie gezeigt – bereits Epikur genähert, als er für seine Atome Deklinationen annahm, damit überhaupt etwas in der Welt geschehen kann, was durch Bewegung schlechthin (Bewegung aller Atome parallel zueinander infolge der epikureischen Schwere) noch nicht ermöglicht ist. Epikur hatte die *Notwendigkeit* eines aktiven Prinzips gespürt, führte es aber als inhärente Eigenschaft des einzelnen Atoms ein mit der Konsequenz, daß es nur als Willensakt des Atoms zur Deklination oder als unerklärliche Setzung verstanden werden konnte, also physikalisch nicht faßbar war.

60 I. Newton, Mathematische Prinzipien der Naturlehre, a. a. O., S. 511.

61 Ebenda, S. 381.

Newtons Konzeption, ausgedrückt in den Worten: Es scheint mir, daß die Atome nicht nur Trägheit besitzen, sondern durch aktive Prinzipien bewegt werden, die nicht occulte Qualitäten sind, sondern allgemeine Naturgesetze, durch die die Dinge gebildet werden – modifiziert den klassischen Atomismus nicht nur (etwa so wie Epikur die Atomistik Demokrits), sondern geht über ihn hinaus. Denn die Newtonschen Worte bedeuten die Erkenntnis, daß das für die Physik akzeptable Elementare kein kleinstes Teilchen, kein kleinstes Einzelwesen sein kann, sondern daß es eine Beziehung, eine Wechselwirkung, zwischen den (mindestens zwei) Körpern, daß es der Körper in seiner Beziehung zu mindestens einem anderen sein muß. Diese Erkenntnis ist die Einsicht in die nur relative Isolierbarkeit des physikalischen Körpers, zugleich aber auch in die Art und Weise, in der Isolierung möglich ist.

Die Körper können sich nur durch ihren Zusammenhang mit anderen Körpern verändern. Ein absolut isolierter Körper bliebe sich immer gleich. Er bewirkte auch nichts. Könnte er überhaupt seine eigene Erhaltung bewirken? Er realisierte sich überhaupt nicht als Körper, wenn er absolut isoliert wäre. Deshalb kann zum Beispiel die Idee der Selbsterhaltung in einer Monadentheorie nicht wirklich durchgeführt werden. Die angeblich von innen her bewirkte Tätigkeit eines einfachsten (Einzel-)Wesens, der Monade, ist nicht realisierbar. Die Selbsterhaltung wird nur als Ausrede in die Monade gelegt.[62]

Das Wesen der Gravitation zu diskutieren bedeutete, um das Verständnis der *aktiven Prinzipien* der Natur zu ringen. Newton ist der späteren mechanistischen Deutung – die Gravitation als inhärente und wesentliche Eigenschaft der *einzelnen* Atome und damit als *passives Prinzip* (ähnlich der Trägheit) aufzufassen – nicht verfallen. Die mechanistischen Interpretatoren der Mechanik jedoch hielten es für unwesentlich, daß die Körper nur gegeneinander schwer sind. Sie faßten die Gravitation als eine *in* einem jeden Körper befindliche Zentralkraft auf. Daher gehörte für sie zu jedem gravitierenden Körper ein Mittelpunkt, zu dem dieser hinstrebt. Da geometrische Punkte aber keine physikalische Wirkung ausüben können, muß eine außerhalb der Materie liegende bewegende Ursache angenommen werden. Sie wird nicht immer Gott genannt, erfüllt aber stets eine göttliche Funktion. Materie und Bewegung werden getrennt. Die Materie erhält ihre Bewegung von außen. Indem man meint, die Schwerkraft befinde sich *in* einem jeden Körper, schließt man die Fähigkeit der Materie zur Selbstbewegung aus.

62 Kant unterscheidet späterhin in seinen naturphilosophischen Arbeiten – wie schon der Titel seiner Schrift „Monadologia physica" erkennen läßt – nicht zwischen Monaden, Atomen und elementaren Stoffteilchen, obwohl zwischen einem physikalisch bestimmten Atom und einer Monade in Leibnizschem Sinne ein großer Unterschied besteht. Diese Differenz soll hier jedoch nicht untersucht werden, da dies auf eine Gegenüberstellung von Newtonscher und Leibnizscher Physikkonzeption hinausliefe. Diese beiden Konzeptionen zu analysieren ist zwar ausgesprochen wichtig, macht aber den Umfang einer eigenständigen Arbeit aus.

Mit der Einführung aktiver Prinzipien hieß „physikalisch erklären" nicht mehr Zurückführung auf die (primären) Eigenschaften der Atome, sondern Zurückführung auf physikalische Naturgesetze. Diese können aber nur als mathematische Größengleichungen formuliert werden. Daher war für Newton die Einführung aktiver Prinzipien, war die Auffassung der Gravitation als aktives Prinzip identisch mit der Einsicht, daß es neben dem mathematisch formulierten Naturgesetz nicht noch eine darüber hinausgehende physikalische Erklärung geben kann.[63] Es war Newton von Anfang an voll bewußt, daß das, was er gefunden hatte – so auch sein Gravitationsgesetz –, nur mathematisch ausgesprochen werden konnte. Doch sah er zunächst nicht, daß ein physikalisches Gesetz *prinzipiell nicht* anders formuliert werden kann und suchte eben deshalb lange Zeit darüber hinaus nach einer physikalischen Erklärung.

„Die Benennung: Anziehung, Stoß oder Hinneigung gegen den Mittelpunkt", schreibt Newton in den „Erklärungen" seines Hauptwerkes, „nehme ich ohne Unterschied und untereinander vermischt an, indem ich diese Kräfte nicht im physischen, sondern nur im mathematischen Sinne betrachte. Der Leser möge daher ... nicht schließen, daß ich die Art und Weise der Wirkung oder die physischen Ursachen erkläre oder auch daß ich den Mittelpunkten (welche geometrische Punkte sind) wirkliche und physische Kräfte beilege."[64] Er hob so hervor, daß es ihn hier nicht interessiere, wodurch die Anziehung bewirkt sei – ob nun durch eine Wirkung des Äthers, der Luft oder irgendeines anderen körperlichen oder unkörperlichen Mediums, das die Körper gegeneinander treibt, oder durch die Wirksamkeit mittels ausgeschickter Geister zueinander hinstrebender Körper –, da er in diesem Werke nicht die physischen Eigenschaften der Körper betrachte, sondern „ihre mathematischen Größen und Verhältnisse".[65] Daher konnte er sich auch entschließen, „alle physikalischen Streitigkeiten fahren zu lassen"[66] und die „Mathematischen Prinzipien der Naturlehre" auszuarbeiten. Daß er genau wußte, was er getan hatte, damit aber unzufrieden war, weil er glaubte, Physik sei das noch nicht, sondern nur erst ihre unabdingbare Voraussetzung, zeigt der folgende Text: „In der Mathematik hat man die Größen der Kräfte und diejenigen Verhältnisse derselben zu erforschen, welche aus gewissen vorausgesetzten Bedingungen hervorgehen. Steigt man hierauf zur Physik herab, so hat man diese Verhältnisse mit den Erscheinungen zu vergleichen, um zu erfahren, welche Bedingungen der Kräfte den einzelnen Arten anziehbarer Kräfte zukommen. Hierauf kann man endlich über die Gat-

63 Über ein bestimmtes mathematisch formuliertes physikalisches Naturgesetz hinausgehende Erklärungen können stets nur wiederum physikalische Theorien sein, die jene Theorie als Spezialfall enthalten, in der dieses Gesetz auftritt, oder es betreffen diese Erklärungen das philosophische Verständnis der Eigenarten der Physik.

64 I. Newton, Mathematische Prinzipien der Naturlehre, a. a. O., S. 25.

65 Ebenda, S. 190.

66 Ebenda, S. 167.

tungen der Kräfte und über ihre physischen Ursachen und Verhältnisse streiten."[67]

Nun stimmt es ja tatsächlich, daß die Mechanik die Bewegung materieller Körper und Systeme unter dem Einfluß von Kräften lehrt, deren Herkunft jedoch unberücksichtigt läßt. Dennoch ist sie Physik. Sie wurde es gerade dadurch, daß sie es tat. Allerdings entwickelten sich später auch physikalische Disziplinen, die sich gerade dadurch unterschieden, daß sie die verschiedenartig bedingten Kräfte untersuchten und insofern in gewisser Weise ihre Herkunft berücksichtigten. Sind diese Disziplinen das, was Newton vorschwebte? Die Notwendigkeit der Mathematik als Sprache der Physik hoben sie nicht auf. Es ist nicht eindeutig bestimmt, was Newton über die von ihm geschaffene klassische Mechanik hinaus noch suchte. Ahnte er, daß diese physikalische Theorie einmal im Rahmen der Gesamtphysik die Protophysik[68] sein würde? Oder war das, was er als Aufgabe der Physik sah, Illusion, beruhend auf dem Unverständnis seiner eigenen Tat? Er hatte die Physik begründet, die sich nunmehr natürlich *grundsätzlich* von der vorherigen „Physik" oder Naturphilosophie unterschied. Ob er sich dessen bewußt war, ist nicht genau zu sagen. Zweifellos hat er sich – wie oben gezeigt wurde – im Laufe seines Lebens diesem Bewußtsein genähert.

Die Veränderung seiner Auffassung vom Charakter physikalischer Gesetze ging – wie gesagt – einher mit der Entwicklung seiner Ansicht über die „Ursache" der Gravitation. Meinte Newton, der im Gravitationsgesetz fixierte Zusammenhang sei nur mathematischer Natur und bedürfe noch einer physikalischen Begründung, so lag dies eben daran, daß „physikalisch erklären" für ihn zunächst Zurückführung der Erscheinungen auf die primären, inhärenten Eigenschaften der Atome bedeutete, die Gravitation als eine solche Eigenschaft aber nicht aufgefaßt werden konnte. Indem die Gravitation schließlich von Newton als aktives Prinzip bestimmt wurde, das keine occulte Qualität ist, sondern Naturgesetz, erhielt sie physikalische Realität. Das Gravitationsgesetz *ist* die Fixierung bestimmter Wirkungen zwischen Naturkörpern. Newton schuf die mathematische Sprache der Physik und wußte, daß es für sie keine adäquate nichtmathematische Übersetzung gibt.

Daß dennoch in Newtons Schriften die Unzufriedenheit zu spüren ist, das Gravitationsgesetz nur in mathematischer Form gefunden, nicht aber das Wesen der Gravitation verstanden zu haben, entspringt auch dem Bedauern, nicht alle die Naturphilosophie betreffenden Fragen im Rahmen der Physik lösen zu können. Newton hat also auf alle Fälle de facto zwischen Physik und Philosophie unterschieden. Seine immer wieder auftretende Unzufriedenheit mit der Eigenart der Physik wird also zu einem aus dem Unbehagen mit einer spezifischen

67 Ebenda, S. 191.
68 Vgl. H.-J. Treder, Das Korrespondenzprinzip und die Bedeutung von Quanten- und Relativitätstheorie, in: Spektrum, 2/1976.

Form physikalischer Theorien[69] resultieren, zum anderen daraus, daß eine rein physikalische Erklärung zu keinem vollständigen (unmittelbar schon philosophischen) Verständnis der Natur führt.[70] Da Newton die erste geschlossene physikalische Theorie geschaffen hatte, konnte er nicht wissen: liegt das an seiner Physik oder an der Physik überhaupt. Er sah nur, seine Mechanik konnte nicht die ganze Natur erklären. Den Ausweg suchte er in Hypothesen oder in Gott. Dieser kompensiert sowohl Grenzen der Newtonschen physikalischen Theorie als auch Grenzen der Physik überhaupt. Was jeweils zutrifft, ist unbestimmt. Wenn Newton „Gott" sagt, so heißt das (in seinen naturwissenschaftlichen Schriften zumindest): Hier liegen die Grenzen meiner physikalischen Theorie, meiner Mechanik. Daß er das aber nicht so ausdrückt, sondern Gott zum Helfer aus der Not macht, beweist zugleich, daß er die Mechanik nicht in jeder Hinsicht als Theorie und in ihrer physikalischen Spezifik erkannte. Was „physikalisch erklären" jedoch in Zukunft bedeuten sollte, war mit der Begründung der Mechanik durch Newton eindeutig entschieden.

2. Der Kraftbegriff der Dynamik

Ohne die Annahme aktiver Prinzipien ist Physik (als Wissenschaft) nicht möglich. Die aktiven Prinzipien sind die Kräfte der Newtonschen Dynamik. Ohne den Kraftbegriff hätte es keine Physik gegeben.[71] So schreibt Newton im dritten Buche der „Prinzipien": „Möchte es gestattet sein, die übrigen Erscheinungen der Natur auf dieselbe Weise aus mathematischen Prinzipien abzuleiten! Viele Beweggründe bringen mich zu der Vermutung, daß diese Erschei-

69 Newton war insbesondere mit der Beschreibung der Gravitation als Fernwirkung unzufrieden. Im dritten Brief an Bentley schreibt er: „Es ist unfaßbar, daß nicht belebte rohe Materie ohne Vermittlung durch irgendetwas, das nicht materiell ist, ohne Kontakt, etwas bewirken, auf andere Materie einwirken sollte, wie es sein müßte, wenn die Gravitation im Sinne Epikurs ihr wesentlich und inhärent ist. ... Daß ein Körper par distance auf einen anderen wirken kann, ... ohne Vermittlung von irgendetwas, durch das die Aktion und Kraft von einem zum anderen transportiert wird, ist eine große Absurdität." (I. Newton, in: Isaac Newton's Papers and Letters on Natural Philosophy, a. a. O., S. 302).

70 Möglicherweise sind in diesem Sinne Newtons Worte im Scholium generale gemeint: „Wir kennen nicht die Substanzen der Dinge ... Von den Eigenschaften schließen wir, daß die Dinge selbst existieren und wir nennen sie Substanzen: aber wir haben eine Idee von den Substanzen nicht mehr als ein blinder Mann von der Farbe." (I. Newton, Mathematische Prinzipien der Naturlehre, a. a. O., S. 360).

71 Es soll offen bleiben, ob dies für *alle* physikalischen Theorien gilt. Gewiß ist nur, daß es bis heute nicht gelang, den Kraftbegriff zu eliminieren. Selbst lineare Feldtheorien wie die Elektrodynamik kommen nicht ohne Kraftbegriff aus. Denn es müssen Feld- *und* Bewegungsgleichungen formuliert werden. Die einzige Feldtheorie, die den Kraftbegriff eliminiert, die nichtlineare Einsteinsche Gravitationstheorie, ist keine Feldtheorie im eigentlichen Sinne, da in ihr das Feld nicht lokalisierbar ist.

nungen alle von gewissen Kräften abhängen können. Durch diese werden die Teilchen der Körper nämlich aus noch nicht bekannten Ursachen, entweder gegeneinander getrieben und hängen alsdann als reguläre Körper zusammen oder sie weichen voneinander zurück und fliehen sich gegenseitig. Bis jetzt haben die Physiker es vergebens versucht, die Natur durch diese unbekannten Kräfte zu erklären; ich hoffe jedoch, daß die hier aufgestellten Prinzipien entweder über diese oder irgendeine richtigere Verfahrensweise Licht verbreiten werden."[72] Newton stellte sich also vor, daß man die Natur durch die Wirkung und das Zusammenspiel verschiedenartiger Kräfte erklären könnte. Seiner Meinung nach bestand die weitere Aufgabe der Physiker hauptsächlich darin, durch Induktion aus der Erfahrung die entsprechenden Kraftterme $\mathfrak{F}$ zu finden, die dann in das zweite Newtonsche Axiom $m\ddot{\mathfrak{x}} = \mathfrak{F}$ (d. h. $\dot{\mathfrak{p}} = \mathfrak{F}$, wobei $\mathfrak{p} = m\dot{\mathfrak{x}}$)[73] auf der rechten Seite einzusetzen sind. Dieses Bewegungsaxiom, das er am Anfang seiner „Prinzipien" formulierte, enthält im wesentlichen die gesamte Dynamik der klassischen Mechanik.

Es ist somit aber von vornherein klar, daß der so eingeführte Begriff „Kraft" in der klassischen Mechanik nicht als *äußerliche* Ursache für die Veränderung des Bewegungszustandes eines Körpers oder Atoms aufgefaßt werden kann, nicht als etwas, das notwendig ist, um den Widerstand der Materie gegen die Bewegung[74] zu überwinden, sondern in allen physikalischen Theorien als Ausdruck für die gegenseitige Einwirkung der Körper aufeinander erscheint, als Ausdruck für die Wirkungsfähigkeit der Körper, von der nicht abstrahiert werden kann. Daß Newton die Einführung aktiver Prinzipien für erforderlich hielt, um Physik entwickeln zu können, beweist, daß er die Wirkungsfähigkeit der Körper für eine unabdingbare Voraussetzung hielt, um Physik betreiben zu können. Die Frage 31 aus der „Optik" beginnt mit den Worten: „Haben die kleinen Teilchen der Körper nicht bestimmte Kräfte, Fähigkeiten, Potenzen, durch die sie par distance wirken können ...? Denn es ist gut bekannt, daß die Körper aufeinander einwirken durch die Attraktion der Gravitation, des Magnetismus und der Elektrizität."[75]

Ganz im Sinne Newtons und im Sinne des physikalischen Dynamismus schreibt d'Alembert: „Wenn man von der Kraft der in Bewegung befindlichen Körper spricht, so verbindet man entweder gar keine präzisen Vorstellungen mit diesem Ausdrucke, oder man kann darunter im allgemeinen nichts anderes verstehen als die Eigenschaft der bewegten Körper, die Hindernisse, welche ihnen begegnen, zu überwinden oder denselben Widerstand zu leisten."[76] Es ist dies

72 I. Newton, Mathematische Prinzipien der Naturlehre, a. a. O., S. 2.

73 Hierbei bedeuten: m die träge Masse, $\ddot{\mathfrak{x}}$ die Beschleunigung und $\mathfrak{F}$ die Kraft.

74 Gemäß dem Trägheitsprinzip sind Ruhe und geradlinig gleichförmige Bewegung nicht voneinander zu unterscheiden; die Bewegung wird also als Grundzustand der Körper vorausgesetzt.

75 I. Newton, Opticks, a. a. O., S. 375.

76 J. B. le Rond d'Alembert, Dynamik, Vorrede, in: Vorreden und Einleitungen zu klassischen

genau der Kraftbegriff Lockes, dessen sensualistische Philosophie Newton ergänzend zum Atomismus zur erkenntnistheoretischen Begründung seiner Mechanik übernahm: „Die aktive Kraft ist also in keiner Substanz vorhanden, die nicht im Ruhezustand in sich selbst oder in einer anderen Substanz eine Bewegung beginnen kann."[77] Locke meint, daß „sich alle Kraft auf eine Tätigkeit bezieht",[78] und zwar derart, daß man sie nicht als selbständiges reales Wesen anerkennen kann, sondern als eine Art von Relation, eine Beziehung auf Tätigkeit oder Veränderung. In diesem Sinne sind Kräfte Attribute von Substanzen.[79] Die Kraft ist nach Locke zweifach. Sie ist sowohl das Vermögen, eine Veränderung herbeizuführen, wie auch das Vermögen, eine Veränderung zu erleiden. Für ihn ist Kraft also Ausdruck des Aufeinanderwirkens der Dinge, ihrer Fähigkeit dazu. Er polemisiert daher auch gegen die cartesische Identifizierung von Ausdehnung und Körper. Die Ausdehnung schließe nicht wie der Körper ein, auf andere zu wirken und den Einwirkungen anderer zu widerstehen.[80] In seinem berühmten Werk „Über den menschlichen Verstand" schreibt Locke: „Durch die Sinne erhält der Geist täglich Kunde von der Veränderung jener einfachen Ideen, die er in den Dingen der Außenwelt beobachtet, ... endlich zieht er aus der Beobachtung bisher regelmäßiger Vorgänge den Schluß, daß auch in Zukunft bei den gleichen Dingen durch dieselben Ursachen dasselbe zustande komme ... Auf diese Weise gelangt er zu der Idee, die wir *Kraft* nennen."[81] Locke versteht also Kraft als verallgemeinerte Ursache, als gesetzmäßigen Zusammenhang, zu deren Begriff wir durch mehrfache sinnliche Wahrnehmung gelangen. Eine Ursache muß eine Kraft sein, das heißt, nur die Dinge können etwas verursachen, die eine Kraft haben, die tätig sein können. Die Kraft tritt somit als Vermittler zwischen Sinnen und Verstand auf.

Newton übernahm von Locke die erkenntnistheoretische Begründung seiner Kräftekonzeption und seiner experimentellen Methode. Formulierungen Lockes finden sich fast wörtlich bei Newton wieder,[82] wobei es in diesem Zusammen-

Werken der Mechanik, übers. und hrsg. v. Mitgliedern der Philosophischen Gesellschaft an der Universität zu Wien, Leipzig 1899, S. 56.

77 J. Locke, Über den menschlichen Verstand, Berlin 1962, S. 345.

78 Ebenda, S. 279.

79 Ebenda, S. 288.

80 Ebenda, S. 197.

81 Ebenda, S. 277.

82 Erwähnt seien z. B. nur drei der Regeln Newtons zur Erforschung der Natur: *„1. Regel.* An Ursachen zur Erklärung natürlicher Dinge nicht mehr zuzulassen, als wahr sind und zur Erklärung jener Erscheinungen ausreichen. Die Physiker sagen: Die Natur tut nichts vergebens, und vergeblich ist dasjenige, was durch vieles geschieht und durch weniger ausgeführt werden kann. Die Natur ist nämlich einfach, und schwelgt nicht in überflüssigen Ursachen der Dinge." *„2. Regel.* Man muß daher, so weit es angeht, gleichartigen Wirkungen dieselben Ursachen zuschreiben ..." *„3. Regel.* Diejenigen Eigenschaften der Körper, welche weder verstärkt noch vermindert werden können und welche allen Körpern zukom-

hang unwichtig ist, ob Locke Newton oder Newton Locke hauptsächlich beeinflußt hat. Fest steht, daß sie engen persönlichen Kontakt zueinander hatten und Locke die Bestätigung, daß man ausgehend von der Erfahrung zu einer wissenschaftlichen Theorie kommen kann, für die Ausarbeitung seiner Philosophie ebenso benötigte, wie Newton die empiristisch- bzw. sensualistisch-erkenntnistheoretische Begründung seiner physikalischen Methode. Allerdings ging Newton, indem er die Physik begründete, die physikalische Theorie der klassischen Mechanik ausarbeitete, *de facto* über die Lockesche erkenntnistheoretische Position, über die Position des Empirismus hinaus. Dies bewußt zu machen, war jedoch erst die Leistung Kants.

In der physikalischen und philosophischen Literatur wird häufig behauptet, Kraft werde in die Mechanik als eine nicht näher bestimmte *Ursache* für eine Veränderung im Geschwindigkeitsvektor eines Massenpunktes eingeführt, oder, wann und wo immer wir eine Geschwindigkeitsänderung wahrnehmen, müssen wir, ganz allgemein gesprochen, eine äußere Kraft dafür verantwortlich machen. Wenn es nicht mechanizistisch gemeint ist, so kann dies nur bedeuten, daß der physikalische Kraftbegriff – definiert durch das zweite Newtonsche Axiom – in der Sprache der Physik ausdrückt: Kein Ding ist in seiner Existenz, die sich in seiner Bewegung etabliert, unabhängig von anderen Dingen außerhalb seiner selbst.[83] Newton selbst bestimmt in dem genannten Axiom die Kraft nicht als Ursache der Beschleunigung, wie dies oft fälschlicherweise dargestellt wird, sondern er schreibt: „Die Änderung der Bewegung ist der Einwirkung der bewegenden Kraft *proportional* und geschieht nach der Richtung derjenigen geraden Linie, nach welcher jene Kraft wirkt."[84]

Mittels der durch die mathematische Gleichung $m\ddot{\mathfrak{x}} = \mathfrak{F}$ gegebenen Beziehung zwischen den physikalischen Größen $\mathfrak{F}$ (Kraft), m (träge Masse) und $\ddot{\mathfrak{x}}$ (Beschleunigung) wird es möglich, Kräfte durch Vergleich der an der gleichen Masse hervorgerufenen Beschleunigung zu messen und damit die mathematische Form des Kraftterms zu finden und anschließend durch Versuche an verschiedenen Massen die träge Masse durch das Verhältnis von Kraft und Beschleunigung zu bestimmen. Losgelöst von der mathematischen Größengleichung $m\ddot{\mathfrak{x}} = \mathfrak{F}$ hat „Kraft" keine physikalische Bedeutung. (Dabei ist vorausgesetzt, daß die in der Gleichung auftretenden Zeichen durch physikalische Meßvorschriften bestimmte physikalische Größen sind bzw. aus solchen hervorgehen.) Jede Gleichung gibt aber eine Äquivalenz, kein Ursache-Wirkungs-Verhältnis an. Die rechte Seite ist nicht Ursache der linken. Dies zugegeben, kann niemand

men, an denen man Versuche anstellen kann, muß man für Eigenschaften aller Körper halten . . ." (I. Newton, Mathematische Prinzipien der Naturlehre, a. a. O., S. 380 f.).

83 Dies findet auch darin seinen Ausdruck, daß sich das im Trägheitsprinzip ausgesprochene Verhalten des physikalischen Körpers niemals streng realisieren läßt, da es eben nicht möglich ist, alle Einwirkungen auf einen Körper auszuschalten.

84 I. Newton, Mathematische Prinzipien der Naturlehre, a. a. O., S. 32 (Hervorhebung – R. W.).

aus dem zweiten Newtonschen Axiom herauslesen, eine äußere Kraft sei *Ursache* einer jeden Bewegung, die aufgewandt werden müsse, da die Materie der Bewegung Widerstand entgegensetze, weil sie an sich träge sei. Dennoch wurde dies in fälschlicher Identifizierung von klassischer Mechanik und metaphysischem (sog. mechanischem) Materialismus bis vor wenigen Jahren noch allgemein behauptet.

Allerdings wurde historisch der Newtonsche Kraftbegriff als Antwort auf die Frage nach der Ursache einer ganz bestimmten Bewegung eingeführt. Mit seinem Gravitationsgesetz beantwortete Newton nämlich die Frage nach der „Ursache" der Fallbewegung, die von Galilei mathematisch im Fallgesetz erfaßt worden war, und zudem die Frage, ob die „Ursache", die die Körper zur Erde fallen läßt, und die „Ursache", die die Planeten in ihren Bahnen hält, ein und dieselbe sei. Das Gesetz für die gravitative Wechselwirkung der Massen m_1 und m_2

$$m_1\ddot{\mathfrak{r}}_1 = -f\frac{m_1 m_2}{r^3}\mathfrak{r}_{12}$$

$$m_2\ddot{\mathfrak{r}}_2 = f\frac{m_1 m_2}{r^3}\mathfrak{r}_{12}$$

liefert einen speziellen Kraftausdruck für die rechte Seite des zweiten Newtonschen Axioms.[85] Aus diesem Axiom folgt mit diesem Kraftausdruck näherungsweise (d. h. für Entfernungen, die so klein sind, daß die $\mathfrak{r}$-Abhängigkeit vernachlässigt werden, man also mit einer konstanten Kraft rechnen kann) das Galileische Fallgesetz $s = \frac{g}{2}t^2$.[86]

Indem dieses Gesetz als spezielle Lösung der den Kraftbegriff definierenden Bewegungsgleichung aufgezeigt wurde, also durch seine Einordnung als Spezialfall in ein allgemeineres Gesetz, konnte die Frage nach der „Ursache" der Fallbewegung mit dem Newtonschen Kraftbegriff beantwortet werden. Das allgemeinere Gesetz, eben das Gravitationsgesetz, zeigte den Zusammenhang zwischen der Fall- und der Planetenbewegung. Beide Bewegungen erwiesen sich als verschiedene spezielle Lösungen des Gravitationsgesetzes.

Daß die Kraft in der Physik als Größe behandelt wird, nicht als äußere Ursache, ermöglichte, von naturphilosophisch begründeten Kausalbeziehungen zu physikalischen Naturgesetzen überzugehen.[87] Andererseits bedeutet natür-

85 Hierbei bedeuten: m_1 und m_2 die Massen der beiden wechselwirkenden Körper, $\ddot{\mathfrak{r}}_1$ und $\ddot{\mathfrak{r}}_2$ deren Beschleunigung, r deren Abstand, $\mathfrak{r}_{12}$ den Einheitsvektor in Richtung der Verbindungsgeraden zwischen dem ersten und dem zweiten Körper, f die Gravitationskonstante.

86 Hierbei bedeuten: s den Weg, t die Zeit, g die Fallbeschleunigung.

87 Vgl. auch H. Weyl, Philosophie der Mathematik und Naturwissenschaft, München–Wien 1966, S. 185, 241.

lich die Behandlung der Kraft als Größe eine gewisse Veräußerlichung gegenüber dem Körper. Es ist die Veräußerlichung, die mit einer jeden Abstraktion einhergeht, da ein jedes Urteil der Form „S ist P" die Trennung von Subjekt und Prädikat erst einmal voraussetzt. Euler charakterisierte insofern treffend in einem seiner „Briefe an eine deutsche Prinzessin": Abstrahieren ist, „wenn die Seele ihre Aufmerksamkeit ganz allein auf eine Größe oder Beschaffenheit des Objekts richtet, die sie von dem Objekte absondert oder die sie nicht anders ansieht, als wenn sie mit demselben nicht mehr verbunden wäre".[88]

Diese Veräußerlichung – wird sie nicht verabsolutiert – ist nun nicht etwa eine Verfälschung. Die Kraft *ist* etwas Äußerliches, *insofern* sie *nicht dem einzelnen* Körper inhärent ist, ihm nicht an sich zukommt, sondern sich erst durch die Beziehung des Körpers zu den außerhalb seiner existierenden Körpern konstituiert. Der Vorsatz oder die Konzeption, alles äußeren Einflüssen zuzuschreiben, nicht occulten Qualitäten, war ein wichtiger Schritt von der metaphysischen Naturphilosophie zur Wissenschaft Physik.[89]

Um diesen Vorsatz auszusprechen, wurde das Wort „Kraft" benutzt. Es war Kepler, der es einführte, indem er es an die Stelle des Wortes „Seele" setzte. Er hatte der zweiten Ausgabe seines „Mysterium cosmographicum" den Text hinzugefügt: „Wenn man statt des Wortes ‚Seele' (anima) das Wort ‚Kraft' (vis) setzt, hat man gerade das Prinzip, auf dem die Himmelsphysik . . . grundgelegt . . . worden ist."[90] Dieser „Wortwechsel" ermöglichte es, die Natur nicht mehr als beseeltes Wesen anzusehen, sondern als eine Art Uhrwerk. Die Himmelskörper, die nicht durch göttliche Seelen, sondern durch Kräfte bewegt werden, konnten als leblose Körper aufgefaßt werden. Das ist – obwohl auf den ersten Blick ein gegenteiliger Eindruck entsteht – ein Schritt zur Anerkennung der Bewegtheit der Natur aus sich selbst heraus. Alle Bewegung, alle Veränderung entsteht nur durch das Wirken der Körper aufeinander. Dieser „Wortwechsel" war somit zugleich ein Schritt zur Physik, zur Dynamik, zum physikalischen Dynamismus. Physik bedeutet auch: Beseelung verwerfen, alles äußeren Einflüssen (im Sinne von Wirkungen und nur in diesem Sinne) zuschreiben.

88 L. Euler, Briefe an eine deutsche Prinzessin, Leipzig 1968, S. 128.

89 Hieran zeigt sich auch, daß der Kosmos, die Welt als Ganzes, nicht wie ein gewöhnliches *physikalisches* Objekt behandelt werden kann, woraus die Schwierigkeiten der Kosmologie folgen. Vgl. hierzu H.-H. v. Borzeszkowski/R. Wahsner, Kosmologie — Physik oder Metaphysik?, in: Deutsche Zeitschrift für Philosophie (im folgenden: DZfPh), 2/1978.

90 J. Kepler, Das Weltgeheimnis, übers. und eingel. v. M. Casper, Augsburg 1923, S. 129. — In der ersten Ausgabe hatte Kepler geschrieben: „Wir müssen also eine der beiden Tatsachen feststellen: entweder sind die bewegenden Seelen (der Planeten) desto schwächer je weiter sie von der Sonne entfernt sind, oder es gibt nur eine bewegende Seele im Zentrum aller Bahnen, d. h. in der Sonne, die einen Körper desto heftiger antreibt, je näher er ihr ist, die aber bei den weiter entfernten wegen dem Abstand und der (damit zusammenhängenden) Abschwächung des Vermögens kraftlos wird." (Ebenda, S. 124).

Es geht dieser Physik, diesem Dynamismus nicht mehr wie der aristotelischen Qualitätenphysik um die Erkenntnis *des* Wesens eines jeden Dinges, sondern um die Erkenntnis des Verhaltens der Dinge (in dem das Wesen erscheint). Der physikalische Kraftbegriff ist geradezu die Inkarnation dieser Wandlung. Er machte zudem theoretisch faßbar, was durch die experimentelle Methode gewonnen worden war.

Die „Verhaltens"- oder „Kraft"-Physik, der Dynamismus, barg in sich die Möglichkeit der philosophischen Verabsolutierung in zweierlei Richtung – in die mechanistische, die die äußere Einwirkung zur Passivität des Körpers, auf den eingewirkt wird, verabsolutiert, ein Subjekt ohne Kraft annimmt, und in die subjektivistische, die vergißt, daß die Kraft nur die Eigenschaft eines Subjekts sein kann, die die Kraft zum Subjekt hypostasiert. Beide Möglichkeiten wurden historisch verwirklicht. Das ändert aber nichts daran, daß der Kraftbegriff in die Physik als aktives Prinzip eingegangen ist, das heißt, als physikalischer Ausdruck für die Einheit von Körper und Bewegung, Ding und Eigenschaft, Existenz und Wirken des Körpers; als physikalischer Ausdruck für die Einsicht, daß nichts Einzelnes aus sich selbst heraus bestehen, nichts Einzelnes die Eigenschaft des Universums haben kann. Der Kraftbegriff war für die Physik notwendig, um die Wirkungsfähigkeit der Körper physikalisch aussprechen, d. i. in Größenbeziehungen fassen und meßbar machen zu können. Im Kraftbegriff manifestiert sich die Synthese des von der Atomistik begründeten Prinzips physikalischen Denkens mit dem durch die Entwicklung der experimentellen Methode gefundenen Prinzip physikalischer Sinnlichkeit. Die Arbeit des Synthetisierens vollbrachte Newton, indem er den Weg fand, physikalische Naturgesetze mathematisch zu formulieren.

3. Atome und Kräfte in der Newtonschen Dynamik

Newton erkannte also, daß die Kräfte, daß aktive Prinzipien – ohne die Physik als Wissenschaft nicht hätte begründet werden können – nicht als Atomeigenschaften, nicht als inhärente Eigenschaften aufgefaßt werden können. Dies führte ihn aber nicht dazu, die Existenz von Atomen völlig zu verwerfen, sondern er sagte ja ganz klar, daß Atome angenommen werden müssen, um die Möglichkeit von Naturgesetzen denkbar zu machen. Dabei sieht er sehr genau, daß die Atome in bezug auf die Mechanik *Voraussetzungen* sind, aus ihr also nicht abgeleitet werden können. Es findet dies seinen Ausdruck in der Formulierung, daß Gott (also ein außerphysikalisches Prinzip) sie geschaffen hat und zwar genau so, wie sie als Voraussetzung der Mechanik sein müssen. Die Existenz von Atomen mit ganz bestimmten Eigenschaften muß angenommen werden, damit die Welt so sein kann, wie sie ist. Die Atome sind theoretische Voraussetzung der physikalischen Theorie. Erkennt man diesen Zusammenhang, so ist es selbstverständlich, daß die durch die mechanischen Gesetze bestimmten Kräfte auf keine Weise die Atome aufspalten können. „Keine Macht gewöhnlicher Art ist in der Lage zu teilen, was

Gott als Ganzes geschaffen hat." Die Kräfte der Mechanik können nicht die Basis zerstören, auf der sie ruht. Keine Kraft gewöhnlicher Art könnte dies, das heißt, keine der in der Mechanik definierten Kräfte. Treten in der Newtonschen Theorie unendlich große Kräfte auf, so wird dies stets als Hinweis auf die mangelhafte Güte der Theorie gewertet, als Hinweis darauf, daß in dem betrachteten Fall diese Theorie versagt (siehe z. B. das sog. Gravitationsparadoxon). Das heißt, soweit es den hier betrachteten Zusammenhang betrifft, daß die Newtonsche Dynamik nicht mit unendlichen Kräften operieren kann, daß sie also keine Mittel hat, die kleinsten Partikeln als zerstörbar zu denken.

Die Atome in ihrer Unveränderlichkeit und Unzerstörbarkeit sind nun zwar Voraussetzung dafür, daß es in der Natur Wiederholbares und Gesetzmäßiges gibt, aber sie repräsentieren nicht selbst diese Gesetze. Sie tragen sie nicht in sich, sondern die Naturgesetze, durch die die Dinge gebildet werden, durch die sich die verschiedenen Körper und Dinge aus den Atomen zusammensetzen, sind die aktiven Prinzipien. Diese betreffen die Wechselwirkung zwischen den Körpern. Ohne Wechselwirkung gibt es keine Naturgesetze.

Da Newton nun mehrfach betont, die Gravitation als aktives Prinzip sei keine der Materie inhärente und ihr wesentliche Eigenschaft, so könnte man ihm unterstellen, er sei der Meinung gewesen, der Materie seien Gesetze und Bewegungsveränderung nicht inhärent und wesentlich. Dies trifft jedoch nicht zu, wie man sofort erkennt, wenn man sich vom Newtonschen Wortgebrauch nicht täuschen läßt. Newton verstand unter Materie die einzelnen Körper oder Atome mit ihren passiven Eigenschaften. Bezieht er die Wechselwirkung zwischen den Körpern mit ein, so spricht er nicht von „Materie", sondern von „Natur". Faßt man den Begriff „Materie" so, daß man auch das einbezieht, was Newton „Natur" nennt, so wären die durch die aktiven Prinzipien bestimmten Eigenschaften, wären die in den aktiven Prinzipien verkörperten Naturgesetze als der Materie inhärent zu bezeichnen. Der Wortgebrauch ist nicht wesentlich. Er wird hier nur erwähnt, da er in der Folgezeit zu Mißdeutungen der Newtonschen Meinung und – was tiefgreifender ist – der philosophischen Konzeption der klassischen Mechanik führte. Geht man dagegen von einem anderen als dem Newtonschen Materiebegriff aus und übernimmt gleichzeitig die Newtonsche Formulierung, daß die Gravitation keine der Materie inhärente und wesentliche Eigenschaft ist, so trennt man die aktiven Prinzipien von der Materie und so Bewegung und Materie. Behauptet man die Inhärenz der Gravitation, ohne zu beachten, daß dies mit einer veränderten Materiekonzeption verknüpft ist, so mißdeutet man die Mechanik mechanizistisch, so schreibt man den isolierten, einzelnen Atomen, Körpern Eigenschaften zu, die sie doch nur in Beziehung aufeinander haben können. Somit wird die Bewegung etwas Mystisches (man weiß nicht, woher sie kommt). Zugleich wird die mathematische Erfassung der aktiven Prinzipien (z. B. der Gravitation) unwichtig, der in ihr fixierte Zusammenhang wird als den einzelnen Körpern an sich eigen angesehen.

Darin, daß Newton die Notwendigkeit sieht, Atome und Kräfte, also *passive und aktive Prinzipien* anzunehmen, daß er nicht versucht, die einen auf die anderen zu reduzieren, reflektiert sich seine Einsicht in die klassische Mechanik als physikalische Theorie, die weder eine bloße Sammlung empirischer Daten ist noch ein rein rational ableitbares mathematisches System, das ohne experimentelle Untersuchungen Gesetzesaussagen über die Natur machen könnte. Es reflektiert sich darin Newtons Einsicht, daß Physik zwar ohne Dynamik nicht Physik sein kann, sich aber auch nicht in Dynamik auflöst, sondern zugleich auch auf Voraussetzungen beruht, die aus der Dynamik nicht ableitbar sind, eine physikalische Theorie also aus einem dynamischen und einem (voraus)gesetzten oder „apriorischen" Anteil besteht.

Daß Newton um die Notwendigkeit erkenntnistheoretischer – physikalisch nicht zu begründender – Voraussetzungen wußte, zeigen sowohl die Darstellung der klassischen Mechanik in seinen „Prinzipien" als auch die in der zweiten Ausgabe derselben hinzugefügten „Regeln zur Erforschung der Natur" (regulae philosophandi), die Allgemeine Anmerkung im dritten Buch seines Hauptwerkes und die 31. Frage aus dem Anhang der „Optik". (Schon damit ist ausgeschlossen, daß er die Mechanik mit der Natur gleichsetzte, daß er sie nicht als Theorie verstand.)

Das Vorgehen der Mechanik schildert Newton folgendermaßen: „Wie in der Mathematik so sollte auch in der Naturphilosophie (d. h. in der Physik – R. W.) bei der Erforschung schwieriger Dinge die analytische Methode der synthetischen vorausgehen. Diese Analyse besteht darin, Experimente und Beobachtungen zu machen und durch Induktion allgemeine Schlüsse aus ihnen zu ziehen und gegen sie nur solche Anwürfe zuzulassen, die vom Experiment kommen oder von anderen sicheren Wahrheiten. ... Und obwohl das Folgern aus Experimenten und Beobachtungen kein Beweis für eine allgemeine Schlußfolgerung ist, so ist es doch der beste Weg des Schließens, den die Natur der Dinge zuläßt und kann als umso strenger gelten, je allgemeiner die Induktion ist. Und wenn die Phänomene keine Ausnahme liefern, kann die Schlußfolgerung als allgemein gelten. Wenn aber später eine Ausnahme von den Experimenten vorkommen sollte, kann von da an die Schlußfolgerung mit den vorkommenden Ausnahmen ausgesprochen werden. Durch diesen Weg der Analyse können wir vom Zusammengesetzten zu den Bestandteilen fortschreiten und von den Bewegungen zu den Kräften, die sie hervorbringen, und im allgemeinen von den Wirkungen zu den Ursachen und von den partiellen Ursachen zu den allgemeineren bis zur allgemeinsten. Das ist die Analyse. Und die Synthese besteht darin, die entdeckten und als Prinzipien aufgestellten Ursachen vorauszusetzen und durch sie die Erscheinungen zu erklären, indem man von ihnen ausgeht und die Erklärungen prüft."[91]

Mit Prinzipien meint Newton die physikalischen Naturgesetze, die auf experimentellen, axiomatischen und erkenntnistheoretischen Voraussetzungen beruhen. In einem Brief an Oldenburg schrieb er: „Denn die beste und sicherste Methode

91 I. Newton, Opticks, a. a. O., S. 404.

des Philosophierens (d. h. Physik zu betreiben – R. W.) scheint darin zu bestehen, zuerst fleißig die Eigenschaften der Dinge zu untersuchen und sie durch Experimente zu etablieren und dann nach Hypothesen zu suchen, um sie zu erklären. Denn Hypothesen sollten nur gut sein, um die Eigenschaften der Dinge zu erklären und nicht um zu versuchen, sie vorher festzusetzen, sofern sie nicht eine Hilfe für die Experimente sind."[92] Sein bekannter Ausspruch „Hypotheses non fingo"[93] widerspricht dem nicht, sondern bezieht sich auf die Ablehnung experimentell nicht überprüfbarer Hypothesen (occulter Qualitäten). Diese These richtete sich vor allem gegen die Cartesianer, die keine physikalische Experimentalwissenschaft, sondern eine spekulative Naturphilosophie entwickelt hatten, die auf rein deduktiver Methode beruhte. Newton ging sogar soweit, Hypothesen zuzulassen, die durch die Erfahrung der Physik nur sehr indirekt bestätigt werden können, da sie erkenntnistheoretische Voraussetzungen für die Durchführbarkeit der Physik sind, wie zum Beispiel eben sein atomistischer Standpunkt.

Allein schon der von Newton gewählte Aufbau seines Hauptwerkes, beginnend mit Definitionen und Axiomen und daraus abgeleiteten Schlußfolgerungen, zeigt seine Einsicht in die Mechanik als physikalische Theorie, seine Einsicht in die Spezifik der Physik.

Am Anfang der Newtonschen „Prinzipien" stehen Definitionen, die der Theorie von vornherein eine physikalische Bedeutung geben, da sie nämlich die Grundbegriffe der Mechanik, die als physikalische Größen auftreten, durch Meßvorschriften definieren. Die dann folgenden Bewegungsgesetze, die drei Newtonschen Axiome, die diese Größen mathematisch verknüpfen, werden von Newton als Erfahrungssätze, als durch Induktion aus der Erfahrung gewonnen angesehen. Newton unterschied also die Physik als *empirische* Wissenschaft deutlich von der Mathematik. Er verstand Mathematik als notwendige Methode, um physikalische Gesetze zu formulieren und aus ihnen Schlußfolgerungen zu deduzieren, er verstand sie als Sprache der Physik.

Obwohl also die klassische Mechanik sowohl auf apriorischen Voraussetzungen als auch auf dynamischen Prinzipien – die ohne experimentelles Vorgehen ohne Sinn und Bedeutung wären – beruht, obwohl sie sowohl aktive als auch passive Prinzipien anerkennen muß, das heißt sowohl Wechselwirkungen zwischen den Körpern (die durch Messung in ihrer graduellen Abstufung zu erkennen sind) als auch inhärente Eigenschaften (die keine intensiven Größen, nicht graduell abstufbar sind und nicht gemessen werden können, sondern vorausgesetzt werden), obwohl das alles zutrifft, ist die Physik seit ihrer Begründung bestrebt, die erforderlichen apriorischen Voraussetzungen zu reduzieren und möglichst viel in den dynamischen Teil zu legen. Wie weit das möglich ist, wurde zu einer die Entwicklung der Physik vorantreibenden Fragestellung. Versuche in dieser Richtung

92 I. Newton, Brief an H. Oldenburg von 1672, zit. bei I. B. Cohen, in: I. Newton, Opticks, a. a. O., S. XXIV.

93 I. Newton, Mathematische Prinzipien der Naturlehre, a. a. O., S. 511.

führten bis zur Geometrodynamik als extremster Form;[94] hier sollen alle Voraussetzungen „dynamisiert", alle passiven Prinzipien „aktiviert" werden. Da die klassische Mechanik die erste physikalische Theorie war, konnte Newton sie natürlich nicht mit anderen Theorien vergleichen und daher auch nichts darüber aussagen, was apriorisch, was passives Prinzip in seiner Physik ist und was apriorisch oder passives Prinzip in der Physik überhaupt sein muß.

Newton war sich also voll dessen bewußt, daß Physik grundsätzlich auf theoretischen *und* empirischen Voraussetzungen beruht, und er beschrieb, wie man in der physikalischen Erkenntnis vorgehen sollte: „. . . aus den Erscheinungen zwei oder drei allgemeine Bewegungsprinzipien herzuleiten, und uns dann zu sagen, wie die Eigenschaften und Wirkungen aller körperlichen Dinge aus diesen offenkundigen Prinzipien folgen, das wäre ein sehr großer Schritt in der Philosophie (d. h. in der Physik – R. W.), auch wenn die Ursachen dieser Prinzipien noch nicht entdeckt wären."[95] Aber warum das funktioniert, warum man denn allgemeine Bewegungsprinzipien aus der Erfahrung ableiten kann, wie und warum die experimentelle Methode zu allgemeinen Gesetzesaussagen führt, das läßt Newton in seiner Physik und Naturphilosophie offen. Seine methodologischen Überlegungen geben eine Art Handlungsvorschrift für den Naturwissenschaftler. Auf sie trifft genau das zu, was Hegel über Locke bemerkte, daß er nämlich „das Interesse der Philosophie die Erkenntnis dessen, was an und für sich wahr ist, aufgibt und nur dahin geht, die Art und Weise zu beschreiben, *wie der Gedanke das Gegebene aufnimmt*".[96] „Der kurze Gedanke der Lockeschen Philosophie ist . . . dieser, daß die allgemeine Vorstellung, daß das Wahre, die Erkenntnis, beruhe auf Erfahrung. Einerseits wird die Erfahrung und Beobachtung, andererseits das Analysieren, Herausheben der allgemeinen Bestimmungen als *Gang der Erkenntnis* vorgeschrieben; es ist *metaphysizierender Empirismus*, und dies ist der gewöhnliche Weg in den Wissenschaften." Hegel anerkennt Lockes Verdienst gegenüber Spinoza und Descartes, die einfach Definitionen vorangestellt hatten und bei denen man vermissen konnte, „daß die Entstehung der Ideen nicht angegeben ist". Locke hat ein wahrhaftes Bedürfnis zu befriedigen gesucht, indem er bemüht war, das Entstehen der allgemeinen Vorstellungen aufzuzeigen. „Diese Begründung ist aber nur in Beziehung auf empirisches Entstehen, d. h., *was unser Bewußtsein für einen Weg nimmt*, wenn es sich entwickelt . . . Eine andere Frage ist: Sind diese allgemeinen Bestimmungen an und für sich wahr? Und wo kommen sie, nicht nur in meinem Bewußtsein, in meinem Verstande her, sondern in den Dingen selbst?"[97]

Locke zeigte, indem er gegen die metaphysischen Momente des französischen Rationalismus polemisierte, daß wir das Allgemeine, die Begriffe aus der Erfah-

94 Vgl. hierzu H.-J. Treder, Geometrisierung der Physik und Physikalisierung der Geometrie, Sitzungsberichte der AdW der DDR, 14 N, Berlin 1975.

95 I. Newton, Opticks, a. a. O., S. 401.

96 G. W. F. Hegel, Vorlesungen über die Geschichte der Philosophie, a. a. O., Bd. III, S. 342 (Hervorhebung — R. W.).

97 Ebenda, S. 348f. (Hervorhebungen — R. W.).

rung haben, und rechtfertigte so das Vorgehen der Mechanik. Doch meinte er, das Allgemeine, das Universale gehöre nicht zur realen Existenz der Dinge, „denn die Dinge sind in ihrer Existenz sämtlich einzeln".[98]

Der englische Empirismus bestritt zu Recht die rationalistische Auffassung von den angeborenen Ideen, er bestritt aber auch die Realität des Allgemeinen. Er behauptete, alles, was als Gesetz oder Vernunft ausgegeben werde, sei nur Gewohnheit, Übung oder Sitte. Nur Einzeldinge oder einzelne Tatsachen seien wirklich. Es wird so natürlich nicht erklärt, *wieso* man dann zu allgemeinen Begriffen kommen, *wieso* man sich mit ihrer Hilfe und mittels erkannter Gesetze oder des Gebrauches der Vernunft in der Wirklichkeit zurechtfinden kann. Es bleibt dunkel, wieso das, was der Empirismus positiv behauptet, funktioniert. Daher sprach Hegel von metaphysizierendem Empirismus. Newton fand wohl – wenn man seine expliziten Äußerungen über seine Methode betrachtet – nichts Kritikwürdiges an dem empiristischen Standpunkt. Nur: Newton hat seine Ansicht produktiv gemacht, hat das Gebäude der klassischen Mechanik errichtet. Dabei mußte er zwangsläufig – ob er sich dessen nun bewußt war oder nicht – diesen Standpunkt relativieren. Er konnte zum Beispiel nicht von bloßer Erfahrung ausgehen, sondern mußte auch theoretische Voraussetzungen machen. Seine mit Locke übereinstimmende Auffassung, daß wir nur die Eigenschaften der Dinge erforschen und von diesen auf ihr Wesen schließen können (ohne je sicher zu sein, es zu kennen), hinderte ihn nicht, die physikalische Theorie „Klassische Mechanik" auszubauen. Newtons Aufgabe als Physiker bestand nicht darin, eine geschlossene Theorie des der klassischen Mechanik zugrunde liegenden Erkenntnisprozesses auszuarbeiten.

Eine Antwort auf diese bei Newton offengelassenen Fragen findet man bei Kant.

98 In seinem Werk „Über den menschlichen Verstand" schreibt Locke: „Universalität kommt jedoch nicht den Dingen selbst zu, denn die Dinge sind in ihrer Existenz sämtlich einzeln; selbst diejenigen Wörter und Ideen sind es, die ihrer Bedeutung nach allgemein sind. Wenn wir somit die Einzeldinge beiseite lassen, so sind die Generalia, die übrigbleiben, nur Schöpfungen, die von uns selbst stammen. Ihr allgemeiner Charakter besteht in nichts anderem als in der ihnen vom Verstande verliehenen Fähigkeit, viele Einzelheiten zu bezeichnen oder zu vertreten. Denn ihre Bedeutung ist nichts weiter als eine Beziehung, die der menschliche Geist ihnen beigelegt hat." (J. Locke, Über den menschlichen Verstand, a. a. O., S. 16f.)

III. Kants atomistischer Dynamismus
Die Synthese des Prinzips physikalischen Denkens und des Prinzips physikalischer Sinnlichkeit durch erkenntnistheoretischen Apriorismus

1. Kants kosmologische Erweiterung der Newtonschen Dynamik

In seinen Vorlesungen zur Geschichte der Philosophie bemerkt Hegel zu Kants Naturkonzeption: „Er verlangt Konstruktion der Materie aus Kräften, Tätigkeiten, Energien, nicht Atomen."[99] Es trifft die Hegelsche Einschätzung voll den Kantschen Standpunkt, allerdings erst den seiner „kritischen Phase". In den Frühschriften ist Kant noch Atomist. Doch versucht er bereits hier – auf atomistischer Grundlage – das Verhalten der Materie aus dual entgegengesetzten Kräften, aus Attraktion und Repulsion, zu konstruieren. Seinen Niederschlag findet dieser Versuch namentlich in der „Allgemeinen Naturgeschichte und Theorie des Himmels" (1755)[100] sowie in der sogenannten „Monadologia physica", deren eigentlicher Titel lautet: „Über die Vereinigung von Metaphysik und Geometrie in ihrer Anwendung auf die Naturphilosophie" (1756). Es könnte nun scheinen, als sei es überflüssig, sich auf diese Jugendschriften zu beziehen, da doch das spätere Werk das ausgereiftere ist. Aber hier ist Kant eben noch Atomist, und warum er diesen Standpunkt verließ, charakterisiert die Problematik des Atomismus ebenso wie die der Physik.

Das offene Erkenntnisproblem des antiken Atomismus, wie Denken und Sinnlichkeit miteinander zu verknüpfen sind, wird hier einer Lösung noch nicht näher gebracht, ja es wird als Problem noch gar nicht gesehen. Die „praktische" Lösung dieses Problems durch die Entwicklung der experimentellen Methode und deren Verwendung zum Aufbau einer wirklichen Physik, der Theorie der klassischen Mechanik – die im Newtonschen Kraftbegriff ihren Ausdruck fand –, geht vorerst in die Naturphilosophie Kants in der Weise ein, daß die primären, die inhärenten Atomeigenschaften Undurchdringlichkeit, Gestalt, Größe, Beweglichkeit er-

99 G. W. F. Hegel, Vorlesungen über die Geschichte der Philosophie, a. a. O., Bd. III, S. 520.

100 Über die Bedeutung dieser Kantschen Schrift zur Entwicklung einer wissenschaftlichen Naturauffassung sind in der DDR mehrere Arbeiten erschienen, vgl. z. B.: G. Klaus, Einleitung zu I. Kant, Allgemeine Naturgeschichte und Theorie des Himmels, Berlin 1955; H. Ley, Kants Entwurf einer Naturgeschichte und Theorie des Himmels, in: Zum Kantverständnis unserer Zeit, hrsg. v. H. Ley, P. Ruben und G. Stiehler, Berlin 1975; H.-J. Treder, Kant und die Begründung der Kosmologie, Kosmogonie und kosmischen Physik auf Newtonscher Grundlage, in: Revolution der Denkart oder Denkart der Revolution. Beiträge zur Philosophie Immanuel Kants, hrsg. v. M. Buhr und T. I. Oiserman, Berlin 1976.

setzt werden durch Kräfte. Später, in den „Metaphysischen Anfangsgründen der Naturwissenschaft" (1786), die auf der Grundlage der in der „Kritik der reinen Vernunft" niedergelegten Erkenntnisse verfaßt wurden, substituiert Kant die Atome selbst durch die beiden Grundkräfte. Es wird sich erweisen, daß mit der Kantschen Erkenntniskritik wesentlich das Aufgeben der atomistischen Konzeption verknüpft ist, dennoch aber Kant den Kern des atomistischen Gedankens bewahrt (wessen er sich nicht bewußt ist) und dadurch das Vorgehen der Physik erkenntnistheoretisch begründet.

a) „Kraftatome" als Grundlage der kosmologischen Erweiterung

Zunächst also bekennt sich Kant zum antiken Atomismus und stellt ihn in den Dienst seiner Kosmogonie. Diese versteht er als physikalische Ergänzung der klassischen Mechanik, zu der Newton angeblich nur den mathematischen Teil geliefert haben soll. In diesem Sinne schreibt er in der „Allgemeinen Naturgeschichte und Theorie des Himmels": „Ich werde es also nicht in Abrede sein, daß die Theorie des Lucrez oder dessen Vorgängers, des Epikurs, Leukipps und Demokritus, mit der meinigen viele Ähnlichkeit habe. Ich setze den ersten Zustand der Natur so wie jene Weltweise in der allgemeinen Zerstreuung des Urstoffs aller Weltkörper oder der Atomen, wie sie bei jenen genannt werden. Epikur setzte die Schwere, die diese elementarischen Teilchen zum Sinken trieb, und dieses scheint von der Newtonschen Anziehung, die ich annehme, nicht sehr verschieden zu sein; er gab ihnen auch eine gewisse Abweichung von der geradlinichten Bewegung des Falles, ... diese Abweichung kommt einigermaßen mit der Veränderung der geradlinichten Senkung, die wir aus der Zurückstoßungskraft der Teilchen herleiten, überein; endlich waren die Wirbel, die aus der verwirreten Bewegung der Atomen entstanden, ein Hauptstück in dem Lehrbegriffe des Leukipps und Demokritus, und man wird sie auch in dem unsrigen antreffen." [101]

Kant sieht allerdings seine Auffassung vom antiken, mithin vom klassischen Atomismus wesentlich dadurch unterschieden, daß er nicht die Ordnung des Weltenbaus aus dem „ungefähren Zufalle, der die Atomen so glücklich zusammentreffen ließ, daß sie ein wohlgeordnetes Ganzes ausmachten" [102] ableitet, also nicht die Ordnung aus der Unordnung, die Vernunft aus der Unvernunft. Er findet vielmehr die Materie an gewisse notwendige Gesetze gebunden,[103] durch welche sie, wenn man sie sich frei überließe, notwendig harmonische Verbindungen hervorbringen müsse. Sie hätte keine Freiheit, von diesem Plan der Vollkommenheit abzuweichen, könne selbst im Chaos nicht anders als regelmäßig und ordentlich verfahren.[104] Diesen Plan, also ihr Gesetz, hat sie – laut Kant – von einer

101 I. Kant, Allgemeine Naturgeschichte und Theorie des Himmels, Berlin 1955, S. 45f.
102 Ebenda, S. 46. 103 Ebenda. 104 Ebenda, S. 47.

höchsten Absicht,[105] und es seien diese notwendigen Gesetze in der Newtonschen Mechanik formuliert, in den Eigenschaften der Atome, die sich als Kräfte zeigten, verwirklicht: „Nicht der ohngefähre Zusammenlauf der Atomen des Lucrez hat die Welt gebildet; eingepflanzte Kräfte und Gesetze ... sind ein unwandelbarer Ursprung derjenigen Ordnung gewesen, die aus ihnen nicht von ohngefähr, sondern notwendig abfließen mußte."[106]

Die Gewißheit, daß es in der Welt gesetzmäßig zugeht, somit die Gewißheit, daß seine Konzeption die antike Atomistik weiterführt, entnimmt Kant der Gewißheit der Newtonschen Gravitationsdynamik, und er entnimmt sie der durch sie wissenschaftlich erkundeten Harmonie und Einheitlichkeit des Weltenbaus. Denn – so argumentiert er – um völlige Gesetzlosigkeit und Zufälligkeit annehmen zu können, sind die Bahnen der Planeten zu gleichartig und gleichgerichtet. Um aber diese Harmonie und Gleichheit als der Natur von außen aufgeprägt, als göttliche Schöpfung, auffassen zu können, müßte man doch etwas mehr Vollkommenheit erwarten. Daher fragte Kant die Vertreter des Zweckmäßigkeitsgedankens, die jene These vertraten, ob sie eine Antwort wüßten, weshalb denn Gott, wenn er nun schon alles zweckmäßig und harmonisch habe einrichten wollen, die Planeten nicht so geschaffen habe, daß sie sich auf Kreisbahnen bewegten, und warum denn ihre Bahnen nicht in genau der gleichen Ebene lägen. Und er entgegnete ihnen: „Die Natur, indem sie alle möglichen Stufen der Mannigfaltigkeit in sich faßt, erstreckt ihren Umfang über alle Gattungen von der Vollkommenheit bis zum Nichts, und die Mängel selber sind ein Zeichen des Überflusses, an welchem ihr Inbegriff unerschöpft ist."[107] Die Unvollkommenheit wird ihm also Beweis objektiver Gesetzmäßigkeit; Zufall und Gesetzmäßigkeit sind so in gewisser Weise vereint, das Chaos erscheint als Moment gesetzmäßiger Zusammenhänge und Veränderungen. Die *ganze* Welt in ihrer Vielfalt und Verschiedenartigkeit, und zwar die reale, keine idealisierte Welt, kann als Gesetzen unterworfen gedacht werden.

Den Zweckmäßigkeitsgedanken mußte Kant, der sich der Lösung des Hauptproblems der klassischen bürgerlichen Philosophie – wie ist rationale Herrschaft des Menschen über Natur und Gesellschaft möglich? – verschrieben hatte, ablehnen. Die Lösung dieses Problems sollte den Ausschließlichkeitsanspruch der Vernunft begründen, in deren Namen die Bourgeoisie ihren Herrschaftsanspruch geltend machte.[108] Die bestehenden Verhältnisse konnten nicht als zweckmäßig angesehen werden, da sie ja gerade beseitigt und neue, vernünftige (d. h. bürgerliche) geschaffen werden sollten.

Vor diesem sozialen Hintergrund entwickelte Kant seine Kosmologie. Die Mög-

105 „Es ist ein Gott eben deshalb, weil die Natur auch selbst im Chaos nicht anders als regelmäßig und ordentlich verfahren kann." (Ebenda, S. 47).

106 Ebenda, S. 174.

107 Ebenda, S. 179.

108 Vgl. hierzu M. Buhr/G. Irrlitz, Der Anspruch der Vernunft, Teil I, Berlin 1968; M. Buhr, Immanuel Kant – Einführung in Leben und Werk, Leipzig 1969.

lichkeit, die Welt aus einem Prinzip physikalisch zu erklären, bot nur der Atomismus. Sein bisheriger Mangel (Erklärung aus dem Zufall) sollte durch die Ergebnisse der Newtonschen Physik aufgehoben werden. *Gelänge es nachzuweisen, daß die Atome als Eigenschaften nur Kräfte haben – die durch die Newtonschen Gesetze beschrieben werden –, so hätte Kant die von ihm gewünschte Weltphysik.* Diese sollte die nach seiner Meinung noch fehlende physikalische Ergänzung der klassischen Mechanik sein. Ebenso wie anfangs für Newton hieß für Kant „physikalisch erklären", auf primäre Atomeigenschaften zurückführen. Nun kannte er aber auch die große Bedeutung des Kraftbegriffs in der Dynamik. „Kraft" schien ihm daher etwas Grundlegendes, etwas Primäres zu sein, und demzufolge glaubte er, alles auf Atome zurückzuführen, die aus Kräften bestehen, sei die physikalische Erklärung der Welt (genauer: ihres anorganischen Bereiches).

Bei der Verknüpfung von antikem Atomismus und moderner Gravitationsdynamik übersieht Kant allerdings, daß sich die Newtonsche von der epikureischen Auffassung der Schwere grundsätzlich unterscheidet.[109] Er übersieht, daß Newton die atomistische Konzeption entscheidend modifizierte, indem er erkannte, daß die Atome nicht an sich schwer sind, sondern nur gegeneinander, und daß Newton zu dieser Einsicht nur gelangen konnte, indem er die Gravitation als Kraft auffaßte, die im Rahmen seiner physikalischen Theorie der klassischen Mechanik durch Größengleichungen definiert ist, durch Größengleichungen, die man dadurch erhält, daß der Kraftterm für die Gravitation $\mathfrak{F} = -f\frac{m_1 m_2}{r^3}\mathfrak{r}$ auf der rechten Seite in das zweite Newtonsche Axiom eingesetzt wird. Für Kant sind die mechanischen Gesetze und Kräfte nicht auf die Wechselwirkungen zwischen den Körpern bezogen und getrennt von diesen Wechselwirkungen gar nicht existent, sondern sie sind den Atomen an sich eigen, ihnen inhärent. Die ganze Gesetzmäßigkeit der Kantschen Weltentstehungstheorie ist mit dieser Auffassung verknüpft. Das führt zur Inkonsistenz der Kantschen Naturdynamik in physikalischer wie in philosophischer Hinsicht. Es wird sich zeigen, daß der Kantsche Plan eine konstruktive Absicht bleibt, zu dessen Verwirklichung seinem Entwerfer aber die Mittel fehlten. *Insofern* die Fragen der Philosophie niemals durch die Physik beantwortet werden können, das heißt, insofern Philosophie niemals durch Physik ersetzt werden kann und umgekehrt Physik niemals durch Philosophie, werden diese Mittel grundsätzlich immer fehlen.

Die Newtonsche Einsicht, daß die Gravitation als aktives Prinzip aufgefaßt werden muß, implizierte, den alten atomistischen Rahmen zu sprengen. Folglich versuchte der Begründer der Physik nicht, die aktiven Prinzipien in das Schema der primären Eigenschaften der einzelnen Atome zu pressen, betonte jedoch, daß er sie als objektive Naturgesetze auffaßt, durch die die Dinge selbst gebildet werden. Den Status der Kräfte in der Newtonschen Theorie als aktive Prinzipien, Wechselwirkungen, verkennend, hat Kant aus dieser Formulierung offensichtlich

109 I. Kant, Allgemeine Naturgeschichte und Theorie des Himmels, a. a. O., S. 45f.

herausgelesen, die Materie werde durch Kräfte und Gesetze gebildet, wobei er diese als den Atomen eingepflanzt ansah.

Was sind das nun für Kräfte, die Kant annimmt, und wie wirken sie? „Ich habe ... keine andere Kräfte als die Anziehungs- und Zurückstoßungskraft zur Entwickelung der großen Ordnung der Natur angewandt, zwei Kräfte, welche beide gleich gewiß, gleich einfach und zugleich gleich ursprünglich und allgemein sind. Beide sind aus der Newtonischen Weltweisheit entlehnt. Die erstere ist ein nunmehro außer Zweifel gesetztes Naturgesetz. Die zweite, welcher vielleicht die Naturwissenschaft des Newton nicht so viel Deutlichkeit als der ersteren gewähren kann, nehme ich hier nur in demjenigen Verstande an, da sie niemand in Abrede ist ..."[110] Diese beiden Kräfte, die Anziehungs- und die Zurückstoßungskraft, sollen also – dem Kantschen Ziel entsprechend – so beschaffen sein, daß sie die Erklärung der Welt nur aus den mechanischen Bewegungsgesetzen ermöglichen. Dies wird so vorgestellt: Die Umlaufbewegungen der Himmelskörper ergeben sich aus der Verbindung der „sinkenden Kraft" – die eine gewisse Folge aus den Eigenschaften der Materie ist – und der „schießenden Kraft" – die als Wirkung der ersteren Kraft angesehen werden kann, als eine durch das Herabsinken erlangte Geschwindigkeit, in der nur eine gewisse Ursache nötig gewesen ist, den senkrechten Fall seitwärts abzubeugen. Haben die so entstandenen Umlaufbewegungen einmal ihre Bestimmung erlangt, so bleiben sie auf immer erhalten: „Sie bestehen in dem leeren Raume (von dem, weil er leer ist, keine Einwirkung, keine Veränderung ausgehen kann – R. W.) durch die Verbindung der einmal eingedrückten schießenden Kraft mit der aus den wesentlichen Naturkräften fließenden Attraktion und leiden weiterhin keine Veränderung."[111]

Kant sah, daß er die schießende oder Repulsivkraft, der er nicht so viel Deutlichkeit wie der Attraktion gewähren kann, dennoch unbedingt annehmen muß, will er nachweisen, daß außer Kräften zur Konstituierung der Welt keine anderen Eigenschaften der Atome vorausgesetzt werden müssen. Denn durch die attraktive Wirkung allein setzten sich zuletzt nur verschiedene Klumpen zusammen, die, nachdem sie gebildet, durch die Gleichheit der Anziehung ruhig und auf immer unbewegt sein würden.[112] „Allein", so schreibt er, „die Natur hat noch andere Kräfte im Vorrat, durch welche die feinen Teilchen der Materie einander zurückstoßen und durch ihren Streit mit der Anziehung diejenige Bewegung hervorbringen, die gleichsam ein dauerhaftes Leben der Natur ist. Durch diese Zurückstoßungskraft ... werden die zu ihren Mittelpunkten sinkenden Elemente durch-

110 Ebenda, S. 55. – Newton hat – namentlich in den Fragen zur „Optik" – viel darüber sinniert, ob es nicht auch andere Attraktionskräfte als die Gravitation gibt und ob es nicht auch Repulsivkräfte geben könnte, und seitenlang Experimente beschrieben, die dies nahelegen. In seine Theorie selbst hat er diese Gedanken jedoch nicht mit aufgenommen, weil er offensichtlich keinen Weg sah, wie man solche Kräfte physikalisch präzise fassen könnte. Dies gelang erst in der Quantenmechanik.

111 Ebenda, S. 175.

112 Ebenda, S. 89.

einander von der geradlinichten Bewegung seitwärts gelenket, und der senkrechte Fall schlägt in Kreisbewegungen aus, die den Mittelpunkt der Senkung umfassen." [113]

Kant ersetzt also nicht schlechthin die primären Atomeigenschaften durch inhärente Kräfte, sondern er tut es so, daß er die *Existenz einander entgegenwirkender Kräfte* für den Bestand der Welt, für ihr Gleichgewicht, als notwendig nachweist. Die Körper erfüllen nach ihm den Raum nicht durch das bloße gemeinsame Dasein ihrer einfachen Teile, sondern durch den gegenseitigen Kampf der Kräfte. Denn es „ergibt die Annahme einer bloß abstoßenden Kraft keine Verbindung der Elemente behufs Bildung von Körpern, vielmehr eine Zerstreuung derselben; dagegen läßt sich durch eine bloße anziehende Kraft zwar die Verbindung, aber keine bestimmte Ausdehnung und Raumerfüllung der Körper definieren noch erkennbar machen. Deshalb kann man schon im voraus einsehen, daß, wenn man diese beiden Urkräfte aus der Natur der Elemente selbst und ihren ursprünglichen Erregungen abzuleiten vermag, man damit bereits einen unverächtlichen Beitrag zur *Erklärung der inneren Natur der Körper* geleistet haben wird." [114]

Wie leitet er nun die beiden Urkräfte aus der Natur der Elemente ab? Die Elemente, Monaden oder einfachen Stoffteile sind ausgedehnt und undurchdringlich. Sie sind es durch den Umfang ihrer Wirksamkeit. „Die Kraft, mit der ein einfaches Körperelement seinen Raum behauptet, ist das, was man sonst die Undurchdringlichkeit nennt." [115] Durch diese Kraft hält das Element die angrenzenden Körperchen von dem Raum ab, den es einnimmt. Ausdehnung und Undurchdringlichkeit sollen durch die Repulsivkraft erzeugt, durch sie verwirklicht sein. Mit ihr wird auch die Berührung definiert: Berührung ist die gegenseitige Äußerung der Kraft der Undurchdringlichkeit verschiedener Monaden aufeinander.[116] Kant will hiermit die herkömmliche Definition eliminieren, nach der „die Körper berühren einander" bedeutet, sie seien einander unmittelbar gegenwärtig. Dies jedoch hält Kant für unvereinbar mit der Newtonschen Mechanik, nach der die Körper par distance aufeinander wirken, somit einander auch par distance unmittelbar gegenwärtig sind. Doch auch die so bestimmte Kraft der Undurchdringlichkeit reicht – wie Kant darstellt – nicht aus, damit die Körper ein bestimmtes Volumen haben, sondern es muß ihnen auch eine Kraft der Anziehung innewohnen. Beide zusammen bestimmen erst die Grenze der Ausdehnung der Körper.[117]

Diese Formulierungen lassen zweierlei Ausdeutungen zu. Die erste wäre die, daß Kant das Problem, wie die Stabilität der Monade durch das Zusammenspiel

113 Ebenda.

114 I. Kant, Über die Vereinigung von Metaphysik und Geometrie in ihrer Anwendung auf die Naturphilosophie (auch „Monadologia physica" genannt), in: Frühschriften, hrsg. v. G. Klaus, Berlin 1961, Bd. II, S. 458f. (Hervorhebung – R. W.).

115 Ebenda, S. 461.

116 Ebenda, S. 462.

117 Ebenda, S. 463.

der Kräfte modelliert werden könnte, ausschloß, daß er die Elemente als gegeben voraussetzte. Es kann angenommen werden, daß er nur den Monadenrand als physikalisch wirksam ansah und das Zusammenspiel von Attraktions- und Repulsivkraft seines Erachtens bedeutsam wurde für die Beziehung zwischen den Monaden, die dann den ausgedehnten makroskopischen Körper konstituieren. Anders könnte der Umfang der Wirksamkeit der Monade, ihre Undurchdringlichkeit, nicht allein auf die Repulsivkraft zurückgeführt werden. In diesem Falle verwandelte Kant eine der inhärenten Eigenschaften des vorausgesetzten Atoms in eine Kraft, die mathematisch durch eine δ-Funktion (also eine Funktion, die an jeder Stelle gleich Null ist und nur an einer Stelle, eben am Atomrand, unendlich groß wird) dargestellt wird. Man benutzt heute derartige Funktionen, um punktförmige Elementarteilchen mathematisch zu erfassen. Dabei drückt der unendliche Wert der Funktion an jener einen Stelle die Unmöglichkeit aus, physikalisch (das heißt innerhalb der angenommenen Konzeption bzw. physikalischen Theorie) auf diesen Rand einzuwirken, das heißt ihn zu überwinden.

Zweitens lassen die Ausführungen in der „Monadologia physica" und anderen Frühschriften aber auch vermuten, daß Kant mehr wollte, als nur diese oder jene Eigenschaft durch eine Kraft zu ersetzen, das skizzierte Bild also seine Vorstellung nicht eindeutig trifft. Er schrieb nämlich auch: Jede endliche Kraft hat einen Stärkegrad, den eine andere Kraft übersteigen und weswegen einer bestimmten angenommenen abstoßenden Kraft eine stärkere derart entgegengestellt werden kann, daß sie in das Element mit der schwächeren abstoßenden Kraft etwas eindringt. Niemals aber könne eine Kraft – und sei sie noch so groß – ein Element ganz durchdringen. Denn alle Kräfte, die sich von ihrem Ausgangspunkt in die Ferne erstrecken, nehmen im Verhältnis des zunehmenden Abstandes ab,[118] und deshalb kann jene zurückstoßende Kraft um so stärker wirken, je näher man dem Zentrum ihrer Wirksamkeit kommt. Da nun die zurückstoßende Kraft, die in einer gegebenen Entfernung vom Zentrum des Widerstandes endlich ist, in einem bestimmten Verhältnis der Annäherung zunimmt, so muß sie an dem Punkte selbst unendlich stark sein, und deshalb kann keine noch so große denkbare Kraft ein Element ganz durchdringen.[119] Hieraus geht hervor, daß Kant die Monade, das elementare Körperchen, nicht voraussetzen, sondern aus den Kräften erst aufbauen wollte. In diesem Falle hätte er aber – eingedenk seiner eigenen Argumentation, daß die Körper ein bestimmtes Volumen, eine bestimmte Ausdehnung nur durch das Zusammenspiel von Repulsiv- und Attraktionskraft haben – den Umfang der Wirksamkeit der Monade, mithin auch ihre Undurchdringlichkeit, durch *beide* Kräfte erzeugt denken müssen. Die Kraft der Undurchdringlichkeit einer Monade kann sich eben nur äußern, wenn außer der Repulsivkraft gleichzeitig die Wir-

118 Sie sind also keine deltaartigen Kräfte.

119 I. Kant, Über die Vereinigung von Metaphysik und Geometrie in ihrer Anwendung auf die Naturphilosophie, a. a. O., S. 465.

kung der Attraktionskraft vorausgesetzt wird, da sich sonst gar keine Monade konstituiert. Will man *alle* passiven Eigenschaften des Atoms in aktive Eigenschaften, in Kräfte, verwandeln, so ist dies nicht damit getan, daß man für jede dieser passiven oder inhärenten Eigenschaften eine Kraft setzt. Dies wäre nur eine Namensänderung. Berücksichtigt man jedoch diese Unmöglichkeit, so zeigt sich, daß *niemals alle* Atomeigenschaften zugleich durch Kräfte ersetzt werden können.

Kants Argumentation, wie allein durch die Repulsivkraft die Undurchdringlichkeit erzeugt werden könnte (eine *relative* Undurchdringlichkeit, deren Stärke jeweils vom Grad der Repulsivkraft des anderen Körpers abhängt), ist so stichhaltig nicht, wie sie auf den ersten Blick scheint. Zunächst setzt sie unausgesprochen voraus, daß die Kraft mit einer positiven Potenz der Entfernung abnimmt, was für Kant bedeutete, daß genau das Newtonsche $\frac{1}{r^2}$-Gesetz gilt (denn ein anderes kannte er nicht). Dies ist aber keineswegs selbstverständlich, ergibt sich nicht schon schlechthin aus der Annahme einer Kraft, „die sich von ihrem Ausgangspunkt in die Ferne erstreckt und mit zunehmendem Abstand abnimmt". Prinzipiell ist zum Beispiel auch ein $\frac{1}{r^2+a}$-Gesetz denkbar, bei dem für $r=0$ der gesamte Ausdruck (also die Kraft an ihrem Ausgangspunkt) nicht unendlich wird. Damit würde aber die gesamte Argumentation Kants, mit der begründet werden sollte, daß ein Element prinzipiell nicht völlig durchdrungen werden kann, zusammenbrechen. Kant erwähnt seine besondere Annahme nicht, weil für ihn die Newtonsche Mechanik selbstverständliche Voraussetzung ist, für ihn andere Verhältnisse nicht denkbar sind. Er identifiziert insofern, ebenso wie der metaphysische Mechanizismus, die klassische Mechanik mit der Wirklichkeit, nimmt sie nicht als physikalische Theorie. Dies wäre aber notwendig gewesen, um derartige Kräfte zu konzipieren, die das Atom modellieren. Welcher Kraftterm für die angenommene Repulsivkraft gilt, kann nur im Rahmen des dynamischen Grundgesetzes entschieden werden. Dieses verknüpft meßbare Größen miteinander und erfaßt alle den Körper bzw. die Monade konstituierenden Kräfte. In *jeden* Kraftterm gehen aber Konstanten ein, die nicht wiederum durch Kräfte erklärt werden können. Sie erfüllen eine analoge Funktion wie die inhärenten Eigenschaften einer vorausgesetzten Monade.

Soll die Monade durch Attraktions- und Repulsivkraft konstituiert werden, so muß der Kraftterm für die Repulsion – da der für die Attraktion durch die Newtonsche Mechanik ja gegeben ist – anders gewählt werden, als er Kant vorschwebte. Die r-Abhängigkeit der Repulsionskraft müßte so angesetzt werden, daß die Repulsion im Innern der Monade der Attraktionskraft das Gleichgewicht hält und am Rande schlagartig abfällt.

Einerseits betont Kant also, daß es keine anderen Eigenschaften des Atoms als kontinuierlich abstufbare Kräfte geben soll, andererseits müßte er gerade dann, wenn er keine anderen Qualitäten als Kräfte zulassen will, auch sprunghaft ansteigende oder abfallende Kräfte bzw. unendliche Kräfte von deltaartigem oder polartigem Charakter annehmen, denn entweder wird am Atomrand oder im Zentrum des elementaren Teilchens die Kontinuität unterbrochen. So wie Kant versucht, passive Eigenschaften auf aktive zurückzuführen, kommt er in jedem Fall, wenn er *absolute* Undurchdringlichkeit modellieren will, zu Singularitäten. Dies verweist auf die Unmöglichkeit, die angestrebte Reduktion im Rahmen einer bestimmten Theorie erreichen zu können. Kant ist sich dieser Schranke durchaus nicht bewußt. Das schlägt sich in dem Irrtum nieder, „unendlich" sei eine sinnvolle Größe. Die Kantsche Konzeption beweist ihren utopischen Charakter durch ihre Inkonsistenz. Aus ihr ist nicht klar abzulesen, welches der beiden geschilderten Modelle Kant meinte. Teils behandelt er die Monade als ausgedehntes Körperchen, teils als Punktmasse. Zudem zeigte die Diskussion des Versuchs, alle Eigenschaften der Atome auf aktive zu reduzieren, daß in jedem Falle etwas Primäres vorausgesetzt werden mußte: entweder die ganze Monade minus einer ehemals inhärenten Eigenschaft, der Undurchdringlichkeit, oder nur die in die Kraftausdrücke eingehenden Konstanten.

Trotz aller Unbestimmtheiten und Widersprüchlichkeiten des Kantschen Programms ist offensichtlich, daß die Formulierung „aus der Natur der Elemente die beiden Urkräfte ableiten" bedeutet, solche inhärenten Eigenschaften wie Ausdehnung und Undurchdringlichkeit durch die Wirkung von Repulsiv- und Attraktionskraft erzeugt zu denken. Dabei galt es als evident, *welche* Eigenschaften die Elemente charakterisieren. In diesem Sinne ist zum Beispiel gemeint, die „sinkende Kraft" sei eine gewisse Folge aus den Eigenschaften der Materie. Somit ist es voll gerechtfertigt zu sagen, Kant *ersetze* primäre Atomeigenschaften durch Kräfte, seien es nun einzelne oder alle. Dabei wird im Gesamtzusammenhang deutlich, daß Kants Ziel im Grunde doch darin besteht, alle Qualitäten der Atome durch Kräfte zu substituieren.[120]

Diese Ersetzung oder diese Art der Auflösung macht es möglich – worauf Cassirer und Weyl hinweisen[121] –, die Kantsche Naturdynamik als Theorie zu deuten, in der die Atome, die einfachen Substanzen als „Kraftzentren" auftreten, in der also versucht wird, Feldkontinuum und Atomismus zu vereinen. Bei dieser Interpretation sieht man jedoch Kant nur als Physiker, nimmt man aus seiner Naturdynamik das heraus (oder deutet das hinein), was später, unter

120 Dabei muß Kant allerdings zu jedem Element noch einen ihm zugehörigen Mittelpunkt annehmen (vgl. I. Kant, Allgemeine Naturgeschichte und Theorie des Himmels, a. a. O., S. 89; vgl. auch S. 70f., Anm. 113), weil sonst der Begriff „Kraft" gar nicht gedacht werden kann. Zudem sieht Kant, daß er mit der Attraktions- und Repulsivkraft allein die Bewegung der Körper nach den Gesetzen der Mechanik noch nicht nachbilden kann, und postuliert daher noch eine den Elementen immanente Kraft der Trägheit (die er allerdings später als echte Kraft ablehnt) und eine elastische Kraft.

121 Vgl. E. Cassirer, Kants Leben und Lehre, Berlin 1918, S. 42, 102; H. Weyl, Was ist Materie?, a. a. O., S. 508.

anderen wissenschaftlichen Voraussetzungen, zu einer physikalischen Theorie ausgebaut werden konnte, zur Feldphysik. Hierbei hatte allerdings Boscovich – der sich in einer 1763 zu Venedig veröffentlichten Arbeit darum bemüht hatte, punktförmige Atome als Kraftzentren zu konzipieren – unmittelbar eine größere Wirksamkeit,[122] indem er Faradays Gedankenwelt stark beeinflußte.

Kants Naturdynamik selbst war aber höchstens die Vorahnung einer Feldphysik, seine „Kraftatome" Antizipationen der Kraftzentren. Sie war überhaupt keine konkrete Physik, sondern Philosophie, und sie enthielt weitaus grundsätzlichere Gedanken für die Physik, als sie je eine bestimmte Feldtheorie hätte liefern können. Kants Anliegen, die passiven Eigenschaften in aktive zu überführen, das Apriorische zu reduzieren, es aus physikalischen Wechselwirkungen abzuleiten, berührt ein Grundproblem der Physik. Kant hat als erster versucht es zu lösen. Daß es ihm nicht gelang, lag nicht in erster Linie an seiner unvollständigen Rezeption der Newtonschen Mechanik, sondern vor allem daran, daß er ein Ziel anstrebte, das aus prinzipiellen Gründen niemals total zu erreichen ist, obwohl sich ihm die Physik ständig nähert. Mißt man Kants Bemühung mit dem Maßstab der modernen Physik, so erscheint das Mißlingen seines Unternehmens als Singularitätsproblem, das auch im Rahmen der Feldphysik noch nicht gelöst ist.

Kants Versuch, die Monade als „Kraftatom" aufzufassen, läuft darauf hinaus, das Atom seinem *ursprünglichen* Begriffe nach aufzulösen. Daß Kant sich dies zunächst nicht eingestand, sondern sich sogar ausdrücklich auf den klassischen Atomismus berief, lag außer an den genannten begrifflichen (physikalischen) Schwierigkeiten daran, daß er seine Naturdynamik der Aufgabe unterordnete, die Grundfrage der klassischen bürgerlichen Philosophie zu lösen. Die Möglichkeit rationaler Herrschaft des Menschen über die Natur und die Gesellschaft zu begründen, schien ihm zunächst durch die klassische Mechanik gegeben zu sein. Er versuchte daher, alles in die „Weltweisheit" aufzunehmen, was die Newtonsche Physik an Erkenntnissen gebracht hatte, und es gegen die alte, die Wolffsche Naturspekulation zu nutzen. Zugleich war er aber noch dieser Art zu philosophieren verhaftet. Und somit nahm er auch jene grundlegende Voraussetzung der aufklärerischen bürgerlichen Naturphilosophie an, die postulierte, daß kleinste Teile, elementare Substanzen existieren sollten. Daß ihn nicht unwesentlich das Verhaftetsein mit dem Wolffschen Rationalismus dazu veranlaßte, am Atomismus festzuhalten, diese traditionelle Bindung ihn aber gleichzeitig hinderte, das Wesentliche des Newtonschen Kraftbegriffes zu rezipieren, zeigt seine Argumentation für den Lehrsatz „Die Körper bestehen aus Monaden": „Die Körper bestehen aus Teilen, die, voneinander getrennt, einen dauernden Bestand haben. Da indes die Zusammensetzung für diese Teile nur eine Beziehung und deshalb eine zufällige Bestimmung für sie ist, welche unbeschadet ihres Bestandes beseitigt werden kann, so erhellt, daß man alle Zusam-

122 Vgl. hierzu auch H.-J. Treder, Elementare Kosmologie, Berlin 1975, S. 5, 17.

mensetzung eines Körpers aufheben kann und dennoch alle seine Teile übrigbleiben werden, welche vorher miteinander verbunden waren. Wenn man aber alle Zusammensetzung aufhebt, so können die übrigbleibenden Teile keine Zusammensetzung mehr besitzen; sie entbehren also einer Mehrheit der Substanzen und sind deshalb einfach. Daher besteht jeder Körper aus ursprünglichen durchaus einfachen Teilen, d. h. aus Monaden."[123]

Kant beabsichtigte, die rationalistische Naturphilosophie bzw. die „Weltweisheit" durch die Newtonsche Physik zu verbessern, die prinzipielle Vereinbarkeit beider zu zeigen, weil ihm beide als Ausdruck der (bürgerlichen) Vernunft erschienen.

Um alles physikalisch erfassen zu können, deshalb wollte Kant zu jener Zeit alles aus Kräften herleiten. „Konstituierung der Materie durch Kräfte" hieß für ihn: Die Materie, d. h. die ganze Welt, ist physikalisch zu fassen. Nun verstand aber Newton – wie gesagt – in völligem Einklang mit seiner mathematisch formulierten Mechanik Kräfte als aktive Prinzipien. „Konstituierung der Materie durch Kräfte" müßte also heißen: Konstituierung der Materie durch aktive Prinzipien. Das konnte Newton aber niemals behaupten, da ihm völlig bewußt war, daß die Physik auch passive Eigenschaften braucht. Nur auf aktiven Prinzipien, nur auf Kräften im Sinne von $m\ddot{\mathfrak{x}} = \mathfrak{F}$, nur auf Wechselwirkungen, läßt sie sich nicht aufbauen. Newton erkannte die Notwendigkeit für die Physik, sowohl inhärente Atomeigenschaften als auch durch die Beziehung der Dinge aufeinander konstituierte Eigenschaften anzunehmen.

Kant konnte die Monade nur zum „Kraftatom" machen, indem er die Kräfte als inhärente Atomeigenschaften ansah (das einzelne Element *hat* nach ihm wesentliche Kraft), also die aktiven Prinzipien in passive verwandelte. Damit nahm sein Programm aber den Newtonschen Fortschritt in der Erkenntnis der Grundlagen der Physik wieder zurück. Auf den Kantschen „Kraftatomen" hätte man keine wirkliche (empirische und mathematisierte) Physik aufbauen können, erst recht keine „Weltphysik". Aus dem Vorsatz, alle passiven Prinzipien zu aktiven zu machen, entspringt nur das Gegenteil: alle aktiven Prinzipien werden zu passiven.

b) Der ontologisch-axiomatische Aufbau der Kantschen Kosmologie

Durch Kants Philosophie zieht sich von ihrer frühen bis in ihre kritische Phase die Frage: Kann man mit der Newtonschen Mechanik die Welt erklären? In den Frühschriften antwortet Kant: Man kann es, man muß sie nur durch einen physikalischen Teil ergänzen, sie zur Kosmologie und Kosmogonie erweitern. In der Welt geht es gesetzmäßig zu, weil den Atomen Kräfte und Gesetze ein-

123 I. Kant, Über die Vereinigung von Metaphysik und Geometrie in ihrer Anwendung auf die Naturphilosophie, a. a. O., S. 459.

gepflanzt sind, und zwar genau die Newtonschen. Die Atome sind per definitionem unveränderlich, folglich auch die Gesetze und die Gesetzmäßigkeit der Welt. Durch Beobachtung erfahren wir davon.[124]

Atome wurden also gesetzt als Grundlage objektiver Gesetzmäßigkeit. Das offene erkenntnistheoretische Problem des Atomismus wurde noch nicht gelöst, wurde nicht behandelt. Der Fortschritt gegenüber dem antiken Atomismus bestand darin, daß man jetzt „die richtigen" Gesetze kannte. Man kannte sie durch die klassische Mechanik, deren tatsächliche erkenntnistheoretische Leistung aber philosophisch noch nicht bewußt geworden war, philosophisch noch nicht analysiert wurde.

Kants Bestreben, alle Eigenschaften der physikalischen Körper als Kräfte zu fassen, die Newtonsche Mechanik dynamisch zu erweitern, entsprang also nicht schlechthin dem Wunsche, den dynamischen Anteil der klassischen Mechanik gegenüber ihrem apriorischen zu vergrößern, sondern vor allem dem Glauben, daß überhaupt erst der physikalische Teil zur klassischen Mechanik ausgearbeitet werden müsse, denn Newton habe nur ihre mathematische Hälfte geliefert. Kant warf dem Begründer der klassischen Mechanik vor, daß seine Axiome nichts über die physischen Bedingungen sagten, unter denen die mechanischen Gesetze wirkten, daß sie für beliebige Welten formuliert seien, nicht für den wirklichen Kosmos. Zudem dürfe man – forderte er – das vorhandene Systematische nicht als das letzte Gegebene nehmen, sondern müsse seine gesetzmäßige Entstehung nachweisen. Er meinte, die physikalischen Verhältnisse im Kosmos sollten im Rahmen der dynamischen Grundgesetze aus sich selbst heraus verstanden und eine konsistente physikalische Theorie des Kosmos entwickelt werden. Im anderen Falle werde man eine Physik haben, „die von vortrefflichen Proben der Scharfsinnigkeit und der Erfindungskraft voll ist, allein keinen Plan der Natur selbst und ihrer Wirkungen". Man müsse aber die Natur schildern, wie sie ist, und das sei einfach und ohne unendliche Umwege.[125]

124 In der späteren kritischen Zeit gab Kant bekanntlich eine andere Antwort: Man kann die Welt mit der Newtonschen Mechanik erklären, *wenn* man sie mit dem Vernunftgebrauch ergänzt und wenn man begreift, daß die Gesetze der Welt nicht durch reine Wahrnehmung und Beobachtung erschlossen werden können, sondern nur durch aus Wahrnehmung und dem Gebrauch apriorischer Verstandesbegriffe gewonnener Erfahrung. Nachdem sich Kant durch seine Erkenntniskritik von der alten Naturphilosophie gelöst hatte, gab es für ihn auch keinen Grund mehr, Atome anzunehmen. In den „Metaphysischen Anfangsgründen" gab er den atomistischen Standpunkt auf, zumal er ihn auch zur Begründung objektiver Naturgesetze nicht mehr benötigte, sondern die Existenz von Gesetzen dem apriorischen Verstandesgebrauch zuschreibt.

125 I. Kant, Gedanken von der wahren Schätzung der lebendigen Kräfte, in: Frühschriften, hrsg. v. G. Klaus, a. a. O., Bd. II, S. 391. – In der „Allgemeinen Naturgeschichte und Theorie des Himmels" bekundete Kant seine Zuversicht, „daß der physische Teil der Weltwissenschaft künftighin noch wohl eben die Vollkommenheit zu hoffen habe, zu der Newton die mathematische Hälfte derselben erhoben hat". „Es sind nächst den Gesetzen", fährt er fort, „nach

Reduktion des Apriorischen und Erweiterung der Dynamik zu diesem Ziel und Zweck fanden ihren Ausdruck in der Kantschen Forderung: *„Gebet mir Materie, ich will eine Welt daraus bauen!* das ist, gebet mir Materie, ich will euch zeigen, wie eine Welt daraus entstehen soll. Denn wenn Materie vorhanden ist, welche mit einer wesentlichen Attraktionskraft begabt ist, so ist es nicht schwer, diejenigen Ursachen zu bestimmen, die zu der Einrichtung des Weltsystems, im großen betrachtet, haben beitragen können."[126]

Es wird ja nun niemand annehmen, Kant habe gemeint, man solle ihm Materie so wie einem Kind Knete geben, aus der es verschiedene Figuren modellieren kann, sondern es sollte gesagt werden: Ich setze nur voraus, daß Materie existiert – und zwar in ihrem einfachsten Zustand, das ist in gleichmäßiger, homogener atomarer Verteilung. „Ich nehme an", schrieb Kant, „daß alle Materien ... im Anfange aller Dinge, in ihren elementarischen Grundstoff aufgelöset, den ganzen Raum des Weltgebäudes erfüllet haben ... Dieser Zustand der Natur, wenn man ihn auch *ohne Absicht auf ein System* an und vor sich selbst betrachtet, scheinet nur der einfachste zu sein, der auf das Nichts folgen kann. Damals hatte sich noch nichts gebildet ... Die Natur, die unmittelbar mit der Schöpfung grenzete, war so roh, so ungebildet als möglich."[127] Nur das wollte Kant voraussetzen und alles andere ableiten. „Gebet mir Materie ..." ist also genau im Eddingtonschen Sinne gemeint: „Unsere anfängliche Setzung eines homogenen statischen Mediums ist nur eine geordnete Einführung der Begriffe, die wir bei unserer Beschreibung und Analyse der unterscheidbaren Gegenstände und Ereignisse gebrauchen, wenn wir ihre Geschichte erzählen wollen. So weit diese Realitäten in Betracht kommen, erreicht die Theorie aber ihr Ziel; sie liefert uns einen unmerklichen allmählichen Anfang."[128] Zugegeben werden muß natürlich, daß bei Kant zunächst die Voraussetzungen seiner Theorie nicht sehr deutlich als solche ausgewiesen werden, sondern mehr als objektiv gegebenes Urmaterial *erscheinen.*

Kants Bemühung, den apriorischen Teil auf ein Minimum zu reduzieren und

welchen der Weltbau in der Verfassung, darin er ist, bestehet, vielleicht keine anderen in der ganzen Naturforschung solcher mathematischen Bestimmung fähig, als diejenigen, nach welchen er entstanden ist, und ohne Zweifel würde die Hand eines versuchten Meßkünstlers hier nicht unfruchtbare Felder bearbeiten." (I. Kant, Allgemeine Naturgeschichte und Theorie des Himmels, a. a. O., S. 50).

126 Ebenda, S. 49.

127 Ebenda, S. 87 (Hervorhebung – R. W.).

128 Eddington fährt dann fort: „Wenn am Ende der Dinge das Universum durch die thermodynamische Entwertung der Energie ebenso allmählich in undifferenzierte Gleichförmigkeit zurücksinkt, so ist das der Schluß der physikalischen Welt. Aber ich stelle mir keine ausgeleierte Welt vor, die traurig durch den Rest der Ewigkeit fortrollt. Was dann noch übrig bleibt, sind nur ein paar Begriffe, die wir wegzuräumen vergaßen, nachdem wir sie genug gebraucht hatten." (A. S. Eddington, Dehnt sich das Weltall aus?, Stuttgart – Berlin 1933, S. 85).

in die Dynamik wesentlich mehr als Newton hineinzulegen, entsprang – wie bereits erwähnt – dem Wunsche, die genannte Grundfrage der klassischen bürgerlichen Philosophie zu beantworten. Zu diesem Ende mußte bewiesen werden, daß die ganze Welt rational, das heißt wissenschaftlich erfaßt werden kann und zu ihrer Erklärung wie für ihren Bestand Gottes, eines übernatürlichen Prinzips, einer außerhalb der Welt liegenden Bedingung nicht bedarf, daß sie Gott nur als ersten Akteur benötigt, das heißt als ersten Beweger oder als Schöpfer der Materie. Mit diesem Ziel wollte Kant zeigen, daß die seinerzeit einzige wirkliche Naturwissenschaft, die klassische Mechanik, in der Lage ist, auch die Entstehung und das weitere Schicksal des Universums zu erklären.

Kant war überzeugt, daß sich die Beschaffenheit der Welt, ihre systematische Verfassung aus ihrer Entwicklung herleitet, die ihrerseits durch allgemeine mechanische Gesetze zu erfassen ist. Es ging ihm also um die konsequente Fortführung (nicht philosophische Verarbeitung) der klassischen Mechanik. Ausgehend von den mechanischen Bewegungs- und dynamischen Kraftgesetzen wollte er daher beweisen, daß die Welt der Himmelskörper ein zusammenhängendes System bildet, um hernach die Ursachen aufzudecken, die zur Entstehung dieses Systems geführt haben.

Den ersten Schritt zur Universalisierung der klassischen Mechanik vollzog der französische „mechanische" Materialismus – initiiert durch Voltaire –, indem er das Gravitationsgesetz jener physikalischen Theorie mechanizistisch als Weltgesetz deutete.[129] Kant machte nun das Weltgesetz zur Weltgeschichte.

Mit seinem Bemühen, die Dynamik kosmogonisch zu erweitern, durchbrach Kant als erster die obligatorische Naturvorstellung jener Zeit, nach der die Natur zwar augenscheinlich in steter Bewegung begriffen war, aber diese Bewegung als unaufhörliche Wiederholung derselben Vorgänge erschien.[130] Den meisten Naturforschern jener Periode, liest man in der Einleitung zur „Dialektik der Natur", war die Welt nicht mehr wie den antiken Naturphilosophen etwas Gewordenes, sondern etwas Unwandelbares, etwas – so wie es jetzt war – Vorhandenes. Der höchste allgemeine Gedanke – also ein Gedanke, der über die Vorstellung von der Natur als bloßer Sammlung fertiger Dinge hinausging –, zu dem diese Naturauffassung sich aufschwang, war der der Zweckmäßigkeit der Natureinrichtungen, war die flache Wolffsche Teleologie, wonach die ganze Natur geschaffen wurde, um die Weisheit des Schöpfers darzutun. Kant vertrieb diesen Zweckmäßigkeitsgedanken aus der anorganischen Natur durch seine kosmogonische Theorie. In ihr sah Engels den Springpunkt

129 Es war zu dieser Zeit die mechanistische Auslegung der Mechanik die einzige Möglichkeit, diese seinerzeit einzige exakte Naturwissenschaft zum Ausgangspunkt eines materialistischen Weltbildes werden zu lassen. Vgl. hierzu H.-H. v. Borzeszkowski / R. Wahsner, Die Mechanisierung der Mechanik, a. a. O.

130 Vgl. F. Engels, Anti-Dühring, in: MEW, Bd. 20, Berlin 1962, S. 52f.

alles ferneren Fortschritts der Naturwissenschaft.[131] Dies heißt natürlich nicht, daß diese Theorie ohne Fehl und Tadel war, sondern daß sie die Richtung angab, in der die naturwissenschaftliche Erkenntnis fortschreiten mußte.

Kants Grundidee hat sich als tragfähig erwiesen, aber ihre Ausführung enthielt doch weit mehr physikalische und philosophische Schwierigkeiten, als ihr Schöpfer zu lösen vermochte. Zu ihrer Bewältigung bedurfte es der gesamten nachfolgenden physikalischen und philosophischen Entwicklung, und einige Schwierigkeiten bestehen noch heute und legen die Vermutung nahe, daß sie prinzipieller Art sind. Kant hat die Unzulänglichkeiten seiner Kosmogonie in gewissem Maße gespürt, stellte seine Theorie ausdrücklich als Hypothese dar und begann die Vorrede zu seiner „Allgemeinen Naturgeschichte und Theorie des Himmels" mit den Worten: „Ich habe einen Vorwurf gewählet, welcher sowohl von seiten seiner inneren Schwierigkeit als auch in Ansehung der Religion einen großen Teil der Leser gleich anfänglich mit einem nachteiligen Vorurteile einzunehmen vermögend ist ... Ich empfinde die ganze Stärke der Hindernisse, die sich entgegensetzen, und verzage doch nicht. Ich habe auf die geringe Vermutung eine gefährliche Reise gewagt und erblicke schon die Vorgebirge neuer Länder. Diejenigen, welche die Herzhaftigkeit haben, die Untersuchung fortzusetzen, werden sie betreten und das Vergnügen haben, selbige mit ihrem Namen zu bezeichnen."[132] Eine Kritik der Kantschen Darstellung kann also niemals ein anderes Ziel haben, als die Problematik der Vereinigung von Atomismus und Kraftbegriff in ihrer Bedeutung für die erkenntnistheoretische Grundlegung der Physik zu verdeutlichen.

Das erste Problem in der Kantschen Kosmogonie ergibt sich schon aus der Frage, wie aus homogen im Raum verteilter gleichartiger Materie, aus homogen verteilten Partikeln mit gleichen Eigenschaften, aus dem ursprünglich ausgebreiteten Grundstoff etwas entstehen soll. Denn ein solcher Zustand wäre ein Gleichgewichtszustand, der ohne äußere Ursache nicht zu verändern ist. Kant zog sich aus der Affäre, indem er verschiedenen Stoffen verschiedene Dichtigkeit und Schwere zusprach. „Die *Verschiedenheit in den Gattungen der Elemente* träget zu der Regelung der Natur und zur Bildung des Chaos[133] das Vornehmste bei, als wodurch die Ruhe, die bei einer allgemeinen Gleichheit unter den zerstreuten Elementen herrschen würde, gehoben wird und das Chaos in den Punkten der stärker anziehenden Partikel sich zu bilden anfängt."[134]

Kant wählte diesen Ausweg, weil er verhindern wollte, daß die Materie als etwas Totes erscheint, der von außen – etwa von Gott als Motor – Bewegung zugeführt werden muß. „Die Elemente haben wesentliche Kräfte, einander in

131 F. Engels, Dialektik der Natur, in: MEW, Bd. 20, a. a. O., S. 316.

132 I. Kant, Allgemeine Naturgeschichte und Theorie des Himmels, a. a. O., S. 39.

133 „Bildung des Chaos" bedeutet nicht Entstehung des Chaos, sondern Entstehung von etwas Gebildetem, Geformtem aus dem Chaos.

134 I. Kant, Allgemeine Naturgeschichte und Theorie des Himmels, a. a. O., S. 88.

Bewegung zu setzen und sind sich selber eine Quelle des Lebens."[135] Bereits 1747 bekannte er sich zu einer dynamischen Naturbetrachtung, von der allein er Fortschritte in der Naturerkenntnis erhoffte. Der nahezu erste Satz seiner Erstlingsschrift lautet: „Jedweder Körper hat eine wesentliche Kraft."[136] Nur hatte sich Kant für eine Konzeption sich von selbst bewegender Materie die Grundlage zerstört, indem er die Kräfte als inhärente Eigenschaften, das heißt als passive Prinzipien auffaßte. Deswegen mußte er zwangsläufig in Widerspruch zu seinen eigenen Voraussetzungen geraten.

Dieser Widerspruch äußert sich in der folgenden Weise: Entweder ist die Materie am Anfang in einfachstem Zustand nicht homogen zerstreut, sondern es gibt eine bestimmte Verteilung – bestimmt mit Absicht auf ein ausgezeichnetes System, das gegenwärtige Weltsystem –, oder die Atome unterscheiden sich qualitativ. Entweder geht man von einer bestimmten Materieverteilung aus, setzt also einen bestimmten Anfangszustand, oder man versucht, das gegenwärtige System aus der Verschiedenartigkeit der Atome abzuleiten und ist dann wieder bei dem im vorigen Abschnitt behandelten Problem. Auch bei diesem Weg kommt man also um einen apriorischen bzw. nicht erklärbaren Anteil nicht herum. Die Problematik wird nur noch dadurch verschärft, daß unterschiedliche Atome konstituiert werden sollen, wofür man dann wieder charakteristische Größen der einzelnen Arten von Atomen braucht.[137] Daß Kant dies nicht so klar sieht und sagt, sondern diese Notwendigkeit bei ihm als Widerspruch in seiner Darstellung erscheint, zeigt, daß man Kraft eben nicht als inhärente Eigenschaft bestimmen kann ebenso wie umgekehrt inhärente Eigenschaften nicht als Kraft, ohne in Komplikationen zu geraten. *Irgendwann muß man bestimmte Eigenschaften apriorisch festlegen, muß man sagen: das kann man nicht aus der Theorie ableiten, das ist eben so, das heißt, man setzt es voraus.*[138] Und so muß Kant auch bitten, ihm zuzugeben, „daß *die Materie*, die der Stoff

135 Ebenda.

136 I. Kant, Gedanken von der wahren Schätzung der lebendigen Kräfte, in: Frühschriften, a. a. O., Bd. II, S. 371.

137 Kant wollte alles in die Atome legen – als inhärente Eigenschaft –, wobei er den Apriorismus zu vermeiden denkt, weil diese Atome durch Kräfte konstituiert sind. Daß er hierin irrte, zeigt sich daran, daß selbst im feldtheoretischen Modell das Problem der Anfangsbedingungen immer bleibt und andererseits das Atom zwar bis auf einige Konstanten reduziert werden kann, diese aber niemals total verschwinden.

138 Das, was in bezug auf eine bestimmte Theorie vorausgesetzt wird, wird z. T. axiomatisch festgelegt. Diese axiomatischen Festlegungen wie überhaupt alle Voraussetzungen jener Theorie können sowohl aus vermeintlichen oder tatsächlichen Denknotwendigkeiten als auch aus der unmittelbaren Erfahrung folgen bzw. willkürliche Setzungen sein, deren Folgerungen untersucht werden sollen. Nur bezogen auf eine bestimmte Theorie oder Konzeption sind diese drei Fälle zu unterscheiden, nicht an sich, da es eben keine reinen Fakten gibt, Erfahrung – wie Kant sagt – ohne Verstand nicht möglich ist. Die Voraussetzungen einer Theorie werden daher hier (und nur in diesem Sinne) global als apriorisch bezeichnet.

zur Bildung aller Welten gewesen ist, in dem ganzen unendlichen Raume der göttlichen Gegenwart *nicht gleichförmig, sondern nach einem gewissen Gesetz ausgebreitet gewesen*, das sich vielleicht auf die Dichtigkeit der Partikeln bezog."[139] Aber selbst diese Voraussetzung reicht noch nicht aus, und Kant bemüht sich viel zu ernsthaft um sein Programm, als daß er dies nicht selbst bemerkt hätte. Um bei vorausgesetzter Attraktion und Repulsion die Entstehung der systematischen Verfassung des Weltsystems abzuleiten, bedarf es noch einer zusätzlichen Annahme. Denn der Anfang der sich bildenden Planeten ist nicht allein in der Newtonschen Anziehung zu suchen, da diese „bei einem Partikelchen von so ausnehmender Feinigkeit gar zu langsam und zu schwach sein" würde. Die erste Bildung wird „durch den Zusammenhang einiger Elemente, die sich durch die gewöhnlichen Gesetze des Zusammenhangs (die Kant offensichtlich für evident hält – R. W.) vereinigen, geschehen, bis derjenige Klumpen, der daraus entstanden, nach und nach so weit angewachsen, daß die Newtonsche Anziehungskraft an ihm vermögend geworden, ihn durch seine Wirkung in die Ferne immer mehr zu vergrößern".[140]

Man legt also entweder das, was man erklären will, in den Urzustand, oder man muß auf den Zufall rechnen. Dies wollte Kant im Unterschied zum antiken Atomismus aber gerade vermeiden. Um nun das Zugeständnis an den Zufall klein zu halten, soll dieser nur an einer Stelle eine Rolle spielen. Daraus ergibt sich aber ein weiterer Widerspruch: ein unendliches Universum mit Mittelpunkt.[141] In ihm soll die Weltentstehung begonnen haben, und von ihm aus breitet sie sich kugelsymmetrisch aus. Es gibt keinen triftigen, keinen in der Dynamik liegenden Grund, eine im Vergleich zur Umgebung dichteste Häufung nicht an mehreren Orten des Weltalls anzunehmen. Doch dann wäre eben der Zufall zum häufig auftretenden Hilfsmittel geworden, und er sollte doch überhaupt ausgeschlossen werden. Im Interesse, minimale Voraussetzungen zu machen, ist es schon konsequent, ihn nur einmal zu bemühen. Doch ist es konsequenter als der Widersinn eines unendlichen Universums mit Mittelpunkt? Kant bemerkt die Unstimmigkeit selbst: „Es ist zwar an dem, daß in einem unendlichen Raume kein Punkt eigentlich das Vorrecht haben kann, der Mittelpunkt zu heißen." Sein Gegenargument erklärt nur, wie aus einem *gesetzten* ausgezeichneten Punkt ein Mittelpunkt werden kann, widerlegt aber nicht den Einwand, daß ein unendliches Universum kein Zentrum haben kann:

139 I. Kant, Allgemeine Naturgeschichte und Theorie des Himmels, a. a. O., S. 148 (Hervorhebung – R. W.).

140 Ebenda, S. 92f.

141 „Um nun der Errichtung dieses allgemeinen Systems der Natur aus den mechanischen Gesetzen der zur Bildung strebenden Materie nachzuspüren, so muß in dem unendlichen Raume des ausgebreiteten elementarischen Grundstoffes an irgendeinem Orte dieser Grundstoff die dichteste Häufung gehabt haben, um durch die daselbst geschehende vorzügliche Bildung dem gesamten *Universo* eine Masse verschaffet zu haben, die ihm zum Unterstützungspunkte dienete." (Ebenda, S. 147).

„... aber vermittelst einer gewissen Verhältnis, die sich auf die wesentlichen Grade der Dichtigkeit des Urstoffs gründet, nach welcher dieser zugleich mit seiner Schöpfung an einem gewissen Orte vorzüglich dichter gehäuft und mit den Weiten von denselben in der Zerstreuung zunimmt, kann ein solcher Punkt das Vorrecht haben, der Mittelpunkt zu heißen, und er wird es auch wirklich durch die Bildung der Zentralmasse von der kräftigsten Anziehung in demselben, zu den sich alle übrige in Partikularbildungen begriffene elementarische Materie senket und dadurch, so weit sich auch die Auswickelung der Natur erstrecken mag, in der unendlichen Sphäre der Schöpfung aus dem ganzen All ein einziges System macht."[142]

Ersichtlich gewinnt Kant durch diesen Mittelpunkt aber noch mehr. Er beschränkt sich durch ihn nicht nur auf einen einmaligen Zufall bei der Weltbildung, sondern gewinnt ein *Prinzip*, nach dem er die bekannten Gesetze der Mechanik auf das Universum auszudehnen vermag (womit er den Zufall für den weiteren Gang der Weltgeschichte ausschaltet), und er gewinnt eine Möglichkeit, ein räumlich und materiell[143] unendliches Universum stabil zu halten. Kant überlegt sich: Geht man von einem unendlichen Raum mit einer unendlichen Masse aus, so muß sich hieraus durch die Weltentstehung die qualitative Unendlichkeit ableiten, also eine unendliche Menge von Welten. Wird dann aber – so fragt er – auch „das All der Natur in einem einzigen System durch die Verbindung der Anziehung und der fliehenden Kraft" sich zusammenfassen?[144] Er sieht zwei Möglichkeiten dafür, daß das sein kann: Erstens, „wenn nur lauter abgesonderte Weltgebäude, die untereinander keine vereinte Beziehung zu einem Ganzen hätten, vorhanden wären, so konnte man wohl, wenn man diese Kette von Gliedern als wirklich unendlich annähme, gedenken, daß eine genaue Gleichheit der Anziehung ihrer Teile von allen Seiten diese Systemata vor dem Verfall, den ihnen die innere Wechselwirkung drohet, sicher halten".[145] Doch gehörten, um einen solchen Zustand zu erhalten, hierzu genau bestimmte Entfernungen, bestimmt nach der abnehmenden Wirkung der Attraktion, da „auch die geringste Verrückung dem *Universio* den Untergang zuziehen und sie in langen Perioden, die aber doch endlich zu Ende laufen müssen, dem Umsturze überliefern würden".[146] Eine solche Welt könnte sich also nur durch ein Wunder oder einen sehr großen Zufall erhalten, und daher sieht Kant nur die zweite Möglichkeit als real an. Denn man trifft es „weit anständiger" – argumentiert er –, „wenn man aus der gesamten Schöpfung ein einziges System machet, welches alle Welten und Weltordnungen, die den ganzen unendlichen Raum ausfüllen, auf einen einzigen Mittelpunkt beziehend macht".[147]

142 Ebenda.

143 Das Wort „materiell" ist selbstverständlich im physikalischen Sinne gemeint.

144 Ebenda, S. 146.

145 Ebenda.

146 Ebenda.

147 Ebenda.

Auf Grund dieser Überlegungen entwickelt er seine Idee eines hierarchischen Aufbaus des Universums.

Die von der Wissenschaft bereits erkundeten Tatsachen nimmt Kant als Beweis dafür, daß unser Sonnensystem Element eines umfassenderen Systems ist, eines Systems zahlreicher sonnensystemähnlicher Gebilde, das seinerseits wiederum Glied eines Systems noch höherer Ordnung bildet. Damit findet er nun nicht nur eine Lösung, wie große gravitierende Systeme stabil gehalten werden können – ein Problem in der Newtonschen Mechanik –, sondern er denkt die mit dem Copernicanischen Prinzip verbundene These der naturgesetzlichen Einheit von Erde und Kosmos zu Ende, er überwindet auch noch das Rudiment des alten geozentrischen Weltbildes, den Sonnensystem-Zentrismus (denn das Sonnensystem ist nicht der Weltmittelpunkt, nicht der Ausgangspunkt der Weltentstehung). Im System jeder Stufe sollen die gleichen Gesetze gelten wie in unserer Planetenwelt.[148] Auf diese Weise wird aus der Stabilität des Planetensystems die Stabilität und gesetzmäßige Verfassung des Weltalls abgeleitet. Die auf der Erde oder in einem lokal um die Erde begrenzten Bereich gefundenen Gesetze sind so nicht irdisch, sondern universell – und zwar nicht nur räumlich, sondern auch zeitlich. Der hierarchische Aufbau gilt nicht nur als systematische Verfassung, sondern auch als zeitlicher Ablauf, insofern in dem angenommenen Mittelpunkt „die Natur den Anfang ihrer Bildung gemacht",[149] „die Ausbildung der Natur bei diesem Mittelpunkt zuerst anfängt und mit stetiger Fortschreitung nach und nach in alle fernere Weiten ausgebreitet wird, um den unendlichen Raum in dem Fortgange der Ewigkeit mit Welten und Ordnungen zu erfüllen".[150] Die Weltentstehung ist so niemals vollendet. Sie hat zwar einmal angefangen, aber sie wird niemals aufhören.[151] Die zeitliche Unendlichkeit ist so allerdings mit der gleichen Inkonsequenz behaftet wie die räumliche. Beides scheint Ausdruck dafür zu sein, daß man nicht umhin kann, Anfangsbedingungen zu *setzen*, um die mechanischen Gesetze auf konkrete, bestimmte Prozesse anwenden zu können.

Dem Setzen von Anfangsbedingungen nicht entrinnen zu können, ist bei dem frühen Kant wohl aber mehr eine erzwungene Konsequenz, weniger gewonnene Einsicht. Denn die Aussagen der Mechanik unabhängig von ihrer Sprache zu nehmen, ihre Gesetze außerhalb der mathematischen Struktur, in der sie formuliert sind, glauben angeben zu können, läßt nicht erkennen, daß die Art dieser Gesetze das Vorgeben von Anfangsbedingungen erfordert. Zudem ontologisiert ein derartiges Vorgehen diese Gesetze, die nicht als Aussagen einer physikalischen Theorie verstanden, sondern als an sich gültig aufgefaßt werden. Kant übersieht daher das wirkliche Problem, das Newton be-

148 Vgl. ebenda, S. 147, 208.
149 Ebenda, S. 147.
150 Ebenda, S. 148.
151 Vgl. ebenda, S. 150.

wog, Gott ins Spiel zu bringen, um die „Einträchtigkeit in der Richtung und Stellung der planetischen Kreise" zu erklären. Dieses Problem besteht darin, daß aus den Newtonschen Bewegungsgesetzen die Bahnkurve eines Planeten erst dann abgeleitet werden kann, wenn ein Anfangsort und eine Anfangsgeschwindigkeit vorgegeben werden, und zwar für jeden Planeten extra. Um zu betonen, daß die Bewegungsgesetze diese Anfangswerte nicht enthalten, sagte Newton oftmals, diese würden von Gott bestimmt.[152] Da Kant von dieser Eigenart physikalischer Gesetze grundsätzlich abstrahierte, ist seine Kritik an Newton[153] nur zum Teil gerechtfertigt.

Kant gibt Newton recht, daß im gegenwärtigen Weltsystem kein Grund für die Einträchtigkeit in der Richtung und Stellung der planetarischen Kreise zu finden sei. Er meint aber, daß es hierfür prinzipiell einen Grund – und zwar einen natürlichen – geben müsse. Sei er in der Gegenwart nicht zu finden, so müsse man ihn eben in der Vorgeschichte suchen. Jetzt, da der Raum zwischen den Planeten leer ist – konstatiert Kant –, konnte Newton „keine materialische Ursache verstatten, die durch ihre Erstreckung in dem Raume des Planetengebäudes die Gemeinschaft der Bewegungen unterhalten sollte".[154] „In der jetzigen Verfassung des Raumes ... ist keine materialische Ursache vorhanden, die ihre (der Himmelskörper – R. W.) Bewegungen eindrücken und richten könnte. Dieser Raum ist vollkommen leer oder so gut als leer; also muß er ehemals anders beschaffen und mit genügsam vermögender Materie erfüllet gewesen sein, die Bewegung auf alle darin befindliche Himmelskörper zu übertragen und sie mit der ihrigen, folglich alle untereinander einstimmig zu machen, und nachdem die Anziehung besagte Räume gereinigt und alle ausgebreitete Materie in besondere Klumpen versammelet, so müssen die Planeten nunmehro mit der einmal eingedrückten Bewegung ihre Umläufe in einem nicht widerstehenden Raume frei und unverändert fortsetzen."[155]

Die Anfangsbedingungen werden nicht als etwas Gesetztes, sondern als etwas real Vorausgegangenes genommen, als Bedingungen des Anfangs. Kant wählt also in voller Übereinstimmung mit den Möglichkeiten der klassischen Mechanik als übergreifendes System ein zeitlich vorangegangenes. Es bleibt sein unbestreitbares Verdienst, als erster in einer umfassenden Konzeption versucht zu haben, die Anfangsbedingungen des gegenwärtigen Systems aus der Dynamik eines zeitlich vorausgegangenen Systems abzuleiten, d. h., versucht zu haben, auf der Basis der mechanischen Grundgesetze die Gegenwart aus der Vergangenheit zu erklären. Unabhängig davon, ob der von ihm zu diesem

152 Man kann zwar die Anfangswerte aus der Dynamik eines raumzeitlich übergeordneten Systems, das das betrachtete als Untersystem enthält, ableiten, doch im kosmologischen Fall kommt man natürlich zu prinzipiellen Schwierigkeiten, da der Kosmos per definitionem nicht Untersystem eines anderen ist.

153 Vgl. ebenda, S. 86, 179f.

154 Ebenda, S. 86.

155 Ebenda, s. auch S. 179–183.

Zwecke erdachte Mechanismus im einzelnen funktioniert oder nicht, muß man ihm gegen Newton zustimmen, daß man sich nicht damit abfinden darf, etwas wissenschaftlich noch Ungeklärtes einfach Gott zuzuschreiben, für prinzipiell einer natürlichen Erklärung (d. h. für Kant einer Auflösung in die Gesetze der Natur und die Kräfte der Materie) unzugänglich zu halten. Denn es ist „vor einen Philosophen eine betrübte Entschließung..., bei einer zusammengesetzten und noch weit von den einfachen Grundgesetzen entfernten Beschaffenheit die Bemühung der Untersuchung aufzugeben und sich mit der Ausführung des unmittelbaren Willens Gottes zu begnügen".[156]

Allein, wenn das betrachtete System der Kosmos als Ganzes ist, dann gibt es kein übergeordnetes System, um daraus seine Anfangsbedingungen abzuleiten. Der grundsätzliche Unterschied, der in dieser Hinsicht zwischen Sonnen- (oder irgendeinem anderen endlichen) und Weltsystem besteht, war Kant nicht bewußt. Er sah nicht die prinzipielle Problematik der mechanischen Gesetze bezüglich der Anfangswerte. Und so entschuldigt er zwar Newton wegen der Schwierigkeit, die so bedeutend und gültig war, daß er „sich genötigt sähe, allhier die Hoffnung aufzugeben, die Eindrückung der den Planeten beiwohnenden Schwungskräfte ... durch die Gesetze der Natur und die Kräfte der Materie aufzulösen".[157] Doch diese Schwierigkeit sieht er eben nicht im Charakter der physikalischen Gesetze, sondern im jetzt leeren Raum. Dieser läßt einen materiellen Zusammenhang zwischen den einzelnen Planetenbahnen vermissen. (Da Kant selbst Wirkung durch den leeren Raum, Gravitation zuläßt, ist schwer einzusehen, warum er hier einen materiellen Zusammenhang leugnet.) Er ist jetzt positiv Bedingung für die Bewegung, für die Erhaltung der Bewegung oder, genauer, der einmal erzeugten Ordnung. Denn da der Raum zwischen den Planeten leer ist, beeinflussen sie angeblich einander nicht, und daher gibt es nichts, was ihre jetzige Bahn verändern könnte. „Wenn also der Stoff, daraus die Himmelskörper bestehen, ein ordentliches mit den Entfernungen harmonierendes Verhältnis gegeneinander hat, und die Planeten einander anjetzt nicht einschränken können, da sie nun in leerem Raume voneinander abstehen, so muß ihre Materie *vordem* in einem Zustand gewesen sein, da *sie ineinander gemeinschaftliche Wirkung tun können* ..."[158]

Es scheint hier, als würde Kant die Wechselwirkung zwischen den Körpern als etwas Vergangenes ansehen und nicht beachten, daß diese auch jetzt Bedingung für die Erhaltung der Bewegungsbahnen ist, daß die Wechselwirkung zwischen den Körpern Bedingung jeder Ordnung, nicht nur ihrer Entstehung, sondern auch ihrer Erhaltung ist. Wahrscheinlich meint Kant, daß jetzt ein Gleichgewichtszustand herrsche, und bezeichnet das vorangegangene Nichtgleichgewicht als Wechselwirkung zwischen den Körpern. Da der Raum jetzt

156 Ebenda, S. 180.
157 Ebenda, S. 179.
158 Ebenda, S. 183 (Hervorhebung – R. W.).

leer sei, gäbe es nicht mehr die Wirkungen, die es vorher gegeben habe. Aber welche sind das? Es sollten ja nur die Wirkungen der beiden Grundkräfte sein, die das Entstehen des Weltsystems erklären. Diese sind aber doch nicht vernichtet worden. Wirken sie nicht auch zwischen zu Planeten zusammengeballter Materie? Im einzelnen werden diese Fragen von Kant nicht beantwortet, wird der Gleichgewichtszustand nicht wahrhaft aus den Voraussetzungen abgeleitet, sondern es wird global postuliert, daß es ein gewisses Naturgesetz gibt, „welches macht, daß alle einander durch gewechselte Wirkung einschränkende Materie sich zuletzt auf einen solchen Zustand bringet, da eine der andern sowenig Veränderung als möglich mehr zuzieht".[159] Und wenn dieser Zustand erreicht ist, so soll er auf immer erhalten bleiben. „Nach einmal erlangter Bestimmung dieser Bewegungen ist nichts ferner nötig, sie auf immer zu erhalten. Sie bestehen in dem leeren Raume durch die Verbindung der einmal eingedrückten schießenden Kraft mit der aus den wesentlichen Naturkräften fließenden Attraktion und leiden weiterhin keine Veränderung."[160] Soll das bedeuten, daß die Welt für immer so bleibt, wie sie ist? Wenn es so wäre, widerspräche dies Kants eigener Konzeption. Doch seine Mittel reichen nicht, um aus einem Prinzip Entstehung und Aufhebung des Gleichgewichts zu erklären. Beim Übergang vom Gleichgewichtszustand zum Nichtgleichgewichtszustand und umgekehrt vom Nichtgleichgewicht zum Gleichgewicht muß Kant jeweils – ob er sich das nun eingesteht oder nicht – etwas neu setzen. Entwicklung in dem Sinne, daß eine Aktion zur Erhaltung des Systems zugleich Aktion zu seiner Veränderung ist, ein solcher Entwicklungsbegriff ist im Rahmen dieser Konzeption nicht realisierbar. Kants Kosmogonie ist ein Programm, ein Programm für eine dynamisch erweiterte Physik, eine kosmogonisch erweiterte Mechanik, und für eine philosophische Entwicklungstheorie. Sie selbst aber kann dieses Programm in beiderlei Richtungen nicht verwirklichen. Sie kann es unter anderem auch deshalb nicht, weil die Kosmogonie tatsächlich ein bislang ungelöstes Problem enthält. Dieses besteht darin: Entweder mußte der gegenwärtige Zustand des Kosmos sich herausbilden, unabhängig davon, wie der Kosmos früher aussah, da *jeder* Zustand zum gegenwärtigen führen muß, oder er konnte nur unter Voraussetzung *eines ganz bestimmten* Anfangszustandes entstehen. Im ersteren Falle wäre im Prinzip jede kosmogonische Hypothese richtig, Kosmogonie jedoch sinnlos. Das einzig Gesetzmäßige wäre der gegenwärtige Zustand. Im zweiten Falle könnte die Entstehung des heutigen Kosmos durch Zurückrechnung auf den Anfangszustand eine gesetzmäßige Basis haben, aber die Kosmogonie würde sich erübrigen, mit dem gegenwärtigen Kosmos und der Kenntnis seiner Gesetze wäre die Kosmogonie eindeutig gegeben.

Dennoch wurde durch Kants Verständnis des Universums als Evolutionskosmos das Grundprinzip der heutigen Kosmologie und Kosmogonie, vom „beobachteten" räumlichen Nebeneinander auf das zeitliche Nacheinander zu

159 Ebenda, S. 181. 160 Ebenda, S. 175, s. auch S. 182.

schließen, gefunden. Kant legte nicht nur dar, daß sich auch Entwicklung nach naturwissenschaftlichen Gesetzen vollzieht, daß es einen Zusammenhang zwischen aufeinanderfolgenden Zuständen gibt, die von den Gesetzen der klassischen Mechanik beschrieben werden, sondern er entwickelte den Gedanken, daß das, was existiert, seinen gesetzmäßigen Zusammenhang nur dadurch haben kann, wie es entstanden ist.[161] Durch die fortschreitende, stufenweise Weltentstehung bietet der Kosmos im Kantschen System zu jedem Zeitpunkt ein Bild der Geschichte, des zeitlichen Ablaufs innerhalb jeder Sphäre, jeder Weltinsel. Was dem Weltzentrum näher liegt als die ausgewählte Weltinsel, zeigt ihre eigene Zukunft, was von ihm weiter als sie selbst entfernt ist, zeigt ihre Vergangenheit.[162]

Kant war bestrebt, philosophisch darzustellen, daß es einen Zusammenhang zwischen Weg und Resultat, Produktion und Produkt derart gibt, daß das Resultat, das Produkt der geronnene Prozeß ist.[163]

Nun versucht Kant aber diesen Zusammenhang durch das Zusammenspiel dual entgegengesetzter Kräfte zu erreichen und nimmt sich damit die Grundlage, eine philosophische Entwicklungstheorie wirklich durchzuführen. Denn philosophisch verlangt Entwicklung Erklärung aus dialektischen Widersprüchen. Diese sind mit dual entgegengesetzten Kräften nicht wiederzugeben,[164]

161 Die klassische Mechanik enthält zwar keine Kosmogonie, sie führt aber zu ihr wegen der erwiesenen Unmöglichkeit, im Rahmen der Newtonschen Theorie große kosmische Systeme für alle Zeiten stabil zu halten. Genauer: Entweder ergibt sich auf Grund dieses Sachverhalts die Frage nach einer anderen Theorie, in deren Rahmen große kosmische Systeme stabil gehalten werden können, oder man nimmt die Newtonsche Dynamik als absolut, als bedingungslos gültig an, dann folgt, daß die heute vorhandenen *relativ* stabilen kosmischen Systeme einmal vergehen werden und auch nicht seit Ewigkeit existieren können. Sie müssen also einmal entstanden sein. Der erstgenannte Ausweg würde die Möglichkeit ewiger Stabilität begründen. Er tritt bei Newton mitunter auch in der Form auf: „Gott sorgt dafür, daß . . ." Diese Ausdrucksweise ist exakt, *insofern* damit gesagt werden soll, daß die klassische Mechanik es nicht erklären kann. An ihre Stelle läßt sich aber auch die Hypothese setzen, daß die kosmischen Systeme entstehen und vergehen. Dies getan zu haben bleibt eine große philosophische Leistung, auch wenn Kant keine konsistente kosmogonische Theorie ausgearbeitet hat.

162 Vgl. hierzu ebenda, S. 149–158.

163 Dies ist genau im Marxschen Sinne gemeint; vgl. K. Marx, Das Kapital, Bd. I, in: MEW, Bd. 23, Berlin 1962, S. 195. – Da der Marxsche Arbeitsbegriff – im Gegensatz zum Hegelschen – Arbeit nicht mit geistiger Arbeit identifiziert, sondern unter Arbeit das zwar vom Menschen zweckgerichtete, aber doch objektive Zusammenwirken objektiver Naturgegenstände versteht, so trifft der hier skizzierte Zusammenhang von Prozeß und Produkt auch für Naturprozesse zu. Vgl. hierzu P. Damerow/P. Furth/B. Heidtmann/W. Lefèvre, Probleme der materialistischen Dialektik. Materialistische Dialektik und Arbeit, in: Arbeit und Reflexion, hrsg. v. P. Furth, Köln 1980.

164 Dennoch muß hervorgehoben werden: Mit Kant wurde die Einsicht der klassischen deutschen Philosophie geboren, daß Entgegensetzung nicht nur in der Mathematik besteht,

wenn zugleich vorausgesetzt wird, das unterstellte System sei abgeschlossen, seine äußeren Eigenschaften seien konstant und damit der Gleichgewichtszustand als Grundlage und Ziel des Systemverhaltens gilt. Entwicklung ist so gerade ausgeschlossen. Kant kann sich ihr auch nur annähern durch Unterbrechung des Gleichgewichts.

Physikalisch, eingedenk der Spezifik der Physik, kann man so vorgehen, wie es der Kantsche Ansatz verspricht. Aber dann muß man die Gesetze der entsprechenden Theorie in ihrer mathematischen Formulierung benutzen und an der in dieser Weise zugrunde gelegten Theorie seine Hypothesen prüfen. Nur dadurch, daß Kant das aber bewußt unterläßt,[165] kann die für seine Konzeption notwendige, in der Newtonschen Theorie aber so nicht auftretende, Repulsivkraft willkürlich jeweils so eingesetzt werden, daß sie im Zusammenwirken mit der Attraktionskraft das uns bekannte kosmische System, das Weltsystem in seiner systematischen Verfassung erzeugt.

Die Kantsche Kosmologie und Kosmogonie ist gewiß keine Physik. Keinesfalls ist sie der physikalische Teil zur Newtonschen Theorie. Sie enthält physikalische und philosophische Inkonsequenzen. Als Physik hätte sie die Newtonschen Bedenken physikalisch konstruktiv überwinden müssen. Als Philosophie hätte sie die Newtonsche Dynamik erkenntnistheoretisch verarbeiten müssen. Dazu hätte es aber des vollen Verständnisses der klassischen Mechanik als physikalischer Theorie bedurft; vor allem hätte das Verhältnis von aktiven und passiven Prinzipien rezipiert werden müssen. Die „Allgemeine Naturgeschichte" zeigte „nur", in welcher Richtung man weiterforschen mußte, und machte Vorschläge dafür.[166]

Der Kantsche Versuch in den Frühschriften, den klassischen Atomismus mit der Kräftekonzeption so zu kombinieren, daß die Atome nur noch Kräfte als Eigenschaften haben sollen, also nur von aktiven Prinzipien bewegt werden, der Versuch, auf diese Weise mehr in die Dynamik zu legen, als Newton es getan hatte, zeigte, daß Physik so nicht möglich ist. Zugleich wurde jedoch nachdrücklich darauf verwiesen, daß im Prinzip mehr in die Dynamik gelegt werden kann und muß, als es in ihrem Ursprung geschehen war.

Der Kraftbegriff, die Kräftekonzeption, die aktiven Prinzipien wurden von Kant überzogen. Die Atome sollten nicht nur Kräfte als Eigenschaften haben, sondern es sollten ihnen sogar die Gesetze eingepflanzt sein. Obwohl Kant damit entgegen seinem Anliegen mehr in den apriorischen Teil legt, als Newton je in den Sinn gekommen wäre, fast die ganze Dynamik, erhält er keine konsistente Theorie. Die Gesetze, als inhärente Eigenschaften verstanden, er-

sondern auch in der Realität, daß die Realentgegensetzung allgemeines Gesetz der Naturerscheinungen und überhaupt des gesamten, auch des gesellschaftlichen Geschehens (Antagonismus der ungeselligen Geselligkeit) ist.

165 I. Kant, Allgemeine Naturgeschichte und Theorie des Himmels, a. a. O., S. 87.

166 Diese Vorschläge werden — ganz abgesehen von der tragfähigen Grundidee — auch heute noch benutzt, um kosmologische und kosmogonische Modelle zu konstruieren.

fordern zusätzliche Annahmen, bedingen aus der Theorie nicht erklärbare Zufälligkeiten und Widersprüche. Die Gesetze und ihre Kenntnis werden vorausgesetzt. Sie sind fertig vorhanden, ihre Erkenntnis wird nicht als produktiver Prozeß verstanden. Es bleibt offen, wie der Mensch zu den Gesetzen kommt. So ergibt sich statt des angestrebten maximalen Dynamismus ein extremer Apriorismus.

Es muß natürlich hervorgehoben werden, daß Kants Postulat – Gebet mir Materie (der Gesetze und Kräfte schon eingepflanzt sind), ich will eine Welt daraus bauen – nicht trivial ist. Es ist nicht identisch mit der Forderung: Gebet mir alles, ich will ... Dies belegt auch seine These, daß man nicht sagen könne: „Gebet mir Materie, ich will euch zeigen, wie eine Raupe erzeugt werden könne".[167]

Kant wollte eben nachweisen, daß die Newtonschen Gesetze ausreichen, um die Entstehung des Weltsystems darzustellen. Gesetze der Raupenentstehung waren noch unbekannt. Kants Konzeption demonstriert ihre positiven Aspekte nur dann, wenn die jeweiligen Gesetze schon gegeben sind. Wenn dies so ist, erhebt sich die Frage, ob Kants Konzeption denn nun überhaupt etwas ableitet, das nicht schon vorausgesetzt ist. Sie leistet es. Zwar erscheinen die Gesetze als „gottgegeben", doch wenn sie einmal vorhanden sind, dann kann aus ihnen nicht Unordnung, kein Chaos entstehen, sondern immer wieder nur Ordnung. Die Naturgesetze sind nach Kant ausreichende Ordnungsprinzipien.[168] Das ständige Entstehen von geordnetem Neuen will Kant nicht in die Voraussetzung gelegt, sondern aus den angenommenen Gesetzen abgeleitet wissen.

2. Synthetische Urteile a priori – Bedingung für Gesetzesaussagen

Wenn sich der angestrebte totale Dynamismus auch als nicht durchführbar erwies, so gibt Kant den Gedanken einer Naturdynamik doch nicht auf. Er wird vielmehr zu einem Hauptpunkt der Philosophie Kants und stellt sich im Verlauf seines Schaffens immer mehr dar als Idee vom Kampf entgegengesetzter realer Kräfte, die er durch das Newtonsche Gegenwirkungsaxiom wissenschaftlich exakt untermauert sieht. In diesem Sinne führt eine klare Entwicklungslinie von den „Gedanken von der wahren Schätzung der lebendigen Kräfte" zu der „Allgemeinen Naturgeschichte und Theorie des Himmels" sowie dem „Versuch, den Begriff der negativen Größen in die Weltweisheit einzuführen" über die „Metaphysischen Anfangsgründe der Naturwissenschaft" bis zum „Opus postumum".

167 Ebenda, S. 50.

168 „Wenn man hingegen einem ungegründeten Vorurteile Platz lässet, daß die allgemeine Naturgesetze an und vor sich selber nichts als Unordnung zuwege bringen, und alle Übereinstimmung zum Nutzen, welche bei der Verfassung der Natur hervorleuchtet, die unmittelbare Hand Gottes anzeiget, so wird man genötiget, die ganze Natur in Wunder zu verkehren." (Ebenda, S. 172, vgl. auch S. 171–190).

Eine klare Entwicklungslinie bedeutet natürlich nicht nur einen sich durch alle Phasen hindurchziehenden Gedanken, sondern eben auch deutlich unterschiedene Phasen. Da die Naturdynamik seiner Frühzeit ihn selbst nicht befriedigte, suchte Kant nach einer anderen Lösung. Seine Unzufriedenheit ergab sich nicht daraus, daß diese Naturdynamik nicht als Physik möglich war, sondern vor allem aus der unzureichenden Antwort auf die Grundfrage der klassischen bürgerlichen Philosophie – unzureichend deshalb, weil noch kein Weg gefunden worden war, um Freiheit und menschliche Würde einerseits, Gesetzmäßigkeit und Naturnotwendigkeit andererseits miteinander zu verknüpfen.[169] Die Kantsche Naturdynamik sollte nicht Physik sein, sondern wissenschaftliche Philosophie. Sie sollte die Frage, ob die Welt mittels der Newtonschen Mechanik zu erklären ist, positiv beantworten, aber so, daß sie die Möglichkeit rationaler Herrschaft des Menschen (und zwar des bürgerlichen) über die Natur und die Gesellschaft begründete. Sie müßte also auch die Möglichkeit der Aktivität des Menschen nachweisen. Die Vernunft, deren Anspruch auf die Herrschaft bewiesen werden sollte, wurde als Subjekt, als Tätigkeit aufgefaßt. Der Kantschen Naturdynamik oblag es daher, subjektive menschliche Freiheit und objektive Naturgesetzmäßigkeit miteinander zu vermitteln. Der Mensch durfte nicht einfach dem Naturgesetz unterworfen sein.

Die sich durch Kants gesamtes Schaffen ziehende Frage: Ist (bzw. inwieweit ist) die Newtonsche Mechanik in der Lage, die Welt zu erklären? ist daher stets eingebettet in das Problem: *Wie ist Philosophie als Wissenschaft möglich?* Denn natürlich konnte die rationale Herrschaft des Menschen über Natur und Gesellschaft nur insoweit möglich sein, inwieweit Wissenschaft möglich war. Daher untersuchte Kant das Verhältnis von klassischer Mechanik und „Weltweisheit". Sein Ziel sah er dann erfüllt, wenn „anstatt des ewigen Unbestandes der Meinungen und Schulsekten eine unwandelbare Vorschrift der Lehrart die denkende Köpfe zu einerlei Bemühungen vereinbaren; so wie Newtons Methode in der Naturwissenschaft die Ungebundenheit der physischen Hypothesen in ein sicheres Verfahren nach Erfahrung und Geometrie veränderte".[170] Dabei war sich Kant sowohl dessen bewußt, daß die unbestreitbaren Erfolge der Naturwissenschaft auf der Verbindung beruhten, die diese mit der Mathematik eingegangen war, als auch, daß Philosophie die Gewißheit ihrer Erkenntnisse nicht so wie die Mathematik gewinnen kann.[171] Den damit notwendig

169 Vgl. hierzu M. Buhr / G. Irrlitz, Der Anspruch der Vernunft, a. a. O., S. 35.

170 I. Kant, Untersuchung über die Deutlichkeit der Grundsätze der natürlichen Theologie und Moral, in: Frühschriften, a. a. O., Bd. II, S. 137.

171 Kant beantwortete als einziger die als Preisaufgabe der Preußischen Akademie gestellte Frage „Sind die metaphysischen Wissenschaften derselben Evidenz fähig wie die mathematischen?" in dieser Weise, und zwar mit der Schrift „Untersuchung über die Deutlichkeit der Grundsätze der natürlichen Theologie und Moral" (1764). Kant erhielt für diese Arbeit hinter Moses Mendelssohn den zweiten Preis.

verbundenen Unterschied zwischen Philosophie und Physik konnte Kant damals noch nicht bestimmen. Um das zu erreichen, mußte er eben konstruktiv die Frage beantworten, wie in der philosophischen Erkenntnis die höchstmögliche Gewißheit zu erlangen sei. Bei der Suche nach dieser Antwort kam er immer mehr zu der Einsicht, daß die rationalistische Metaphysik, von der er sich in seinen Frühschriften noch nicht völlig gelöst hatte, untauglich ist, der Philosophie den Charakter einer Wissenschaft zu bewahren oder zu verschaffen. Der Rationalismus konnte die Vorgehensweise der Newtonschen Physik, insbesondere ihre experimentelle Methode, nicht erkenntnistheoretisch fundieren. Kant beschäftigte sich daher mit Beginn der sechziger Jahre immer mehr mit erkenntnistheoretischen Fragen, auf die er mit seinem Hauptwerk, der „Kritik der reinen Vernunft", eine Antwort gab. Alle späteren Arbeiten zur Naturphilosophie beruhen auf dieser hier gewonnenen gnoseologischen Sicht.

Ausgehend von der in dem genannten Interesse gestellten Frage: Wie ist Wissenschaft überhaupt möglich? überprüft Kant in der „Kritik der reinen Vernunft" die Bedingungen und Möglichkeiten gesicherter wissenschaftlicher Erkenntnis. In der Auseinandersetzung mit dem Empirismus und dem Rationalismus kommt er zu der Auffassung, daß Wissenschaft dann und nur dann möglich ist, wenn synthetische Urteile a priori möglich sind. Denn die Möglichkeit der Wissenschaft – so Kant – hängt ab von der Möglichkeit allgemeingültiger Urteile, die zugleich eine neue Erkenntnis enthalten. Analytische Urteile sind zwar allgemeingültig und ohne Erfahrung zu fällen, da sie im Prädikat nur aussagen, was der Begriff des Subjekts schon enthält. Deshalb bringen sie aber auch keine neue Erkenntnis. Neue Erkenntnisse sind nur durch synthetische Urteile zu gewinnen, also durch Urteile, deren Prädikat etwas aussagt, was der als Subjekt fungierende Begriff nicht enthält. Gründen sich solche Urteile aber lediglich auf Erfahrung, so sind sie niemals allgemeingültig und notwendig. Also können allgemeingültige Urteile, die eine neue Erkenntnis bringen, nur jene sein, die zugleich synthetisch *und* apriorisch sind.

Ob Urteile a priori möglich sind, steht für Kant nicht zur Debatte, da ihm die Möglichkeit der Wissenschaft durch die Existenz der Newtonschen Physik als bewiesen gilt. Deshalb heißt das Problem, um das sich seine Erkenntnistheorie aufbaut: *Wie* sind synthetische Urteile a priori möglich? Auf Grund dieses Ansatzes, also der unbewiesenen Behauptung, *daß* apriorische Erkenntnis möglich ist, kommt Kant zwangsläufig zu der sogenannten copernicanischen Wende des Erkenntnisproblems. Er schreibt selbst: „Bisher nahm man an, alle unsere Erkenntnis müsse sich nach den Gegenständen richten; aber alle Versuche über sie a priori etwas durch Begriffe auszumachen, wodurch unsere Erkenntnis erweitert würde, gingen unter dieser Voraussetzung zunichte. Man versuche es daher einmal, ob wir nicht in den Aufgaben der Metaphysik damit besser fortkommen, daß wir annehmen, die Gegenstände müssen sich nach unserem Erkenntnis richten ... Es ist hiermit ebenso, als mit dem ersten Gedanken des Copernicus bewandt, der, nachdem es mit der Erklärung der Himmelsbewegungen nicht gut fort wollte, wenn er annahm, das ganze Sternheer drehe sich um den Zuschauer, versuchte, ob es nicht besser gelingen möchte, wenn er den Zuschauer sich drehen und dagegen die Sterne in Ruhe ließ. In der Metaphysik kann man nun, was die *Anschauung* der Gegenstände betrifft, es auf ähnliche Weise versuchen. Wenn die Anschauung sich nach der Beschaffenheit der Gegenstände richten müßte, so sehe ich nicht ein, wie man a priori von ihr etwas wissen könne; richtet sich aber der Gegenstand (als Objekt der Sinne) nach der Beschaffenheit unseres Anschauungsvermögens, so kann ich mir diese Möglichkeit ganz wohl vorstellen."[172]

Aus dieser einmal gemachten Voraussetzung leitet sich Kants gesamte Erkenntnistheorie ab. Sie soll hier nur so weit knapp skizziert werden, wie sie für Kants spätere Atomismus- und Kraftkonzeption ausschlaggebend ist, mithin für seine erkenntnistheoretische Begründung der Physik.

Die Naturwissenschaft war im gesamten Prozeß ihrer Herausbildung von vielfältigen Diskussionen über das Verhältnis von Denken und sinnlicher Wahrnehmung begleitet, von Diskussionen über die Rolle dieser beiden Erkenntnisvermögen in der Naturwissenschaft. Als gegensätzliche philosophische Richtungen entwickelten sich der Empirismus (vor allem in England) und der Rationalismus (vor allem in Frankreich und Deutschland), die jeweils eines der beiden Erkenntnisvermögen verabsolutierten und aus ihm die gesamte Erkenntnis herzuleiten suchten. Mit Bezug auf diese ihm vorausgegangenen philosophischen Strömungen formulierte Kant seine Frage: Auf welche Weise kann der erkennende Mensch zu allgemeingültigen und notwendigen Urteilen (also zu Gesetzesaussagen) gelangen, unter der Voraussetzung, daß alle Erkenntnis mit der Erfahrung beginnt? Diese Problematik hatte bereits der englische Empirist David Hume erörtert (die englische Form des Newtonianismus war empiristisch). Er vertrat konsequent den Grundsatz, daß alle Erkenntnis über die Wirklichkeit der sinnlichen Erfahrung entspringt. Nach seiner Auffassung hat es das Denken aber mit zwei Arten von Gegenständen zu tun: mit Vorstellungsbeziehungen und mit Tatsachen. Mit Vorstellungsbeziehungen beschäftige sich das Denken in der Mathematik. Diese sei ein Produkt reinen Denkens. Ihre Sätze seien von absoluter Gewißheit. Mit Tatsachen dagegen hätten es die Naturwissenschaften zu tun. Aussagen über Tatsachen entsprängen der Erfahrung. Daraus folge, daß sie nur Wahrscheinlichkeitscharakter trügen. Allgemeingültige und notwendige Aussagen (Gesetzesaussagen) lassen sich nach Hume in bezug auf Tatsachen nicht formulieren. Die uns notwendig erscheinenden Verknüpfungen zwischen Tatsachen sind eine Folge unserer Gewohnheit.

Die für den Empirismus charakteristische Trennung verschiedener Momente

172 I. Kant, Kritik der reinen Vernunft, Leipzig 1966, S. 22f.

des menschlichen Erkenntnisprozesses führte folgerichtig zu einer Entgegensetzung von Mathematik und Naturwissenschaft. Deshalb blieb die mit der Entwicklung der theoretischen Mechanik aufgeworfene Frage, wie es möglich ist, daß man durch Anwendung der Mathematik das Wissen über die physikalischen Erscheinungen in so großem Maße vertiefen konnte, unbeantwortet.

Kant ging nun zwar ebenfalls von der Humeschen Fragestellung aus, versuchte aber, die Einseitigkeit von dessen Standpunkt zu überwinden, den Gegensatz von Empirismus und Rationalismus aufzuheben und den Erkenntnisprozeß als Einheit von sinnlicher und rationaler Erkenntnis, von Sinnlichkeit und Verstand zu begreifen. Zwar beginnt nach Kant alle Erkenntnis mit der Erfahrung, aber nicht alle Erkenntnis entspringt aus ihr, „weil Erfahrung selbst eine Erkenntnisart ist, die Verstand erfordert, dessen Regel ich in mir, noch ehe nur Gegenstände gegeben werden, mithin a priori voraussetzen muß".[173] Wie Hume vertrat auch Kant die Ansicht, daß der aus der Erfahrung entspringenden Erkenntnis strenge Notwendigkeit und Allgemeinheit nicht zukommen. Da aber für ihn die Möglichkeit von Gesetzeserkenntnis außer Frage stand, anerkannte er neben der empirischen Erkenntnis die apriorische Erkenntnis. Nur ihr sind Notwendigkeit und Allgemeinheit eigen. Den Akt der sinnlichen Wahrnehmung faßte Kant daher im Unterschied zu Hume als Einheit empirischer und apriorischer Momente und lehrte: In der sinnlichen Wahrnehmung sind uns die Gegenstände der äußeren Welt gegeben, aber nicht so, wie sie an sich sind, sondern sie erscheinen uns geformt durch unser eigenes Bewußtsein. Die *Form* der Erscheinung liegt, so sagt Kant, apriorisch im Gemüt bereit. Es sind die subjektiven Bedingungen der sinnlichen Wahrnehmung. Nach Kant gibt es zwei Formen der sinnlichen Anschauung, nämlich Raum und Zeit. Auf seine selbstgestellte Frage: Was sind nun Raum und Zeit? Sind es wirklich Wesen? findet er die Antwort, daß sie keine empirisch gewonnenen Begriffe sind, keine Bestimmungen der Dinge an sich, die diesen auch zukommen, wenn wir sie nicht betrachten, sondern daß Raum und Zeit die subjektiven Bedingungen der Sinnlichkeit darstellen. Es sind für die Erkenntnis notwendige Vorstellungen, die allen Anschauungen zugrunde liegen. Es sind reine Anschauungsformen a priori, apriorische Bedingungen der Erkenntnis.

Aufgrund dieser Lehre konnte Kant auf der gegebenen historischen Erkenntnisstufe auch diejenigen Fragen beantworten, die mit der copernicanischen Wende, aus dem Zusammenbruch des alten geozentrischen Weltbildes, aus der Entwicklung der Mathematik und der klassischen Mechanik entstanden waren.

Vor Kant hatte man die Sätze der Mathematik als analytische Urteile eingeordnet. Der neue Gedanke Kants bestand darin, die Sätze der Mathematik (einschließlich derer der euklidischen Geometrie) als synthetische Urteile a priori zu deuten, deren Möglichkeit er aus der Fähigkeit zur reinen, nichtempirischen

173 Ebenda, S. 23.

Anschauung erklärt. Um die Vermittlung zwischen empirischer Erkenntnis und Denken zu erfassen, hatte Kant diesen Begriff in die Betrachtung eingeführt. Damit hatte er sich zugleich bemüht, einen Zusammenhang zwischen Mathematik und Wirklichkeit herzustellen.

Die Erklärung der Notwendigkeit und strengen Allgemeingültigkeit der euklidischen Geometrie aus der Apriorität von Raum und Zeit läßt den Zusammenhang mit der klassischen Mechanik erkennen, in der die euklidische Geometrie keine dynamische Begründung erfährt, sondern als meßtheoretische Grundlage vorausgesetzt wird. Newtons Konzeption vom absoluten Raum und der absoluten Zeit hatte hierin ihre sachliche Grundlage. Die Annahme eines solchen „vordynamischen" Charakters von Raum und Zeit lag auch den erkenntnistheoretischen Überlegungen Kants zugrunde.[174]

Kant rechtfertigte mit seiner Erkenntniskritik die (teils unbewußten) erkenntnistheoretischen Voraussetzungen der klassischen Mechanik, und zugleich verabsolutierte er diese Voraussetzungen zu einer generellen Apriorität, einer Apriorität für jede Physik, für jede Erkenntnis. Die Existenz und das Funktionieren der Newtonschen Dynamik begründete so die Möglichkeit von Gesetzesaussagen überhaupt und implizierte die Einsicht in die generelle Notwendigkeit apriorischer Bestimmungen im Erkenntnisprozeß.

3. Das Leere und das Volle – ersetzt durch die beiden Grundkräfte

Von dem durch seine Erkenntniskritik gewonnenen Standpunkt aus führt Kant den Naturdynamismus radikal durch. Absolut legt er seinen notwendigen apriorischen Anteil fest. Dieser findet seinen Niederschlag jedoch nicht mehr in der Annahme von Atomen mit inhärenten Eigenschaften. „Kraftatome" als Verabsolutierung der aktiven Prinzipien hatten sich für die Begründung einer durchgängigen – den Zielen der klassischen bürgerlichen Philosophie dienenden – Naturdynamik nicht bewährt. Zudem benötigte Kant die Atome nicht mehr als Basis, um die Existenz objektiver Gesetze zu begründen, vielmehr hatte sein erkenntniskritischer Standpunkt die Existenz von Gesetzen mit der Verstandestätigkeit des erkennenden Subjekts, mit den apriorischen Verstandesbestimmungen in Verbindung gebracht. Der apriorische Anteil seiner Naturdynamik ergibt sich so folgerichtig aus der Auffassung von der Apriorität des Raumes und der Zeit. Und so lehnt Kant in seiner kritischen Phase den Atomismus strikt ab, *ersetzt* das Leere und das Volle durch die beiden Grundkräfte Attraktion und Repulsion.

174 Vgl. hierzu A. Griese / R. Wahsner, Zur Ausarbeitung einer philosophischen Raum-Zeit-Theorie, in: DZfPh, 6/1967; R. Wahsner/A. Griese, Raum, Zeit und Gesetz, in: Gesetz – Erkenntnis – Handeln, hrsg. v. A. Griese und H. Laitko, Berlin 1972.; H.-H. v. Borzeszkowski/ R. Wahsner, Erkenntnistheoretischer Apriorismus und Einsteins Theorie, in: DZfPh, 2/1979.

Wegen dieser neuen Grundbestimmung muß die Diskussion der Kantschen Kräftekonzeption noch einmal aufgenommen werden. Dabei wird sich zeigen, daß sich in vielerlei Hinsicht die Vorstellung von den Kräften erweitert, die Vorstellung von den an sie zu stellenden Bedingungen, daß die gegen die Kräfteauffassung der Frühschriften vorgebrachte Kritik jedoch im Prinzip aufrechterhalten werden muß. Kant selbst muß die Unzulänglichkeiten in der Durchführung seines Anliegens verspürt haben, dies erhellt letztlich aus seinem „Opus postumum", in dem er versucht, durch Einführung eines Äthers, eines Wärmestoffs, jene Mängel zu beseitigen.[175]

Kant sieht zwei grundsätzlich mögliche Wege der Naturphilosophie, die unendliche Mannigfaltigkeit der Materie zu erklären: den mechanischen und den dynamischen. Der erstere besteht seines Erachtens in der Verbindung des Absolutvollen mit dem Absolutleeren, der zweite darin, durch die bloße Verschiedenheit in der Verbindung der ursprünglichen Kräfte der Zurückstoßung und der Anziehung alle Verschiedenheiten zu erklären. „Der erste hat zu Materialien seiner Ableitung die Atomen und das *Leere*. Ein Atom ist ein kleiner Teil der Materie, der physisch unteilbar ist. Physisch *unteilbar* ist eine Materie, deren Teile mit einer Kraft zusammenhängen, die durch keine in der Natur befindliche bewegende Kraft überwältigt werden kann."[176] Weiterhin charakterisiert Kant die mechanische Naturphilosophie als „die Erklärungsart der spezifischen Verschiedenheit der Materien durch die Beschaffenheit und Zusammensetzung ihrer kleinsten Teile, als Maschinen (als durch äußere Kräfte bewegte Körper – R. W.)",[177] und er stellt ihr die dynamische Naturphilosophie als die Erklärungsart gegenüber, welche aus Materien als ihnen ursprünglich eigenen bewegenden Kräften die spezifische Verschiedenheit der Materie ableitet.[178] Er sieht die bisherige Bedeutung der Atomistik bzw. der mechanischen Erklärungsart darin, daß sie der Mathematik am fügsamsten ist und daß man glaubte, leere Räume zu brauchen, um verschiedene Materiedichten unterscheiden zu können. Die Annahme *absoluter* Eigenschaften (wie z. B. absolute Undurchdringlichkeit) bezeichnet er als Hauptcharakteristikum jener Erklärungsart.[179]

175 Vgl. hierzu z. B. I. Kant, Opus postumum, in: Kants gesammelte Schriften, hrsg. v. der Königlichen Preußischen Akademie der Wissenschaften, Bd. 21, Bd. I, Berlin-Leipzig 1936, S. 218f., 234, 340, 441–445, 537, 559, 579, 596, Bd. II, Leipzig-Berlin 1937, S. 115, 429f., 444, 518, 536, 609.

176 I. Kant, Metaphysische Anfangsgründe der Naturwissenschaft, in: Kants Werke, unveränd. photomech. Abdruck der Akademie-Ausgabe von 1902, Bd. IV, Berlin 1968, S. 532.

177 Ebenda.

178 Ebenda.

179 „Die mechanische Erklärungsart, da sie der Mathematik am fügsamsten ist, hat unter dem Namen der *Atomistik* oder *Corpuskularphilosophie* mit weniger Abänderung vom alten *Demokrit* an bis auf *Cartesen* und selbst bis zu unseren Zeiten immer ihr Ansehen und Einfluß auf die Prinzipien der Naturwissenschaft erhalten. Das Wesentliche derselben besteht in der Voraussetzung der *absoluten Undurchdringlichkeit* der primitiven Materie, in der *absoluten*

Kant lehnt den Atomismus also ab, weil dieser, wie er meint

– Zusammenhänge postuliert, die durch natürliche Kräfte nicht aufgehoben werden können (was Kant nicht wollen kann, da dies die Notwendigkeit übernatürlicher Kräfte, göttlichen Eingreifens, bedeutete, geradezu ein Bekenntnis zu den Grenzen der Dynamik wäre);

– zur Begründung verschiedener Dichtigkeiten einen leeren Raum braucht (dieser Kant aber als etwas Wirkungsloses gilt, das doch aber physikalisch etwas bewirken soll);[180]

– die Körper von außen bewegt sein läßt (ein Standpunkt, den Kant schon in seiner allerersten Schrift ablehnte, da ihm dieser auf die Annahme einer toten Materie hinauszulaufen schien);

– absolute Eigenschaften annimmt, etwas Absolutes aber nicht meßbar ist und daher nichts Reales, das heißt kein Gegenstand der Erfahrung, absolut sein darf.[181]

Mit diesen (bewußt vorgetragenen) Argumenten verwirft Kant den Atomismus und setzt an seine Stelle die – von ihm so bezeichnete – dynamische Erklärungsart, da diese „der Experimentalphilosophie weit angemessener und beförderlicher ist, indem sie geradezu darauf leitet, die den Materien eigene bewegende Kräfte und deren Gesetze auszufinden, die Freiheit dagegen einschränkt, leere Zwischenräume und Grundkörperchen von bestimmten Gestalten anzunehmen, die sich beide durch kein Experiment bestimmen und ausfindig machen lassen".[182] Die *Möglichkeit* einer solchen dynamischen Naturphilosophie, die all die angeführten

Gleichartigkeit dieses Stoffs und dem allein übrig gelassenen Unterschiede in der Gestalt und in der *absoluten Unüberwindlichkeit* des Zusammenhangs der Materie in diesem Grundkörperchen selbst. ... Die erste und vornehmste Beglaubigung dieses Systems aber beruht auf der vorgeblich unvermeidlichen *Notwendigkeit, zum spezifischen Unterschiede der Dichtigkeit* der Materien leere Räume zu brauchen ..." (ebenda, S. 533).

180 Bis an sein Lebensende bleibt es für Kant daher ein offenes Problem, wie die Gravitation durch den leeren Raum wirken kann. „Wie haben Kräfte im Raum physikalische Realität?", fragt er im „Opus postumum" (I. Kant, Opus postumum, Bd. II, a. a. O., S. 19). – Im Äther glaubt er eine Lösung gefunden zu haben. (Vgl. ebenda, Bd. I, S. 218, 559, 609; s. auch Anm. 175 und 181).

181 Der absolute Raum Kants ist daher auch der nichtempirische, der nicht erfahrbare Raum. Da er aber in der Physik eine unentbehrliche Rolle spielt, versucht Kant später – im „Opus postumum" –, ihn physikalisch zu fassen, indem er einen Äther einführt, den er als apriorische Notwendigkeit postuliert. Er schreibt dort: „Es ist eine im ganzen Weltraum als ein Kontinuum verbreitete alle Körper gleichförmig durchdringend erfüllende (mithin keiner Ortsbewegung unterworfene) Materie, welche, man mag sie nun Äther oder Wärmestoff nennen, kein *hypothetischer Stoff* ist (ungewisse Phänomene zu erklären und zu gegebenen Wirkungen sich Ursachen, mehr oder weniger scheinbar, auszudenken), sondern als zum Übergange von den metaphysischen Anfangsgründen der Naturwissenschaft zur Physik notwendig gehörendes Stück a priori anerkannt und postuliert werden kann." (Ebenda, Bd. I, S. 218).

182 I. Kant, Metaphysische Anfangsgründe der Naturwissenschaft, a. a. O., S. 533.

Mängel des Atomismus vermeiden soll, sieht Kant allein schon dann als bewiesen an, wenn widerlegt werden kann, „daß es unmöglich sei, sich einen spezifischen Unterschied der Dichtigkeit der Materien ohne Beimischung leerer Räume zu denken".[183] Einen solchen Beweis will er mit seiner Dynamik erbringen, deren allgemeines Prinzip besagt, „daß alles Reale der Gegenstände äußerer Sinne, was nicht bloß Bestimmung des Raums (Ort, Ausdehnung und Figur) ist, als bewegende Kraft angesehen werden müsse". „Wodurch also", fährt Kant fort, „das sogenannte Solide oder die absolute Undurchdringlichkeit als ein leerer Begriff, aus der Naturwissenschaft verwiesen und an ihrer Statt zurücktreibende Kraft gesetzt, dagegen aber die wahre und unmittelbare Anziehung gegen alle Vernünfteleien einer sich selbst mißverstehenden Metaphysik verteidigt und als Grundkraft, selbst zur Möglichkeit des Begriffs von Materie für notwendig erklärt wird."[184] Von dieser Grundauffassung ausgehend, versucht Kant nun, unterschiedliche Materiedichten durch einen in verschiedenem Grade, aber durchgängig ohne Zwischenräume erfüllten Raum darzustellen. „Denn es kann nach dem ursprünglich verschiedenen Grade der repulsiven Kräfte, auf denen die erste Eigenschaft der Materien, nämlich die, einen Raum zu erfüllen, beruht, ihr Verhältnis zur ursprünglichen Anziehung (sei es einer jeden Materie für sich selbst, oder zur vereinigten Anziehung aller Materien des Universums) *unendlich verschieden gedacht werden*: weil die Anziehung auf der Menge der Materie in einem gegebenen Raume beruht, da hingegen eine expansive Kraft derselben auf dem Grade ihn zu erfüllen, der spezifisch sehr unterschiedlich sein kann ... wovon der allgemeine Grund dieser ist, daß durch wahre Anziehung *alle Teile* der Materie unmittelbar auf *alle Teile* der andern, durch expansive Kraft aber nur *in der Berührungsfläche* wirken, wobei es einerlei ist, ob hinter dieser viel oder wenig von dieser Materie angetroffen werde."[185]

Kant geht also, um verschiedene Materiedichten durch das Verhältnis der beiden Grundkräfte zu bestimmen, davon aus – wie schon in seinen Frühschriften –, daß zwischen einem geometrischen und einem physikalischen Körper deutlich unterschieden werden muß, wobei der Unterschied darin besteht, daß nur der physikalische Körper in der Lage ist, Wirkungen auszuüben, daß nur er als bewegende Kraft anzusehen ist. Kant wendet sich damit entschieden gegen die cartesische Identifizierung von Materie und Ausdehnung und bedient sich der Galilei-Newtonschen Denkweise der analytischen Naturwissenschaft, nach der nur das zulässig ist, was gemessen werden kann, während dem Experiment *prinzipiell* unzugängliche, postulierte Eigenschaften zu streichen sind. Kant bedient sich also einer Denkweise, die voraussetzt, daß das Objekt wirkt.

Seinem Ziel zustrebend bestimmt Kant daher schon „die erste Eigenschaft der Materie, nämlich die, einen Raum zu erfüllen", dynamisch und legt damit schon

183 Ebenda.
184 Ebenda, S. 523f.
185 Ebenda.

in die Eigenschaft, ausgedehnt zu sein, einen Unterschied zwischen geometrischem und physikalischem Körper. Er unterscheidet zu diesem Zwecke zwischen Raumeinnahme und Raumerfüllung.[186] Einen Raum einnehmen heißt, in allen Punkten dieses Raumes unmittelbar gegenwärtig zu sein. Da dies auch auf den geometrischen Körper zutrifft, ist hiermit jedoch noch nicht gesagt, ob aus dieser Gegenwart eine Wirkung entspringe und welche. Um dies zu bestimmen, versteht Kant die Raumeinnahme durch einen physikalischen Körper als Raumerfüllung und meint damit: „Einen Raum erfüllen, heißt allem Beweglichen widerstehen, das durch seine Bewegung in einen gewissen Raum einzudringen bestrebt ist."[187] „Die Materie erfüllt einen Raum, nicht durch ihre bloße Existenz nur, sondern durch eine *besondere bewegende Kraft*."[188] Ausgedehntheit und Undurchdringlichkeit des physikalischen Körpers sind so – durch eine Kraft bestimmt – nicht mehr absolute Eigenschaften, sondern stetig abstufbar geworden, können mithin quantitativ angegeben und gemessen werden. Dies entspricht völlig dem Ziel, den Begriff der Materie auf bewegende Kräfte zurückzuführen.[189] Soll diese Reduktion gelingen, so darf natürlich die graduelle Abstufung dieser repulsiven oder expansiven Kraft nicht abhängen von unterschiedlichen Materiemengen. Wovon hängt sie aber dann ab? „Der Grad der Raumerfüllung kann spezifisch sehr unterschieden sein",[190] postuliert Kant. Das heißt doch aber, es wird diese Möglichkeit als qualitativer Unterschied *gesetzt*, quasi als occulte Qualität unterstellt.

Raumerfüllung, Undurchdringlichkeit sollen wie in den Frühschriften durch eine Repulsivkraft erzeugt werden. Im Unterschied zur damaligen Konzeption werden jedoch nicht nur kleinste Partikeln abgelehnt, sondern es ändert sich auch der Charakter jener angenommenen Kraft, bzw. ihr Charakter wird näher festgelegt. Es wird ausgeschlossen, daß sie vom Zentrum bis zum Rand des Körpers oder Atoms wirkt, wo sie abfällt; sie soll nur in der jeweiligen Oberfläche der Körper wirken. Es sollen „... durch expansive Kraft aber nur die (Teile der Materie – R. W.) in der Berührungsfläche wirken", liest man in der Allgemeinen Anmerkung zur Dynamik.[191] Einige Seiten weiter wird die prinzipielle Möglichkeit von Flächenkräften dargetan.[192] Die Repulsivkraft so verstanden, macht begreiflich, wieso sie von der hinter der Berührungsfläche befindlichen Materie unabhängig ist,[193] und in diesem Interesse muß Kant auch eine solche „deltaartige" Kraft annehmen.[194] Nur: was soll in diesem Falle graduell unterschiedliche Raum-

186 Ebenda, S. 496f.
187 Ebenda, S. 496.
188 Ebenda, S. 497.
189 Vgl. ebenda, S. 524.
190 Ebenda, S. 523f.; vgl. auch S. 98, Anm. 185.
191 Ebenda.
192 Vgl. ebenda, S. 526ff.
193 Vgl. ebenda, S. 524.
194 Zur Definition deltaartiger Kräfte vgl. S. 72.

erfüllung bedeuten? Die Kraft wäre dann ja überall dort, wo sie von Null verschieden ist, unendlich. Es ist dies zwar konsequent, da die Kraft nur dann, wenn sie unendlich wird, unabhängig von den Bestimmungen der Materie durch Konstanten sein kann. Aber man wäre wieder bei der in Abschnitt 1 aufgezeigten Problematik, denn „unendlich" ist natürlich kein meßbarer Wert. Die Angabe, daß die Kraft unendlich wird, kann nur bedeuten: Hier liegt etwas vor, das physikalisch (d. i. innerhalb der jeweiligen physikalischen Theorie) nicht erklärt werden kann. Man könnte die Existenz einer unüberwindlichen Kraft als gegeben setzen, doch sagte dies nichts anderes als: Die Annahme einer solchen „deltaartigen" Kraft ist nur ein anderer Name für Atom und absolute Undurchdringlichkeit. Damit wäre aber erwiesen, daß die Atomvorstellung durch die Kantsche Kräftekonzeption nicht aus der Mechanik vertrieben werden kann. Sie läßt sich allerdings formal so umschreiben, daß sie nicht unmittelbar als solche in Erscheinung tritt.

Ein Ausweg aus dem Kantschen Kräftedilemma bestünde darin, die Repulsivkraft derart anzunehmen, daß sie überall gleich Null, an jener einen Stelle aber nicht unendlich wird, sondern einen endlichen Wert annimmt. Dieser wäre prinzipiell meßbar, und eine graduell unterschiedliche Repulsivkraft wäre denkbar. Nur müßte die Kraft dann von der Menge der Materie oder anderen inhärenten Charakteristika abhängen, und es gäbe in jedem Falle eine Gegenkraft, die genügend groß ist, die gegebene Repulsivkraft zu überwinden, also die Undurchdringlichkeit ganz und gar aufzuheben. Daß letzteres aber die Möglichkeit einer dynamischen Theorie zerstören würde, wußte Kant. Er wollte die Undurchdringlichkeit ja nicht beseitigen, sondern lediglich ihren absoluten Charakter, der empirisch nicht zugänglich ist, wie er ja überhaupt die Atome und das Leere aus der Physik beseitigen wollte, da er sie als empirisch unzugängliche Erklärungsprinzipien ansah. Deshalb fordert der dritte Lehrsatz der Kantschen Dynamik auch: „Die Materie *kann* ins Unendliche zusammengedrückt, aber *niemals* von einer Materie, wie groß auch die drückende Kraft derselben sei, durchdrungen werden."[195] Um dies zu begründen, argumentiert Kant, daß für jede gegebene ausdehnende Kraft eine größere zusammendrückende gefunden werden könne, die die Materie, ohne je an eine Grenze zu gelangen, in einen immer engeren Raum zwingt. Um die Materie zu durchdringen, müßte sie jedoch in einen unendlich kleinen Raum zusammengetrieben werden, wozu eine unendliche Kraft erforderlich wäre, die es nicht geben könne.[196] Kant kann also auch hier die Undurchdringlichkeit nur durch das Unendlichwerden der Kraft retten. Zudem widerspricht hier seine Argumentation dem eingangs unterstellten Modell einer Flächenkraft.

Kant schien zu ahnen, daß es ihm nicht gelungen war, graduell unterschied-

195 I. Kant, Metaphysische Anfangsgründe der Naturwissenschaft, a. a. O., S. 501. – Im „Opus postumum" schreibt Kant: „Die Undurchdringlichkeit der Materie beruht nur darauf, daß ihr Widerstand bei der condensation zunimmt und um sie in einem Punkt zu condensieren, eine unendliche Kraft erfordert würde." (I. Kant, Opus postumum, Bd. I, a. a. O., S. 441).

196 Vgl. ebenda.

liche Undurchdringlichkeit, mithin graduell unterschiedliche Materiedichte durch eine Kraft zu erzeugen, denn er bemerkt, daß, so wie er die Dichte nur bestimmen kann, Materien nicht bezüglich ihrer Dichtigkeit verglichen werden dürften.[197] Wie dann aber kann man die unterschiedliche Dichte feststellen, und welche Funktion kann sie in der Physik haben? Drückt dieses Dilemma nicht doch aus, daß in der Kantschen Naturdynamik unterschiedliche Materiedichten als inhärente Eigenschaften *gesetzt* werden? Doch angenommen, die graduell unterschiedliche Raumerfüllung sei durch gewisse Postulate vorausgesetzt, so folgte eine unterschiedliche Materiedichte aus dem unterschiedlichen Verhältnis von Attraktions- und Repulsivkraft.[198] Notwendig ist die Kombination beider Kräfte.

Um dies darzustellen, ist es erforderlich, die spezifische Bestimmung und das Zusammenwirken dieser Grundkräfte näher zu behandeln. Das führt zunächst zu einer kritischeren Betrachtung der Kantschen Unterscheidung von Raumeinnahme und Raumerfüllung. Diese ist – wie sich zeigt – nicht eindeutig bestimmt. Zum einen schreibt Kant: „... so ist: *einen Raum erfüllen*, eine nähere Bestimmung des Begriffs: *einen Raum einnehmen.*"[199] Diese nähere Bestimmung erachtet er aus dem oben genannten Grunde zur Unterscheidung zwischen geometrischem und physikalischem Körper für notwendig. Aus dieser begrifflichen Fassung folgt: Ein physikalischer Körper nimmt den Raum nicht nur ein, sondern er erfüllt ihn, das heißt, wo er ist, wirkt eine Repulsivkraft. Wo ein Körper keinen Raum erfüllt, ist leerer Raum. Bloße Raumeinnahme (etwa durch einen geometrischen Körper) ist physikalisch nicht wirksam. Zum anderen schreibt Kant: „Dagegen einer Anziehungskraft, vermittelst deren eine Materie einen Raum einnimmt, *ohne ihn zu erfüllen*, dadurch sie also auf andere entfernte wirkt, durch den leeren Raum, deren Wirkung setzt keine Materie, die dazwischen liegt, Grenzen ... die ursprüngliche Anziehung ... ist ... eine durchdringende Kraft und dadurch allein jederzeit der Quantität der Materie proportioniert."[200] Wenn die Unterscheidung zwischen Raumeinnahme und Raumerfüllung davon abhängen sollte, ob der Gegenwart des

197 „Im dynamischen System einer bloß relativen Undurchdringlichkeit gibt es kein Maximum oder Minimum der Dichtigkeit, und gleichwohl kann jede noch so dünne Materie doch völlig dicht heißen, wenn sie ihren Raum ganz erfüllt, ohne leere Zwischenräume zu enthalten, mithin ein Continuum, nicht ein Interruptum ist; allein sie ist doch in Vergleichung mit einer andern weniger dicht, in dynamischer Bedeutung, wenn sie ihren Raum zwar ganz, aber nicht in gleichem Grade erfüllt. Allein auch in dem letzterem System ist es unschicklich, sich ein Verhältnis der Materien ihrer Dichtigkeit nach zu denken, wenn man sie sich nicht untereinander als spezifisch gleichartig vorstellt, so daß eine aus der anderen durch bloße Zusammendrückung erzeugt werden kann. Da nun das letztere nicht eben notwendig zur Natur aller Materie an sich erforderlich zu sein scheint, so kann zwischen ungleichartigen Materien keine Vergleichung in Ansehung ihrer Dichtigkeit füglich stattfinden, z. B. zwischen Wasser und Quecksilber, obzwar es im Gebrauche ist." (I. Kant, Metaphysische Anfangsgründe der Naturwissenschaft, a. a. O., S. 525f.)

198 Ebenda, S. 523f.; vgl. auch S. 98, Anm. 185. 199 Ebenda, S. 497.

200 Ebenda, S. 516, s. auch S. 535.

Körpers eine Wirkung entspringt, so widerspricht dies der Raumeinnahme durch Anziehungskraft.

Kant könnte sich allerdings aus der Affäre ziehen, indem er definierte: Dort, wo keine Repulsivkraft wirkt, ist nur Raumeinnahme. Hieraus ergibt sich dann aber, daß zwischen geometrischen Körpern und den Zwischenräumen zwischen physikalischen Körpern kein Unterschied besteht. Der leere Raum ist somit nicht gleichbedeutend mit dem Nichts. Er ist durch die Gravitation bestimmt[201] und von einem geometrischen Körper ununterscheidbar. Um damit nun nicht wieder den Widerspruch aufzunehmen, den man vermeiden wollte, muß man Erfüllung des Raumes durch das Wirken beider Kräfte annehmen. Dann ergibt sich: Die Attraktion bestimmt die entsprechenden geometrischen Verhältnisse, tritt die Repulsion hinzu, so handelt es sich um einen physikalischen Körper. Offen bleibt allerdings, was ein den Raum einnehmender geometrischer Körper mit Attraktion zu tun haben soll.

Es ist also die Konstituierung eines Körpers nur durch das gleichzeitige Wirken *beider* Grundkräfte möglich. „Leerer" Raum wäre also nicht dort, wo eine Attraktionskraft wirkt, sondern dort, wo *nur* sie wirkt. An die Stelle der Atome träte so das Wirken von Repulsion und Attraktion (Wirken von kurzreichweitigen plus Wirken von langreichweitigen Kräften), und die Leere würde durch das Wirken nur von Attraktion modelliert (Wirken nur der langreichweitigen Kraft). Da die Attraktionskraft massenabhängig ist, folgte, daß es Atome wie das Leere nur durch das Aufeinanderwirken der Massen, der Materie gäbe. Diese Bestimmung der Atome und der Leere ist eine physikalisch produktive Form, indem beide im Prinzip durch geeignete Kraftterme dargestellt werden können (was Kant keineswegs getan hat). In diese müssen natürlich bestimmte Konstanten eingehen, also passive Prinzipien vorausgesetzt werden. Doch aufgehoben wird die Absolutheit der atomistischen Vorstellung (das absolute Leere und das absolute Volle)[202] und die Unmöglichkeit, sie in der Sprache der Physik, also mathematisch, auszudrücken.

Kant selbst sieht die dynamische Naturerklärung nicht als relative oder partielle

201 Die Fernwirkungsthese, daß die Gravitation durch den leeren Raum wirkt, ist dann trivial. — Später — im „Opus postumum" — schreibt Kant explizit, was auf der Grundlage seiner veröffentlichten Werke zunächst nur als seine Meinung vermutet werden konnte: „Nun trat Newton auf und als Philosoph führend trug er eine mit dem Raum selbst identisch verknüpfte und bloß als sensibeler Raum anzusehende bewegende Kraft — Gravitationsanziehung genannt — in das Universum hinein als allgemeine Weltattraktion aller Körper durch den leeren Raum und die Bewegungen durch Centralkräfte, welchem dynamischen Prinzip er ein anderes, nämlich das einer den Raum erfüllenden Abstoßung beigesellete und zwar a priori nach Prinzipien, weil sonst, wenn nur eine dieser bewegenden Kräfte angenommen würde, der Raum *leer*, mithin gar nicht Gegenstand der Sinne sein würde." (I. Kant, Opus postumum, Bd. II, a. a. O., S. 522).

202 Vgl. z. B. I. Kant, Metaphysische Anfangsgründe der Naturwissenschaft, a. a. O., S. 532, 535.

Erhaltung des Atomismus. Er hält die Annahme von Atomen mit dynamischer Raumerfüllung für total unvereinbar.[203] Wenn man Raum und physikalische Wirkung derart koppelt, daß Raumerfüllung Widerstand gegen das Eindringen in einen Raum bedeutet, dann ist diese Auffassung konsequent. Anderenfalls gäbe es den widerspruchsvollen Unterschied zwischen einem unendlich teilbaren Raum und einer nicht unendlich teilbaren Raumerfüllung. Insofern folgt die Aufgabe des klassischen oder absoluten Atomismus zwangsläufig aus der dynamischen Erklärung der Undurchdringlichkeit.[204]

Obwohl Kant an vielen Stellen seiner Werke die beiden Grundkräfte nur durch ihre Richtung unterscheidet, muß er doch zwangsläufig noch mehr Differenzen zwischen ihnen annehmen, damit sie das leisten können, was er von ihnen fordert. Die Attraktion ist eine langreichweitige oder durchdringende Kraft, die Repulsion eine kurzreichweitige oder Flächenkraft.[205] Die langreichweitige Attraktionskraft ist enger mit der Raumstruktur verknüpft als die andere Grundkraft. Die Gravitation ist zudem auch Ausdruck der Wirkung der Körper aufeinander überhaupt, Ausdruck dessen, daß auch Entferntes aufeinander wirkt, daß überhaupt verschiedene Körper aufeinander wirken können.[206]

203 „Wollte ein *Monadist* annehmen, die Materie bestände aus physischen Punkten, deren ein jeder zwar ... keine bewegliche Teile habe, aber dennoch durch bloße repulsive Kraft einen Raum erfüllte: so würde er gestehen können, daß zwar dieser Raum, aber nicht die Substanz, die in ihm wirkt, mithin zwar die Sphäre der Wirksamkeit der letzteren, aber nicht das wirkende bewegliche Subjekt selbst durch die Theilung des Raums zugleich getheilt werde." (Ebenda, S. 504).

204 I. Kant, Opus postumum, Bd. I, a. a. O., S. 218.

205 „Eine bewegende Kraft, dadurch Materien nur in der gemeinschaftlichen Fläche der Berührung unmittelbar auf einander wirken können, nenne ich eine *Flächenkraft*; diejenige aber, wodurch eine Materie auf die Teile der andern auch über die Fläche der Berührung hinaus unmittelbar wirken kann, eine durchdringende Kraft." (I. Kant, Metaphysische Anfangsgründe der Naturwissenschaft, a. a. O., S. 516).

206 Kant entgegnet dem „gemeinsten Einwurf wider die unmittelbare Wirkung in die Ferne", der da lautet, daß die Materie doch nicht da, wo sie nicht ist, unmittelbar wirken könne: „Ein jedes Ding im Raume wirkt auf ein anderes nur an einem Ort, wo das Wirkende nicht ist. Denn sollte es an demselben Orte, wo es selbst ist, wirken, so würde das Ding, worauf es wirkt, gar nicht außer ihm sein. ... Daß also Materie in einander in der Entfernung nicht unmittelbar wirken könne, würde so viel sagen als: sie können in einander nicht unmittelbar wirken, ohne Vermittlung der Kräfte der Undurchdringlichkeit. Nun würde dieses eben so viel sein, als ob ich sagte: die repulsiven Kräfte sind die einzigen damit Materien wirksam sein können, oder sie sind wenigstens die notwendigen Bedingungen, unter denen allein Materien auf einander wirken können, welches entweder die Anziehungskraft für ganz unmöglich oder doch immer von der Wirkung der repulsiven Kräfte abhängig erklären würde; beides sind jedoch Behauptungen ohne Grund." (Ebenda, S. 513).

Bei der spezifischen Charakterisierung von durchdringender und Flächenkraft, von Fern- und Nahkraft ergeben sich aber begriffliche Schwierigkeiten, weil Kant eben Kräfte stets als inhärente Kräfte auffaßt. Wenn die Repulsion nur dort wirkt, wo eine unmittelbare Berüh-

Kant versucht, diese Kräfte isoliert voneinander zu betrachten, in dieser Isolierung rein zu bestimmen und sie hernach erst miteinander zu kombinieren. Andererseits sind die beiden Grundkräfte so charakterisiert, daß sie nur durch ihr Zusammenwirken einen physikalischen Körper, Materie, ausmachen, also den Raum erfüllen können. Hieraus entspringen viele Widersprüche, und zwar so, daß diese als notwendig erscheinen, denn Kant braucht für seine Argumentation auch das Gegenteilige, die Modellierung der Materie durch eine Kraft allein. Solche Sätze wie „Die Materie erfüllt einen Raum nur durch ausdehnende Kraft" müssen immer wieder auftauchen, da ja die graduell unterschiedliche Raumerfüllung unabhängig von der Menge der Materie sein soll. Ergibt sich der Grad der

rung stattfindet, dann ist es — wie gesagt — tatsächlich für die Stärke dieser Kraft unwichtig, wieviel Materie es noch außerhalb der Berührung gibt. Doch damit ergibt sich wieder die alte Frage, *wovon* dann die Stärke der Kraft abhängt. Sie ist an sich gegeben (vgl. hierzu ebenda, S. 501, 516, 524). Dies ist innerhalb des Kantschen Systems auch ganz logisch, denn Kant kennt überhaupt nur Entfernungsabhängigkeiten bei Kräften. Eine Kraft, die überhaupt nur in der Berührungsfläche wirken soll, also bei der Entfernung Null zwischen zwei Körpern, hinge dann von nichts ab. Es fällt schwer, hier den prinzipiellen Unterschied zu der von Kant als qualitas occulta verschmähten absoluten Undurchdringlichkeit zu finden. Dennoch meint er, die Berufung auf eine zurücktreibende Kraft sei von diesem Vorwurfe frei: „Denn ob diese gleich ihrer Möglichkeit nach auch nicht weiter erklärt werden kann, mithin als Grundkraft gelten muß, so giebt sie doch einen Begriff von einer wirkenden Ursache und ihren Gesetzen, nach welchen die Wirkung, nämlich der Widerstand in dem erfüllten Raum, ihren Graden nach geschätzt werden kann." (Ebenda, S. 502). Die Denkschwierigkeiten resultieren wohl daraus, daß Kant versucht, die Kräfte isoliert voneinander zu betrachten, in dieser Isolierung rein zu bestimmen und sie hernach erst miteinander zu kombinieren.

Andererseits sind die beiden Grundkräfte so charakterisiert, daß sie nur durch ihr Zusammenwirken einen physikalischen Körper, nur gemeinsam Materie ausmachen, also den Raum erfüllen können. Die durchdringende Kraft ist eine Kraft, die per definitionem in *jede* Entfernung wirkt, also auch ins Unendlichkleine bzw. auch in den den Raum erfüllenden Körpern. Wenn Attraktion jedem Teil der Materie zukommt, so auch den Teilen des physikalischen, durch Kräfte zu konstituierenden Körpers. Dies ist auch notwendig, um die Stabilität eines Körpers überhaupt denkmöglich zu machen, denn die Repulsivkraft wirkt ja so, daß die sich berührenden Teile einander den Wirkungsraum einschränken (ebenda, S. 516). Dies bedeutete aber, daß jeder Punkt den anderen von sich isoliert, mithin totalen Zerfall, wenn ihm nicht etwas entgegenwirkte, die Attraktion. Und so sagt Kant auch: „Aus dieser ursprünglichen Anziehungskraft als einer durchdringenden, von aller Materie, mithin in Proportion der Quantität derselben ausgeübten und auf alle Materie, in alle mögliche Weiten ihre Wirkung erstreckende Kraft, müßte nun in Verbindung mit der ihr entgegenwirkenden, nämlich zurücktreibenden Kraft die Einschränkung der letzteren, mithin die Möglichkeit eines in einem bestimmten Grade erfüllten Raumes abgeleitet werden können, und so würde der dynamische Begriff der Materie als des Beweglichen, das seinen Raum (in bestimmtem Grade) erfüllt, construiert werden." (Ebenda, S. 517). So wäre denn nun alles in Ordnung, wenn Kant diesen Ausführungen nicht an vielen Stellen — und wie es scheint notwendigerweise — widersprechen würde (auf einige wurde schon verwiesen, weitere s. ebenda, S. 499, 509f., 534).

Raumerfüllung aber erst durch das Zusammenwirken beider Kräfte, so ist diese Bedingung wegen der anerkannten Massenabhängigkeit der Attraktionskraft nicht mehr erfüllt.

Um den dynamischen Begriff der Materie durch das Zusammenwirken der beiden Grundkräfte zu konstruieren, „bedarf man eines Gesetzes des Verhältnisses sowohl der ursprünglichen Anziehung, als Zurückstoßung in verschiedenen Entfernungen der Materie und ihrer Teile von einander, welches da es nun lediglich auf dem Unterschiede der Richtung dieser beiden Kräfte (da ein Punkt getrieben wird, sich entweder andern zu nähern oder sich von ihnen zu entfernen) und auf der Größe des Raumes beruht, in den sich jede dieser Kräfte in verschiedenen Weiten verbreitet, eine reine mathematische Aufgabe ist, die nicht mehr für die Metaphysik gehört, selbst nicht was die Verantwortung betrifft, wenn es etwa nicht gelingen sollte, den Begriff der Materie auf diese Art zu construiren. Denn sie verantwortet bloß die Richtigkeit der unserer Vernunfterkenntnis vergönnten Elemente der Construction, die Unzulänglichkeit und die Schranken unserer Vernunft in der Ausführung verantwortet sie nicht." [207]

Diesen Ausführungen Kants liegt – abgesehen davon, daß das, was vom metaphysischen (d. h. hier: philosophischen) Standpunkt nicht entwickelt werden kann, keine allein mathematische Aufgabe, sondern wesentliche Aufgabe der Physik, Aufgabe experimenteller Tätigkeit ist – die Einsicht zugrunde, daß Philosophie Physik nicht ersetzen wollen darf. Zugleich dokumentieren seine Äußerungen sehr deutlich, worin *seine* Absicht bestand, welche Fragen *er* lösen wollte. Aber Kant hat diesen grundsätzlichen Standpunkt selbst wohl nicht so ganz ernst genommen, sonst hätte er wenigstens die Hälfte seines Werkes weglassen können. Es passierte ihm sehr oft, daß er „Versuche einer solchen vielleicht möglichen Construction doch nicht unterlassen konnte beizufügen".[208] In späteren Jahren wollte er sogar als eigenständige Disziplin eine Konzeption ausarbeiten, die zwischen den metaphysischen Anfangsgründen der Naturwissenschaft und der Physik vermittelt, die die Anwendung der metaphysischen Anfangsgründe auf die Physik darstellt.[209] Ob sich in diesem Vorhaben ausdrückt, daß Kant die Notwendigkeit einer theoretischen Physik außer der Experimentalphysik empfand, aber übersah, daß jene mit Newtons klassischer Mechanik schon erarbeitet worden war und sowieso nicht rein philosophisch konstruiert werden kann, ist ungewiß. Übergriffe in ureigenste Aufgaben der Physik unterliefen Kant immer wieder, weil er eine eindeutige Abgrenzung zwischen Metaphysik bzw. Naturphilosophie und Physik zwar postuliert, aber explizit in konsequenter Ausführung nicht vorgelegt hat. Und wenn Kant auch nähere Kräftebestimmungen – wie z. B. die im folgenden referierten[210] – unter dem Vorbehalt vorträgt, es seien derartige Überlegungen

207 Ebenda, S. 517f.
208 Ebenda, S. 519.
209 Vgl. z. B. I. Kant, Opus postumum, Bd. I, a. a. O., S. 632–645; Bd. II, a. a. O., S. 456–502.
210 Vgl. hierzu I. Kant, Metaphysische Anfangsgründe der Naturwissenschaft, a. a. O., S. 519 ff.

nicht Aufgabe der Philosophie, so zeigt sich in ihnen doch deutlich *seine Vorstellung* von den angestrebten Kräftebestimmungen, die auch in seinen philosophischen Betrachtungen latent mitschwingt.

Kant konzipiert – wie aus obigem Zitat hervorgeht – die Kräfte nur als raumabhängig. Die Kraft soll sich von einem Punkt aus kugelsymmetrisch ausbreiten. Dies erachtete er (zu Recht, wenn der euklidische dreidimensionale Raum vorausgesetzt wird) für erforderlich, damit das Quantum der Kraft konstant bleibt. Die Wirkung der Kraft nimmt nur ab, da die Größe der beeinflußten Fläche zunimmt. Kugelsymmetrische Ausbreitung soll für beide Kräfte gelten, doch soll sie sich nach verschiedenen Gesetzen vollziehen, damit die einander entgegengerichteten Kräfte sich nicht gegenseitig aufheben. Wenn sich also – wie aus der klassischen Mechanik bekannt ist – die Attraktion nach dem $\frac{1}{r^2}$-Gesetz verhält, so sollte sich die Repulsion vielleicht – wie Kant vorschlägt – nach einem $\frac{1}{r^3}$-Gesetz verhalten. Da nun für beide Kräfte reine Entfernungsabhängigkeiten gedacht werden, so liefe dies – so es machbar wäre – auf eine totale Geometrisierung hinaus. Erklärung durch Kräfte steht nun aber andererseits für Dynamisierung, und deshalb wäre diese Geometrisierung zugleich eine totale Dynamisierung (im Sinne Kants). Ein Kraftterm, der nur Abstände enthielte, ist in der Newtonschen Mechanik jedoch nicht denkbar (in der mehrfach genannten Gleichung steht links Masse mal Beschleunigung), und so liegt hier kein Ansatz für eine wirkliche Geometrodynamik vor.

Die von Kant gedachte ausschließliche Abhängigkeit von der Entfernung ist dadurch bedingt, daß er Kräfte als inhärente Eigenschaften auffaßt, nicht als aktive Prinzipien, die nur im Gegeneinander der Körper Sinn haben. Der Newtonsche Grundgedanke wird somit in seiner erkenntnistheoretischen Bedeutung für die Begründung der Physik auch in der kritischen Periode Kants nicht rezipiert. Die aktiven Prinzipien Newtons werden in die Kantsche Naturdynamik als verabsolutierte, verselbständigte Kraft aufgenommen. Dieser Kraftbegriff, dieses Mißverständnis der klassischen Mechanik ist notwendig, damit eine totale Dynamisierung (Weltgesetz), eine totale rationale Erfassung der Welt gedacht werden kann. Der Unterschied Kants zu Newton ist in dieser Hinsicht der eines bürgerlichen Ideologen zu einem Naturwissenschaftler.

Kant weiß natürlich durch seine Kenntnis der Newtonschen Mechanik, daß die Attraktion nicht nur von der Entfernung, sondern maßgeblich von der „Menge der Materie" abhängt. Aber das spielt für ihn immer nur dann eine Rolle, wenn er die Spezifik der Anziehungskraft im Vergleich zur Repulsivkraft bestimmt. Es führt ihn nicht zu der prinzipiellen Einsicht, daß in einen Kraftterm – oder, wie er es nennt, in das Gesetz einer Kraft – nicht nur räumliche Abstände eingehen, obwohl ihm natürlich bekannt war, daß eine Repulsivkraft noch in keiner physikalischen Theorie formuliert worden war und der einzige gegebene Kraftterm als Modell hätte dienen müssen. Zudem wäre es auch folgerichtig gewesen zu überlegen: Wenn beide Kräfte zusammen die Materie konstituieren sollen, dürfen sie beide nicht von ihr abhängen. Für die Attraktion ließ sich das aber natürlich nicht behaupten. Konsequenterweise hätte man dann auch für die Repulsion eine solche Unabhängigkeit ablehnen müssen. Der Begriff „Konstituierung der Materie durch Kräfte" hätte dann eine solche Bedeutung haben können, daß beide Kräfte jeweils eine andere der Grundeigenschaften der Materie verkörpern.

Genau in diesem Sinne argumentiert Weyl, wenn er betont, daß Kant sein Ziel nur hätte erreichen können, wenn er für die beiden entgegengerichteten Kräfte jeweils zwei verschiedene, voneinander unabhängige Gesetze angenommen hätte. Er schreibt: „Kant konstruiert in seinen ‚Metaphysischen Anfangsgründen der Naturwissenschaft' die Materie aus dem Gleichgewicht zwischen anziehender und abstoßender Kraft. An Stelle der rein ‚mechanischen' Naturdeutung tritt die *Physik der Zentralkräfte.*" Und er bemerkt hierzu in einer Fußnote: „Gegenüber Kant ist freilich zu bemerken, daß eine Zerlegung der einheitlichen Zentralkraft in zwei Teilkräfte nur dann nicht rein willkürlich wäre, wenn das Entfernungsgesetz der einen und der anderen je einen konstanten Parameter enthielte (‚anziehende' und ‚abstoßende' Masse), welche von Körper zu Körper unabhängig voneinander variieren ... Da Kant aber nur von einer einzigen ‚Massendichte' spricht, die als intensive Raumerfüllung durch das Gleichgewicht von abstoßender und anziehender Kraft determiniert sein soll, hängt seine Theorie der Materie in der Luft."[211] Bereits Schelling schien die von Weyl aufgezeigte Notwendigkeit zu ahnen, als er 1797 in seinen „Ideen zu einer Philosophie der Natur" schrieb: „Selbst unter Voraussetzung der Konstruktion aus Kräften müßte außer dem arithmetischen doch noch ein anderes Verhältnis derselben zum Raum statuiert werden, welches den Grund ihrer qualitativen Verschiedenheiten enthielte."[212]

211 H. Weyl, Philosophie der Mathematik und Naturwissenschaft, a. a. O., S. 215f.

212 F. W. J. Schelling, Ideen zu einer Philosophie der Natur, in: Frühschriften, hrsg. v. H. Seidel und L. Kleine, Berlin 1971, Bd. I, S. 419. – Über Schelling gewann Kants Kräftekonzeption Einfluß auf Physiker, namentlich auf jene, die die Elektrodynamik entwickelten. Schelling nahm die in den „Metaphysischen Anfangsgründen der Naturwissenschaft" niedergelegte Physikkonzeption auf und lehnte unter Berufung auf Kant jede mechanistische Physik (wozu er auch alle atomistischen Konzeptionen, namentlich die von le Sage rechnete) ab. Er sah Kraft als das Letzte an, worauf jede physikalische Erklärung zurückkommen müsse (ebenda, S. 208). Indem Schelling Kant rezipiert, kritisiert er ihn zugleich (z. B. ebenda, S. 399) und entwickelte dessen Konzeption in naturdialektischer Richtung weiter.

Zunächst ging es Schelling um die *Anwendung* der Kantschen Kräftephilosophie, namentlich unter Einbeziehung der Chemie (vgl. z. B. ebenda, S. 480), die als Mechanik der Atome zu konzipieren, wie es z. B. le Sage tut, er für falsch hält. Schelling begründet seine Ablehnung atomistisch-mechanistischer Naturerklärungen damit, daß diese eine prinzipiell unüberschreitbare Schranke der Naturerkenntnis postulierten (ebenda, S. 503) und somit, ohne dies jedoch zuzugeben, grundsätzlich mehr voraussetzen müßten als eine dynamische Physik. Schelling behauptet nicht, die dynamische Philosophie setze nichts voraus. „Denn überhaupt ist alles Erklären unmöglich, ohne irgend etwas zum *voraus* anzunehmen, das, als Substrat,

Die mangelnde Symmetrie bei Kant in der Behandlung der beiden Grundkräfte bezüglich der Materieabhängigkeit – die als konzeptionelle Inkonsequenz anzusehen ist – ergibt sich meines Erachtens aus der mangelnden Abgrenzung von

aller künftigen Erklärung zugrunde liegt." (Ebenda, S. 360). Während die dynamische Physik jedoch die Kräfte (Anziehungs- und Zurückstoßungskräfte) als das Wesen der Materie bestimme, und es daher verständlich sei, daß sie diese Kräfte nicht weiter zu begründen vermag, so setze die mechanistische Physik hingegen, ohne dies einzugestehen, die Existenz der Materie überhaupt voraus und könne dennoch nicht die Bewegung des „schwermachenden Fluidums" erklären. Sie müsse daher noch eine Vielzahl anderer Annahmen machen.

Schelling schreibt, daß man für die das Wesen der Materie ausmachenden Grundkräfte keinen weiteren Grund angeben kann, sei begreiflicher als daß man nicht imstande ist, Bewegung durch Stoß – die das Dasein der Materie schon voraussetzt – zu erklären (ebenda, S. 370). Daß man aber mit beliebig vielen Voraussetzungen alles erklären könne, sei – so Schelling – selbstverständlich (ebenda, S. 374). Die mechanistische Physik setze Körper, Bewegung, Stoß voraus, was hieße, gerade die Hauptsache vorauszusetzen. Sie schließe die Frage nach der Möglichkeit der Materie und der Bewegung aus, setze sie als beantwortet voraus. Aus diesem Grunde betrachtete Schelling die mechanistische Physik le Sages – wie alle atomistischen Theorien – als ein Gewebe empirischer Fiktionen und willkürlicher Annahmen ohne alle Philosophie (vgl. z. B. ebenda, S. 228).

Schellings Argumentation in der Ablehnung der mechanistischen Physik ist verknüpft mit seinem Bestreben, den Kantschen Kräftedualismus monistisch zu rezipieren, die Naturgegenstände nicht als gegeben vorauszusetzen, sondern als von der Natur erzeugt, produziert, zu denken (vgl. z. B. ebenda, S. 510), wobei nicht sie selbst die Subjekte sind, sondern ihre Verhaltensart, die Kräfte. Die Dinge gelten Schelling als Ausdruck des Kräftegleichgewichts (vgl. z. B. ebenda, S. 350). Zugleich konzipiert er, daß es kein Subjekt (an sich) außerhalb seiner Tätigkeit geben kann. „Materie und Körper also sind selbst nichts als Produkte entgegengesetzter Kräfte, oder vielmehr selbst nichts anderes als diese Kräfte." (Ebenda, S. 359). Über die Kräfte soll die Welt als Einheit begreifbar werden (zur Einordnung Schellings in die klassische deutsche Philosophie vgl. den entspr. Abschnitt in M. Buhr/G. Irrlitz, Der Anspruch der Vernunft, a. a. O.). Die romantische Verhimmelung des Kosmos als Kräfteeinheit bot eine weltanschauliche Grundlage für den physikalischen Feldbegriff.

Es ist Schellings Verdienst, erkannt zu haben, daß Kant die Dualität von Empirismus und Rationalismus nicht wirklich überwunden, sondern nur eine Regelung gefunden hatte. In diesem Sinne schrieb er: „Denjenigen, die den Empirismus nicht zuvor abgelegt hatten, ehe sie zu ihm (zu Kant – R. W.) kamen, wurde er auch durch ihn nicht genommen; er blieb, nur in eine andere idealistisch klingende Sprache übersetzt, ganz derselbe und kehrte in einer veränderten Gestalt desto hartnäckiger zurück, je gewisser die, welche ihn in dieser Form aus Kant genommen hatten, überzeugt waren, sich in jeder Rücksicht davon befreit und über ihn erhoben zu haben. Daß die Bestimmungen der Dinge durch und für den Verstand keineswegs die Dinge *an sich* treffen, dies war von ihnen angenommen: indes hatten diese Dinge an sich doch zu dem Vorstellenden dasselbe Verhältnis, welches man zuvor den empirischen Dingen zugeschrieben hatte, das Verhältnis des Affizierens, der Ursache und Einwirkung." (Ebenda, S. 215). Mit dieser grundlegenden Feststellung erahnte Schelling den späteren Neukantianismus (seine Möglichkeit), der, ohne die weitere naturwissenschaftliche Forschung antasten zu wollen, den Materialismus unwirksam machen wollte. Neukantianische Rezeption der für das Thema wesentlichen Problematik findet sich bei F. A. Lange, K. Lasswitz, physikalischem und philosophischem (oder gar von mechanischem und physikalischem) Materiebegriff. Bei Kant gibt es da gar keinen Unterschied. Natürlich ist ein Kraftterm denkbar, in dem keine (gravitativen) Massen auftreten. Damit ist aber obige Argumentation gegen Kant nicht widerlegt. „Konstituierung der Materie durch Kräfte" meint nicht Konstituierung der Masse durch Kräfte.

Liest man die Kantsche Kräftediskussion positiv, so ergibt sich folgendes. Für die zweite Grundkraft, die repulsive (die Kant unbedingt braucht und deren Gesetz, d. i. deren Kraftterm, er zu wissen nicht vorgab, sondern es den Mathematikern zu finden überließ), müßte man fordern: Es ist eine Kraft zu suchen, die der Attraktion entgegenwirkt, bis zu einer gewissen Grenze, wo sie durch diese aufgehoben wird, und die nicht von der (gravitativen) Masse abhängt. Dies wäre eine vernünftige physikalische Aufgabe, und man könnte so das Postulat einer Repulsivkraft als Forderung auffassen, apriorische oder absolute Eigenschaften schrittweise (nie total) in die Dynamik einzubeziehen.[213]

Aber es ist völlig klar, daß dieser zu findende Kraftterm neue (bisher in der

E. Cassirer. Es würde jedoch den Rahmen der Arbeit sprengen, die neukantianische Rezeption zu analysieren, obwohl es natürlich aufschlußreich wäre zu untersuchen, in welchem Maße diese Rezeption ihre Wurzeln in der Kantschen Naturphilosophie finden konnte.

213 Dieser zu suchende Ausdruck für die Repulsivkraft hätte nicht nur anders abnehmen müssen als nach dem $\frac{1}{r^2}$-Gesetz $\left(\text{auch nicht nach einem } \frac{1}{r^3}\text{-Gesetz}\right)$, sondern auch im Vergleich zum Newtonschen Kraftterm für die Gravitation eine neue Konstante enthalten müssen, da man aus den in dem Kraftterm $\mathfrak{F} = -f\frac{m_1 m_2}{r^3}\mathfrak{r}$ auftretenden Größen durch keinerlei Kombination eine Konstante von der Dimension einer Länge erhalten kann, mithin auch keine Ausdehnung. (Es ist jedoch zweifelhaft, ob durch eine neu einzuführende Konstante die aktiven Prinzipien erweitert, die passiven reduziert werden würden.)

Das aus der modernen Physik bekannte Yukawa-Potential leistet vielleicht das, was Kant vorschwebte. Durch Kombination einer Repulsiv- und einer Attraktionskraft, die jede für sich genommen im Ursprung unendlich ist (mit entgegengesetzten Vorzeichen), ist es gelungen, eine Funktion derart zu finden, daß diese beiden Kräfte sich gerade so kompensieren, daß über den Teilchen- bzw. Körperrand hinaus nur noch *eine* Kraft wirkt und ihre Summe im Ursprung einen endlichen Wert ergibt.

Es wäre dann — wie schon allgemein als notwendig erwiesen — Raumerfüllung durch *beide* Kräfte konstituiert, die behauptete Unabhängigkeit von der Materie fiele weg und ebenso die einfache Beziehung zwischen Fernkraft und Geometrie. Durch die Konstanten, die in diese beiden Kräfte eingingen, könnte die klassische Atomvorstellung wegfallen. Bei Kant kann sie das nicht. Jedenfalls solange er speziell konstruiert und solange er die Kräfte getrennt beschreibt, kommt seine ursprüngliche atomistische Modellvorstellung immer wieder zum Vorschein. Er spricht von bewegenden Punkten oder von Teilen der Materie (im Sinne von Grundelementen). Getrennte und dennoch exakte Kräftebeschreibung geht nur mathematisch. Wenn man den Kraftterm bereits gewonnen hat, kann man sich natürlich die Mühe machen, ihn verbal zu übersetzen, aber auch die Übersetzung wird nur dann verstanden werden, wenn der Leser einen Begriff von den erwähnten mathematischen Operationen hat.

Mechanik nicht auftretende) Konstanten enthalten müßte, und zwar derart, daß er in Kombination mit dem Kraftterm für die Gravitation dimensionsmäßig eine Länge ergäbe, da das Wechselspiel beider Kräfte die Ausdehnung erzeugen soll. Die Ersetzung der Atome durch Kräfte führt also zu Konstanten. Aus Atomen werden Konstanten. Das ist nicht in dem Sinne gemeint, daß die Atome als kleinste Bausteine durch Konstanten beschrieben werden sollen, sondern in dem Sinne, daß Konstanten einen Teil der Funktionen der Atome übernehmen.[214] Dies ist zweifellos ein physikalischer Fortschritt. Aber auch die Konstanten haben einen atomistischen Charakter, und sie sind prinzipiell nicht zu beseitigen. Es gibt keine physikalische Theorie ohne jegliche Konstanten. Die Materie kann nicht in Kräfte aufgelöst werden, in denen nur geometrische Abhängigkeiten auftreten, in Kräfte, die irgendwie an sich, als Bausteine bestehen. Kants Fehler ist es – wie gesagt –, jede Kraft getrennt und unabhängig von Konstanten bestimmen zu wollen. Der Begriff der Materie kann aber nicht konstruiert werden, indem man sie sich aus zwei Kräften atomistisch zusammengesetzt denkt.

Die Schwierigkeiten, die sich Kant in der Durchführung seiner Kräftekonzeption entgegenstellen, ergeben sich aus der Verabsolutierung der Newtonschen Mechanik bei Trennung ihres physikalischen Inhalts von ihrer mathematischen Form. Die durch die klassische Mechanik tatsächlich gegebene Möglichkeit, in die Gleichung $m\ddot{\mathfrak{r}}=\mathfrak{F}$ auf der rechten Seite beliebige Kraftterme einzusetzen, wird als ausreichend betrachtet, um beliebige Kräfte einführen zu können und zugleich so interpretiert, daß Beliebiges bedingungslos durch Kräfte ausgedrückt werden kann. Würde die mit jener Gleichung gesetzte Bedingung berücksichtigt – was voraussetzt, daß die mathematische Sprache der Physik eben nicht vernachlässigt wird, daß man nicht meint, man könne ihren physikalischen Inhalt getrennt von ihrer mathematischen Form rezipieren –, so würde sofort sichtbar, daß Massen aus der Mechanik nicht zu eliminieren sind[215] und überhaupt zur Formulierung eines Kraftterms stets Konstanten notwendig sind, also eine vollständige Verwandlung des Stoffes selbst in Grundkräfte[216] prinzipiell nicht möglich ist.

214 Es wird natürlich nicht behauptet, Konstanten und Atome seien dasselbe oder die Atome sollten nunmehr durch Konstanten beschrieben werden. Beides führt zu einer beliebig großen Anzahl notwendiger Konstanten, und man hätte nichts gewonnen, zumal man in der Physik heute absehen kann, daß man *im Prinzip* mit drei absoluten Größen auskommen könnte – Raum, Zeit, Masse –, mit drei geeichten Maßstäben. Dimensionslose Konstanten, die nicht rein mathematisch sind, sondern eine physikalische Bedeutung haben, gestattet die Feldtheorie nicht. Will man Atome als kleinste Bausteine mittels Konstanten im Sinne der heutigen Physik beschreiben, so reicht die atomistische Grundlage nicht aus, sondern man muß sie mit dem Platonischen Ansatz verknüpfen (vgl. Platon, Timaios, übersetzt und erläutert v. R. Kapferer und A. Fingerle, München 1952).

215 Da das zweite Newtonsche Axiom $m\ddot{\mathfrak{r}}=\mathfrak{F}$ besagt, daß eine Kraft nur dann vorhanden ist, wenn $m\ddot{\mathfrak{r}}\neq 0$ ist, so müssen eben beide Faktoren, m wie $\ddot{\mathfrak{r}}$, verschieden von Null sein, damit diese Bedingung erfüllt ist.

216 I. Kant, Metaphysische Anfangsgründe der Naturwissenschaft, a. a. O., S. 525.

Eine Auflösung von Massenpunkten könnte eine *absolute* Feldtheorie leisten (in die natürlich auch Konstanten eingehen würden, nur eben andere). Eine solche konnte aber noch nicht gefunden werden. Doch die bislang bekannten Feldtheorien setzen tatsächlich *weniger* absolute Eigenschaften voraus als die Mechanik. Offensichtlich gingen Kants Vorstellungen in diese Richtung, in der kritischen Phase noch stärker als in den Frühschriften. Durch Aufgabe des Atomismus will Kant diese Absicht radikal durchführen.[217] Seine Überlegungen zielten darauf ab – wie er selbst angibt –, mehr dadurch meßbar, experimentell zugänglich zu machen, daß Eigenschaften physikalischer Objekte als Kräfte gefaßt werden. Seine Ablehnung des Atomismus ist – wie gezeigt wurde – deutlich dadurch motiviert, daß dieser der Materie eigene Kräfte abspricht und keinen empirischen Zugang zur „spezifischen Bestimmung und Verschiedenheit der Materie ermöglicht, sondern eine Welt bloß nach Phantasie zimmern muß".[218] Kant sah, daß der Atomismus prinzipiell keinen Weg zur Synthese von Sinnlichkeit und Verstand aufzeigen kann.[219] Mit der Ausarbeitung einer dynamischen Erklärungsart soll das Feld des Naturforschers erweitert werden.[220] Aus diesem Grunde will Kant die Materie auf bewegende Kräfte zurückführen. Sein Argument lautet: Es kann im Raume keine Tätigkeit, keine Veränderung als bloß Bewegung gedacht werden.[221] Die radikale Konzeption des Dynamismus beruht also auf der Behauptung, die Materie auf Kräfte reduzieren,[222] das Solide durch die Repulsivkraft ersetzen zu können,[223] alles Reale der Gegenstände äußerer Sinne, soweit es sich nicht um geometrische Körper handelt, *als* bewegende Kraft ansehen zu können,[224] den

217 So schreibt Kant z. B. im „Opus postumum": „Der Raum wird nicht durch *Atomen erfüllt*, denn es gibt keine Teile der Materie, die nicht wieder teilbar wären. – Dagegen *primäre* Kräfte." (I. Kant. Opus postumum, Bd. II, a. a. O., S. 528).

218 I. Kant, Metaphysische Anfangsgründe der Naturwissenschaft, a. a. O., S. 524, s. auch S. 525, 532 f.

219 Im „Opus postumum", jenem von Kant nicht zum Druck gegebenen und noch unfertigen Werk, in dem er den Atomismus besonders radikal ablehnt, schreibt Kant: „Der Unterschied der Materie, insofern ein Körper in eben demselben Raum mehr oder weniger davon enthält, kann nicht *atomistisch* (mit Epicur) durch Zusammensetzung des *Vollen* mit dem dazwischen befindlichen *Leeren* erklärt werden, denn der leere Raum ist gar kein Gegenstand möglicher Erfahrung (weil keine Wahrnehmung des Nichtseins eines realen Gegenstandes, sondern nur die Nichtwahrnehmung des Seins möglich ist). Atomen aber als dichte Körperchen, die doch mathematisch unteilbar wären, enthalten einen sich widersprechenden Begriff; denn das Räumliche ist teilbar ins Unendliche. – Folglich muß der Weltraum als gänzlich mit Materie erfüllt (ohne leere weder umschließende oder beschlossene Räume (Zwischenräume)) gedacht werden, denn keine von beiden sind Gegenstände möglicher Erfahrung. – Die Nichtexistenz kann nicht wahrgenommen werden." (I. Kant, Opus postumum, Bd. I, a. a. O., S. 218f., vgl. auch S. 579).

220 I. Kant, Metaphysische Anfangsgründe der Naturwissenschaft, a. a. O., S. 524.

221 Ebenda. 222 Ebenda.

223 Ebenda, S. 523.

224 Ebenda, vgl. auch Anm. 217.

Stoff selbst in Grundkräfte verwandeln zu müssen.[225] Das Charakteristikum des physikalischen Körpers ist es nach dieser Auffassung nicht, ein Körper zu sein, der die Fähigkeit hat zu wirken, sondern er *ist* (soll sein) diese Wirkung oder bewegende Kraft. Diese Reduzierung des Subjekts auf seine Eigenschaften müßte in der Konsequenz in der Eliminierung des Massebegriffs aus der Mechanik, des physikalischen Materiebegriffs bzw. der physikalischen Konstanten aus der Physik seinen Niederschlag finden. Philosophisch reflektiert sich diese Unmöglichkeit darin, daß Eigenschaften (und Kräfte sind Eigenschaften) nicht als Subjekt auftreten können, man Eigenschaften nicht denken kann, ohne das Subjekt vorauszusetzen, dessen Eigenschaften sie sind. Die physikalische Unmöglichkeit einer solchen Eliminierung wurde bereits dargetan und auch erläutert, inwiefern und warum Kant versucht, sie zu umgehen. Doch kommt er selbst ohne das Wort „Materie" nicht aus. Was soll aber zum Beispiel „Menge der Materie" bedeuten, wenn alles auf Kräfte reduziert werden soll? Jeder physikalische Begriff, jede physikalische Größe ist nur durch den Vergleich mit anderen Größen zu bestimmen, von denen letztlich einige durch Definition festgesetzt werden müssen. Es ist also eine absolute Reduktion auf meßbare Größen prinzipiell nicht möglich.

Kant sah nun sehr wohl, daß eine physikalische Theorie stets etwas voraussetzen muß. Es ist dies ja gerade die Grunderkenntnis seiner Philosophie und macht namentlich auch seine Leistung für die Aufklärung des physikalischen Erkenntnisprozesses aus. Er wollte das notwendig Vorauszusetzende aber aus dem Wesen des menschlichen Erkenntnisprozesses erklären und nicht als objektive, absolute, An-sich-Eigenschaften der Dinge erscheinen lassen.[226] Diesen Schein legt der Atomismus aber nahe, da er eben „nur" das Prinzip physikalischen Denkens angibt, nicht aber, wie dieses Denken aus der Sinnlichkeit entsteht. Das zeigt zwar auch Kant nicht, doch er begründet, daß man, um erkennen zu können,

225 Ebenda, S. 525.

226 Diesen Standpunkt nimmt Kant später in gewisser Weise wieder zurück, indem er einen Äther postuliert, einen „Wärmestoff", den er folgendermaßen definiert: „Unter dem Begriffe des Wärmestoffs verstehe ich eine allverbreitete, alldurchdringende, innerlich in allen seinen Teilen gleichförmig bewegende und in dieser inneren Bewegung (agitation) beharrlich begriffene Materie, welche in den Weltraum als Elementarstoff ein einnehmendes (ocupans) und zugleich erfüllendes (replens) absolutes, für sich bestehendes Ganze ausmacht, dessen Teile in ihrem Platze (folglich nicht locomotiv konkussorisch, nicht progressiv) kontinuierlich einander und andere Körper unablässig agitierend das System in beständiger Bewegung erhalten und als äußeres Sinnenobjekt die bewegenden Kräfte enthalten." (I. Kant, Opus postumum, Bd. II, a. a. O., S. 609). Diesen Äther konzipiert Kant allerdings nicht als empirisch feststellbares physikalisches Objekt, sondern als Erkenntnisbedingung: „Der Wärmestoff ist wirklich, weil der Begriff von ihm (mit den Attributen, die wir ihm beilegen) die Gesamtheit der Erfahrung möglich macht. Nicht als Hypothese für wahrgenommene Objekte, um ihre Phänomene zu *erklären*, sondern unmittelbar, um die Möglichkeit der Erfahrung selbst zu begründen, ist er durch die Vernunft gegeben." (ebenda, Bd. I, a. a. O., S. 579, vgl. S. 559;. vgl. auch S. 97, Anm. 181).

sowohl des Denkens als auch der Sinnlichkeit bedarf, man daher das Feld des Naturforschers nicht so erweitern kann, daß apriorische Bestimmungen völlig wegfallen.[227] Aber er verkennt, daß diese apriorischen Bestimmungen grundsätzlich eine *Reduktion* der Materie auf Kräfte ausschließen. Zudem abstrahiert er davon, daß diese apriorischen Bestimmungen nicht ein für allemal festgelegt sind, sondern fortlaufend physikalisiert oder dynamisiert werden können, aber eben niemals total. Gerade die prinzipielle Möglichkeit der Verwandlung des Stoffs in Grundkräfte hielt Kant für apriorisch beweisbar – die Möglichkeit dieser Grundkräfte, nicht ihre Wirklichkeit, da die Wirklichkeit von etwas seines Erachtens niemals a priori bewiesen werden kann. Die Grundkräfte können angenommen werden – meint Kant –, wenn sie zu einem Grundbegriff unvermeidlich gehören, der von keinem anderen weiter abgeleitet werden kann. Ein solcher Begriff sei der der Erfüllung des Raumes. Zu ihm gehörten Zurückstoßungs- und ihnen entgegenwirkende Anziehungskräfte überhaupt.[228] Gäbe es diese Grundkräfte nicht, könnte Materie als solche gar nicht existieren, würde sie sich unendlich zerstreuen oder kollabieren.

Kant gibt an, damit die Möglichkeit der Materie und ihrer spezifischen Verschiedenheit aus den Grundkräften noch nicht hinreichend erklärt zu haben[229] und dies auch nicht zu können, hält es aber für prinzipiell möglich. Dabei unterscheidet er streng zwischen den Gesetzen der Kräfte (ihren Kraftermen), die die spezifische Verschiedenheit der Materie beschreiben und grundsätzlich nicht a priori zu bestimmen sind,[230] und dem A-priori-Beweis für die *Möglichkeit*, die spezifische Verschiedenheit der Materie aus Grundkräften ableiten zu können.

Diese strenge Unterscheidung scheint Kant in seinen späteren Jahren, als er sich mit dem Gedanken trug, ein Verbindungsstück zwischen den metaphysischen Anfangsgründen der Naturwissenschaft und der Physik auszuarbeiten, wieder aufgegeben zu haben. Das „Opus postumum" legt die Vermutung nahe, daß der

227 Es wird in den nachfolgenden Abschnitten noch darüber zu sprechen sein, was nach Kants Erachten apriorisch sein kann und muß.

228 I. Kant, Metaphysische Anfangsgründe der Naturwissenschaft, a. a. O., S. 524.

229 Ebenda, S. 525.

230 Diese erkenntnistheoretische Einsicht wird allerdings durchbrochen, da die Newtonsche Dynamik nicht als spezielle physikalische Theorie genommen, sondern als etwas Selbstverständliches vorausgesetzt wird. Daher sieht Kant z. B. das Newtonsche Gravitationsgesetz als a priori erkennbar an (vgl. I. Kant, Prolegomena zu einer jeden künftigen Metaphysik, die als Wissenschaft wird auftreten können, in: Kants Werke, unveränderter photomechanischer Abdruck der Akademie-Ausgabe von 1902, Bd. IV, Berlin 1968, S. 321), ableitbar aus den apriorischen Eigenschaften des Raumes. Dabei versteht er unter diesem Gesetz nur die Abnahme nach dem Quadrat der Entfernung und setzt unausgesprochen die euklidische Geometrie als denknotwendig voraus. Tatsächlich ist bei kugelsymmetrischer Ausbreitung im dreidimensionalen euklidischen Raum der Kraftfluß nur dann konstant, wenn das $\frac{1}{r^2}$-Gesetz gilt.

Urgrund seiner Problematik das ist, was ihm an der Newtonschen Mechanik unbegreiflich blieb, wovon er aber ahnte, daß es anders als in seinem philosophischen System behandelt werden müßte. Es betrifft dies im wesentlichen zwei Aspekte. Erstens: Die Spezifik der Physik, die Beziehung zwischen Empirie und Mathematik in der Physik (in der Physik als theoretischer Physik) wird nicht voll im Newtonschen Sinne rezipiert, namentlich die Mathematik nicht als die Sprache der Physik verstanden,[231] sondern nur konzipiert, *daß* die Physik beides braucht, Mathematik und die Empirie. Zweitens: Konkret erscheint dieser Mangel als Unverständnis der Notwendigkeit zweiter Ableitungen für die Beschreibung dynamischer Wechselwirkungen, das heißt als unzulängliches Verständnis des Newtonschen Kraftbegriffs, mithin des Begriffs Beschleunigung der klassischen Mechanik. In der Folge hiervon quält sich Kant mit den Fragen: Wie kommt das Bewegtsein zustande? Was ist das Wesentliche an der Bewegung? Die Geschwindigkeit – weiß er – ist es nicht.[232] Kant findet keine befriedigende Antwort, und dies ist letztlich darin begründet, daß er Kontinuität und Diskontinuität nicht zusammenbringen kann.

Das Verhältnis von Kontinuität und Diskontinuität ist allerdings auch ein Problem, das die Physik immer wieder aufwirft, das sie auch heute, da sie doch so sehr viel weiter vorangeschritten ist als zu Kants Zeiten, nicht endgültig befriedigend gelöst hat. Positiv ausgedrückt läßt sich daher sagen: Kant hat ein erkenntnistheoretisches Grundproblem der Physik, wenn auch nicht bewußt formuliert, so doch weitestgehend herausgearbeitet,[233] wie er eben überhaupt viele grundlegende Fragen des Erkenntnisprozesses zwar nicht bewältigt, aber gestellt hat.[234]

Inwieweit jedoch Kants Vorhaben in seinen veröffentlichten Schriften – a

231 Vgl. beispielsweise I. Kant, Opus postumum, Bd. I, a. a. O., S. 19, 35, 60, Bd. II, a. a. O., S. 518, 529.

232 Vgl. hierzu ebenda, Bd. I, a. a. O., S. 352, 442.

233 Dieses Problem wird z. B. so gesehen: „Ein einzelner Körper im unendlichen Weltraum hat bei aller Leere des letzteren doch das Attribut an sich, daß, wenn noch ein anderer (oder auch eine Materie) außer ihm ist, nicht bloß ein Anziehungsvermögen, sondern auch Ausübung desselben, d. i. Anziehungskraft in Ansehung desselben, zu besitzen. – Wenn also auch kein anderer außer ihm wäre, der gegen ihn (und wechselseitig) gravitierte, so würde doch die bewegende Kraft in gegebenen Entfernungen nach dem umgekehrten Verhältnis der Quadrate derselben da sein, welches man so ausdrückt: Jeder Körper wirkt attrahierend durch den leeren Raum, je durch jede andere Materie, die ihn erfüllt, ungehindert in umgekehrtem Verhältnis. Nun kann keine bewegende Kraft ohne Substanz, welche bewegend ist, dasein. Also werden alle Punkte, die im Raume gedacht werden mögen (Atomen) als Substanzen angesehen werden müssen, die durch anziehende Kräfte den Raum einnehmen, d. i. die Grenzen der Dinge werden bewegliche und bewegende Dinge sein, welches sich selbst widerspricht." (Ebenda, Bd. II, a. a. O., S. 536).

234 Vgl. hierzu M. Buhr, Die Philosophie Immanuel Kants als theoretische Quelle des Marxismus-Leninismus, in: Revolution der Denkart oder Denkart der Revolution. Beiträge zur Philosophie Immanuel Kants, a. a. O., S. 15f.

priori die *Möglichkeit* zu beweisen, daß die spezifische Verschiedenheit der Materie aus Grundkräften abgeleitet werden kann – den erkenntnistheoretischen Grundlagen der Physik oder doch der Mechanik entspricht, erweist sich an Kants Rezeption der mechanischen Grundgesetze.

4. Die Kantschen Kräfte und die Newtonschen Axiome

Daß Kant es für notwendig und möglich hielt, die Newtonsche Mechanik in der von ihm angestrebten Weise dynamisch zu erweitern, dem lag – wie aus dem Bisherigen schon zu ersehen ist – maßgeblich zugrunde, daß er ihren dynamischen Charakter verkannte, durch den sie sich gerade gegenüber der vorangegangenen mechanistischen Naturphilosophie auszeichnet. Die klassische Mechanik ist eben nicht nur der mathematische Teil der Mechanik, sondern sie enthält schon die Dynamik. Dies wird natürlich nur sichtbar, beachtet man das zweite Newtonsche Axiom, das den Kraftbegriff der Mechanik eindeutig definiert. Wenn Kant seinen Kraftbegriff nicht durch dieses Axiom bestimmt – wodurch zwangsläufig auch das erste und dritte Axiom eine andere Deutung als in der klassischen Mechanik erhalten –, so muß folglich sein Kraftbegriff ein anderer als der Newtonsche sein.

Die folgende Kritik der Kantschen Kräftekonzeption soll das Ziel haben zu prüfen, inwieweit die Naturdynamik, die Kant konzipierte, verträglich ist mit den mechanischen Grundgesetzen, um später sehen zu können, inwieweit seine apriorische Begründung der Mechanik sich tatsächlich auf die Newtonschen Axiome stützt. Diese Kritik ist selbstverständlich nicht als Abwertung zu verstehen, denn die Situation im Deutschland jener Zeit berücksichtigend, ist es in jedem Falle ein Verdienst, sich zur Newtonschen Mechanik als unabdingbarer Grundlage einer Naturphilosophie zu bekennen, selbst wenn jene nicht voll rezipiert wurde. Außerdem hätte die detaillierte Berücksichtigung der Newtonschen Mechanik die Kantsche Idee einer durchgängigen Naturdynamik von vornherein zunichte gemacht. Damit wäre aber auch die Möglichkeit dahingegangen, in jener Zeit und vom bürgerlichen Standpunkt aus die menschliche Erkenntnis apriorisch zu begründen, mithin auch die Möglichkeit, unter den gegebenen Voraussetzungen die Notwendigkeit passiver und aktiver Prinzipien für die Physik in das philosophische Bewußtsein zu heben.

Im dritten Hauptstück der „Metaphysischen Anfangsgründe der Naturwissenschaft", in den „Metaphysischen Anfangsgründen der Mechanik", will Kant die mechanischen Grundgesetze metaphysisch begründen und sie aus den zuvor behandelten inhärenten Kräften der Materie, ihren sogenannten dynamischen Eigenschaften, herleiten. Dafür muß er voraussetzen, daß auch ruhende Körper Kräfte haben. Der dynamische Begriff der Materie soll gerade darin bestehen, daß die bewegende Kraft der Materie auch *in* ruhenden Körpern vorhanden ist, in jedem *einzelnen* physikalischen Körper. Jetzt in der Mechanik (im Kantschen Sinne) sollen die – durch die inhärenten Kräfte erzeugten – Bewegungen *zwischen* den Körpern betrachtet werden. Man liest die Erklärung: „Der bloß dynamische Begriff konnte die Materie auch als in Ruhe betrachten; die bewegende Kraft, die da in Erwägung gezogen wurde, betraf bloß die Erfüllung eines gewissen Raumes, ohne daß die Materie, die ihn erfüllte, selbst als bewegt angesehen werden durfte. Die Zurückstoßung war daher eine ursprünglich bewegende Kraft, um Bewegung zu *erteilen*; dagegen wird in der Mechanik die Kraft einer in Bewegung gesetzten Materie betrachtet, um diese Bewegung einer anderen *mitzuteilen*."[235] Hiervon ausgehend folgert Kant: „Also setzen alle mechanischen Gesetze die dynamischen voraus."[236] Er will durch Kräfte etwas erklären, wozu die Newtonsche Mechanik keine Kräfte braucht, und er kann sich mit einem solchen Vorhaben nur tragen, weil eben sein Kraftbegriff mit dem Newtonschen nicht übereinstimmt.[237]

Newton sagt ganz klar in den seinen „Mathematischen Prinzipien der Naturlehre" vorangestellten Erklärungen: „Eine angebrachte Kraft ist das gegen einen Körper ausgeübte Bestreben, seinen Zustand zu ändern, entweder den der Ruhe oder den der gleichförmigen geradlinigen Bewegung. Diese Kraft besteht nur in dem Bestreben und sie verbleibt, nachdem sie dieses ausgeübt hat, nicht im Körper. Dieser verharret nämlich in jedem neuen Zustande nur vermöge der Kraft der Trägheit."[238] Einer Kraft ist also zwangsläufig stets eine Beschleunigung proportional, keineswegs verursacht sie Bewegung überhaupt, erzeugt sie die geradlinig gleichförmige Bewegung, die als Grundzustand vorausgesetzt wird. Kant übersieht das Charakteristische des Newtonschen Kraftbegriffs, das den großen Unterschied zwischen Kinematik und Statik einerseits und Dynamik andererseits ausmacht, übersieht, was Physik als Dynamik erst ermöglichte. Bei der Darstellung der Mechanik beschränkt er sich auf den Stoß: „Man wird es mir nachsehen, daß ich der Mitteilung der Bewegung durch *Anziehung* . . . hier nicht weiter Erwähnung tun werde, sondern nur der Vermittlung der repulsiven Kräfte, also durch Druck . . . oder durch *Stoß*, da ohnedem die Anwendung der Gesetze der einen auf die der anderen nur in Ansehung der Richtungslinie verschieden, übrigens aber in beiden Fällen einerlei ist."[239]

235 I. Kant, Metaphysische Anfangsgründe der Naturwissenschaft, a. a. O., S. 536.

236 Ebenda.

237 Warum Kant auch gezwungen ist, durch Kräfte das zu erklären, wozu die klassische Mechanik keine benötigt, zeigt seine bei der Diskussion des Trägheitsprinzips geäußerte Materieauffassung.

238 I. Newton, Mathematische Prinzipien der Naturlehre, a. a. O., S. 22, Erklärung 4. – Daß der hier benutzte Terminus „Trägheitskraft" nicht Kraft im sonstigen Newtonschen Sinne meint, geht nicht nur aus dem Zitat selbst, sondern vor allem aus der gesamten Newtonschen Axiomatik hervor, wie im weiteren noch gezeigt werden wird.

239 I. Kant, Metaphysische Anfangsgründe der Naturwissenschaft, a. a. O., S. 537 (Hervorhebung – R. W.).

Kant hält die Möglichkeit, im Spezialfalle des Stoßes unmittelbar von der Diskussion des Kraftausdruckes zur Diskussion der Impulse übergehen zu können, für typisch und versteht in der Folge überhaupt unter Kraft Impuls, unterscheidet Anziehung und Stoß als Impuls und Gegenimpuls, kennt als Bewegung nur geradlinig gleichförmige Bewegung. Selbstverständlich beachtet er, daß jeder Stoß die Geschwindigkeit verändert. Aber da dies eine momentane Änderung ist, kann man sie als singulär betrachten und die Bewegungsänderung so ansehen, daß nach dem Stoß die Bewegung mit anderer Geschwindigkeit zwar, aber geradlinig gleichförmig fortgesetzt wird. Diese Auffassung bietet Kant auch die Möglichkeit, ruhenden Körpern Kräfte zuzuschreiben. Denn wenn man unter Bewegung nur geradlinig gleichförmige Bewegung versteht, so darf es auf Grund des Trägheitsprinzips keinen prinzipiellen Unterschied zwischen ruhenden und bewegten Körpern geben. Wenn also bewegte Körper Kraft ausüben (oder haben), dann notgedrungen auch die ruhenden. Wenn für Kant Kraft gleich Impuls ist und Krafteinwirkung immer nur eine andere geradlinig gleichförmige Bewegung hervorruft, gibt es für ihn keinen Bewegungszustand, der nicht der Ruhe äquivalent wäre, also keine beschleunigte Bewegung. Deshalb kann den ruhenden Körpern in der Kantschen Naturdynamik Kraft zugeschrieben werden. Man nimmt dabei natürlich den Widerspruch in Kauf – der wieder mit der Abstraktion von der mathematischen Sprache der Physik verknüpft ist –, daß in bezug auf das System, in dem der Körper ruht, auch sein Impuls verschwindet.

Nur durch diese inadäquate Rezeption der Newtonschen Physik können die dynamischen Gesetze (im Sinne Kants) als Voraussetzung der mechanischen dargestellt werden.[240] Die Bewegungsübertragung (nach Kant Gegenstand der Mechanik) soll die Voraussetzung inhärenter Kräfte erfordern, weil eben schon die bloße Existenz, Ruhe und geradlinig gleichförmige Bewegung, durch Kräfte erzeugt sein müsse. Die Trägheit soll durch Repulsivkräfte erklärt werden (eigentlich durch Repulsions- und Attraktionskräfte), durch die dynamische Raumerfüllung, die als apriorischer Verstandesbegriff ausgegeben wird. Denn – so Kant –, wenn ein Körper durch seine bloße Existenz (sein bloßes Im-Wege-Sein) Bewegungsveränderung bewirkt, Widerstand leistet, muß Krafteinwirkung vorhanden sein. Wo ein Körper ist, kann kein zweiter sein, er bremst die Bewegung eines in diesen Raum eindringenden Körpers, folglich muß eine Kraft wirken – die die Raumerfüllung ausmachende Repulsivkraft.[241] Soll – so muß man hier fragen – Trägheit also gleich Un-

240 Liefe das nicht darauf hinaus, Kraftterme als Voraussetzung der Bewegungsgleichungen der Mechanik darstellen zu wollen?

241 „Das Eindringen in einen Raum ... ist eine Bewegung. Der Widerstand gegen Bewegung ist die Ursache der Verminderung, oder auch Veränderung derselben in Ruhe. Nun kann mit keiner Bewegung etwas verbunden werden, was sie vermindert oder aufhebt, als eine andere Bewegung eben desselben Beweglichen in entgegengesetzter Richtung (Verweis auf kine-

durchdringlichkeit sein? Für Kant ist es klar, „daß das Bewegliche *durch seine Bewegung* keine bewegende Kraft haben würde, wenn es nicht ursprünglich bewegende Kräfte besäße, dadurch es *vor aller eigener Bewegung* in jedem Orte, da es sich befindet, wirksam ist, und daß keine Materie einer anderen, die ihrer Bewegung in der geraden Linie *vor ihr* im Wege liegt, *gleichmäßige* Bewegung eindrücken würde, wenn beide nicht ursprüngliche Gesetze der Zurückstoßung besäßen, noch daß sie eine andere durch ihre Bewegung nöthigen könne in der geraden Linie ihr *zu folgen* (sie nachschleppen könnte), wenn beide nicht Anziehungskräfte besäßen".[242] Um zu erklären, warum ein geradlinig gleichförmig bewegter Körper auf Krafteinwirkung reagiert, muß man natürlich seine Wirkungsfähigkeit voraussetzen, seine potentielle Wechselwirkung mit anderen Körpern, diese ist jedoch keine mystische innere Kraft. Man könnte ja nun meinen, „Repulsion" sei eben nur eine andere Bezeichnung für Trägheit, doch daß es sich nicht nur um terminologische, sondern um grundsätzliche Unterschiede handelt, geht aus der bisherigen Analyse zweifellos hervor und wird überdies noch durch einen weiterführenden Vergleich des Newtonschen und Kantschen Materiebegriffs in seiner Bestimmung durch die mechanischen Grundgesetze sichtbar.

Newton bestimmt die Materie im Sinne der Mechanik als physikalische Grundgröße, die als träge bzw. schwere Masse eines Körpers ein Maß ist für dessen Trägheit gegenüber Änderungen des Bewegungszustandes bzw. dessen Schwere im Gravitationsfeld anderer Körper. (Um das Quantum der Materie anzugeben, braucht man also die Größen „Kraft" und „Beschleunigung".) In Erklärung 3 seiner „Prinzipien" schreibt er: „Diese Größe der Materie werde ich im Folgenden unter dem Namen *Körper oder Masse* verstehen, und sie wird durch das Gewicht des jedesmaligen Körpers bekannt. Daß die Masse dem Gewichte proportional sei, habe ich durch sehr genau angestellte Pendelversuche gefunden."[243] Und weiter: *„Die Materie besitzt das Vermögen zu widerstehen; deshalb verharrt jeder Körper soweit es an ihm ist, in einem Zustande der Ruhe oder der gleichförmigen und geradlinigen Bewegung."*[244] Trägheit wird also mit dem Befinden in diesem Grundzustand identifiziert, und dieses Vermögen zu widerstehen und im Grundzustand zu verharren „ist stets dem Körper (d. h. der Masse – R. W.) proportional, und unterscheidet sich nur in der Art der Auffassung von der Trägheit der Materie. Die Trägheit der Materie bewirkt, daß jeder Körper von seinem Zustande der Ruhe oder der Bewegung nur schwer abge-

matischen Lehrsatz – R. W.). Also ist der Widerstand, den eine Materie in dem Raum, den sie erfüllt, allem Eindringen anderer leistet, eine Ursache der Bewegung der letzteren in entgegengesetzter Richtung. Die Ursache einer Bewegung heißt aber bewegende Kraft." (Ebenda, S. 497).

242 Ebenda, S. 536.

243 I. Newton, Mathematische Prinzipien der Naturlehre, a. a. O., S. 21.

244 Ebenda.

bracht wird, weshalb auch diese der Materie eigentümliche Kraft mit dem sehr bezeichnenden Namen: *Kraft der Trägheit* belegt werden könnte. Es übt daher der Körper diese Kraft nur bei der Änderung seines Zustandes aus, der durch eine andere an ihm angebrachte Kraft bewirkt werden soll. Sie wirkt als widerstehende Kraft insofern der Körper zur Erhaltung seines Zustandes der angebrachten Kraft entgegenstrebt, angreifend, insofern er, indem er der Kraft des entgegenstehenden Hindernisses nur sehr schwer nachgibt, den Zustand des letzteren zu ändern versucht. Gewöhnlich schreibt man den Widerstand den ruhenden, den Angriff den sich bewegenden Körpern zu; allein Bewegung und Ruhe, wie sie gewöhnlich aufgefaßt werden, unterscheiden sich voneinander durch die Weise der Beziehung."[245]

Man möge sich nicht dadurch beirren lassen, daß Newton hier die Trägheit eine Kraft nennt. Wie er das meint, belegt die bereits zitierte Erklärung 4.

Kant hat hier wohl Newton etwas zu wörtlich genommen, zu wenig auf den eigentlichen Sinn geachtet, der hier gemeint ist. Newton sagt zwar „Kraft", wenn er von der Trägheit spricht, doch für ihn handelt es sich nur um die Umkehrung seines zweiten Axioms bzw. um die Beziehung zwischen erstem und zweitem Axiom. Denn aus seinen Worten geht klar hervor: Solange keine Kraft wirkt, also $\mathfrak{F}=0$, gilt $m\ddot{\mathfrak{r}}=0$. Wird geradlinig gleichförmige Bewegung als Grundzustand vorausgesetzt, so bedarf nur die Änderung dieses Zustandes, also die Änderung der Geschwindigkeit, einer Erklärung, nur der Fall $m\ddot{\mathfrak{r}}\neq 0$, das heißt, nur in diesem Fall bedarf es einer Kraft. Das Kant so sehr bewegende Problem – wie erklärt sich der Beginn einer Bewegung –, mit dem er seinen dynamischen Materiebegriff begründet und für dessen Lösung er – wie später gezeigt wird – auch noch das Gegenwirkungsaxiom verwendet, tritt hier also gar nicht auf. (Man könnte berechtigt nur fragen: Wie erklärt sich der „Mechanismus" der Änderung des Bewegungszustandes beim Einwirken einer Kraft?)

Kant nun vertritt eine andere Materie- und folglich Trägheitskonzeption. Das Quantum der Materie bestimmt er nur durch das Quantum ihrer Bewegung, das nach Newton und Kant durch das Produkt von Masse und Geschwindigkeit, also den Impuls angegeben wird.[246] Es geht ihm von seinem antimechanistischen Standpunkt aus hier vor allem darum zu betonen, daß das Maß der Materie nur die Bewegung sein kann. „Die Materie ist ins Unendliche teil-

245 Ebenda, S. 21f.

246 Vgl. ebenda, S. 21, und I. Kant, Metaphysische Anfangsgründe der Naturwissenschaft, a. a. O., S. 537. – „*Die Größe der Bewegung* (mechanisch geschätzt) ist diejenige, die durch die Quantität der bewegten Materie und ihrer Geschwindigkeit zugleich geschätzt wird; *phoronomisch* besteht sie bloß in dem Grade der Geschwindigkeit." (I. Kant, Metaphysische Anfangsgründe der Naturwissenschaft, a. a. O., S. 537). „Die Quantität der Materie kann in Vergleichung mit *jeder* anderen durch die Quantität der Bewegung bei gegebener Geschwindigkeit geschätzt werden." (Ebenda).

bar, folglich kann nicht ihre Quantität durch eine Menge ihrer Teile unmittelbar bestimmt werden."[247] Doch es wäre diese Forderung auch mit dem Newtonschen Maß, mit $m = \frac{\mathfrak{F}}{\ddot{\mathfrak{r}}}$, also $m = \frac{\dot{\mathfrak{p}}}{\ddot{\mathfrak{r}}}$, erfüllt. Newton sah trotz seines atomistischen Standpunktes, der eben zugleich auch ein dynamischer war, ebenfalls keine andere Möglichkeit, als die Quantität der Materie durch Bewegung zu messen, genauer: durch Bewegungs- oder Geschwindigkeitsänderung. Schließlich kann man die Atome ja nicht zählen; reiner klassischer Atomismus ermöglicht eben keinen Zugang zur Messung. Die Kantsche Bestimmung des Quantums der Materie durch das Quantum der Bewegung ist gegenüber der mechanistischen Naturphilosophie progressive Polemik, nicht aber gegenüber Newton, denn nur durch dessen Methode kann die Menge der Materie wirklich gemessen werden. Natürlich ist es möglich, die Quantität der Materie wie Kant mit $m = \frac{\mathfrak{p}}{\dot{\mathfrak{r}}}$ anzugeben, doch müssen dann die Größen $\mathfrak{p}$ (Impuls) und $\dot{\mathfrak{r}}$ (Geschwindigkeit) vorgegeben werden. Kant spürt selbst, daß auf die von ihm angegebene Weise eine Messung nicht möglich ist, doch entschuldigt er sich damit, daß es nur um eine begriffliche Beziehung ginge.[248]

Die nun demgemäß von Kant dargelegte Begriffsbeziehung verdeutlicht, daß seine Art, das Quantum der Materie und mithin auch die mechanische Kraft zu bestimmen, kein Zufall ist, sondern er dafür einen tiefen metaphysischen Grund hat. Dieser aber offenbart seinerseits wiederum, daß die inhärenten Kräfte hier stören, daß sie nicht konsistent in die Konzeption eingebaut werden können. Kant argumentiert: Da die dynamischen Eigenschaften – wie Attraktion und Repulsion – dem einzelnen Subjekt, dem einzelnen Körper, der einzelnen Masse immanent sind, können sie nicht das Maß für die Quantität der Materie in der Mechanik (Mechanik in seinem Sinne) sein. Denn diese behandelt die Beziehung der Körper zueinander, und hier, bezüglich der Ortsbewegung, ist die Materie das letzte Subjekt, das nicht durch etwas Elementareres gemessen werden kann. „Noch ist zu merken", schreibt er, „daß die Quantität der Materie die *Quantität der Substanz* im Beweglichen sei, folglich nicht die Größe einer gewissen Qualität derselben (der Zurückstoßung oder Anziehung, die in der Dynamik angeführt werden), und daß das Quantum der Substanz hier nichts anderes als die bloße Menge des Beweglichen bedeute, welches die Materie ausmacht. Denn nur diese Menge des Bewegten kann bei derselben Geschwindigkeit einen Unterschied in der Quantität der Bewegung geben." Daß aber die bewegende Kraft, die eine Materie in ihrer eigenen Bewegung hat – und um Mißverständnisse zu vermeiden, fügt Kant hinzu, was

247 Ebenda.

248 Vgl. ebenda, S. 540. – Eine Darstellung, wie das „Quantum der Materie" in der klassischen Mechanik tatsächlich bestimmt wird, findet sich bei H. Weyl, Philosophie der Mathematik und Naturwissenschaft, a. a. O. S. 177, 187.

er unter der eigenen Bewegung einer Materie versteht, nämlich: „die Bewegung einer Materie im Raume, nicht die Bewegtheit, die aufgrund von Repulsiv- und Attraktionskräften in ihr ist" –, allein die Quantität der *Substanz* angibt, „beruht auf dem Begriffe der letzteren als dem letzten *Subjekt* (das weiter kein Prädikat von einem anderen ist) im Raume". Und eben weil es das letzte Subjekt ist, darum kann es „keine andere Größe haben ... als die Menge des Gleichartigen außerhalb einander". Diese Menge des Gleichartigen kann nur die Menge der bewegten Subjekte (Menge der Massen) angeben, und sie ist deshalb nicht durch Attraktion und Repulsion zu messen, denn diese sind intensive Größen. Dies sagt Kant mit den das Zitat weiterführenden Worten: „Da nun die *eigene Bewegung* der Materie ein Prädikat ist, welche ihr Subjekt (das Bewegliche) bestimmt und an einer Materie, als einer Menge des Beweglichen, die Vielheit der bewegten Subjekte (bei gleicher Geschwindigkeit auf gleiche Art) angibt, welches bei dynamischen Eigenschaften, deren Größe auch die Größe der Wirkung von einem einzigen Subjekte sein kann (z. B. da ein Luftteilchen mehr oder weniger Elastizität haben kann), nicht der Fall ist, so erhellt daraus, wie die Quantität der Substanz an einer Materie nur mechanisch, d. i. durch die Quantität der eigenen Bewegung derselben, und nicht dynamisch, durch die Größe der ursprünglich bewegenden Kräfte, geschätzt werden müsse."

Zwar gibt Kant zu, daß man die Quantität der Materie auch durch vergleichendes Abwiegen bestimmen könne und mithin „die ursprüngliche Anziehung, als die Ursache der allgemeinen Gravitation" auch ein Maß der Quantität der Materie und ihrer Substanz abgeben könne, obwohl sie ja ein dynamisches Maß sei. „Aber weil bei dieser Kraft", entgegnet Kant, „die Wirkung einer Materie mit allen ihren Teilen unmittelbar auf alle Teile einer anderen geschieht und also (bei gleichen Entfernungen) offenbar der Menge der Teile proportioniert ist, der ziehende Körper sich dadurch auch selbst eine Geschwindigkeit (Geschwindigkeit, nicht Beschleunigung – R. W.) der eigenen Bewegung erteilt (durch den Widerstand des Gezogenen), welche in gleichen äußeren Umständen gerade der Menge seiner Teile proportioniert ist, so geschieht die Schätzung hier, obzwar nur indirekt, doch in der Tat mechanisch."[249] Es ist nun recht seltsam, wie Kant hier die Gravitation einordnet. Sie kann auch, unter Umständen, doch auch dann nur indirekt, Maß für die Masse sein.[250] Es ist dies allerdings eine notwendige betrübliche Konsequenz aus der Art, in der sie eingeführt wurde, eben als inhärente Eigenschaft. Ganz und gar verwunderlich ist es jedoch, daß die Gravitation – in der Weise, in der Kant sie überhaupt als Maß zuläßt – das Maß für die Quantität der Materie mit $m\dot{z}$ angeben soll (denn es wird keinerlei Unterschied zur vorherigen Maßbestimmung angegeben). Wenn Anziehung nur auf den Impuls reduzierter negativer Stoß sein soll, ist das natürlich auch wieder konsequent, und es bestätigt die obige Be-

249 I. Kant, Metaphysische Anfangsgründe der Naturwissenschaft, a. a. O., S. 540 f.
250 Vgl. dagegen Newtons Auffassung, S. 118, Anm. 243.

hauptung, daß *Kant die Kraft mit* $m\dot{\mathfrak{x}}$ *bestimmt, also mit Impuls identifiziert* (nicht verwechselt, dann wäre es eine rein terminologische Frage).

Diese Deutung wird noch mehr erhärtet durch die Charakterisierung des Unterschieds von Kinematik und Mechanik, nach der in ersterer nur die Geschwindigkeit, die Größe $\dot{\mathfrak{x}}$, das Maß der Bewegung ist, in letzterer das Produkt von Masse und Geschwindigkeit, die Größe $m\dot{\mathfrak{x}}$.[251] Es wird also darauf verwiesen, daß Masse (Materie) eine Rolle spielt, wenn es um Kräfte geht. Aber es geht dann eben auch um Beschleunigung. Daß ein grundsätzlicher Unterschied zwischen $m\dot{\mathfrak{x}}$ und $m\ddot{\mathfrak{x}}$, also zwischen Impuls und Kraft besteht, übersieht Kant. In diesem Sinne setzt er auch: Stoß = negative Gravitation. Wenn aber Kraft mit $m\dot{\mathfrak{x}}$ bestimmt wird, also eine Kraft auch dann vorliegen soll, wenn $m\ddot{\mathfrak{x}} = 0$, so kann die Newtonsche Definition der Kraft nicht gelten.[252] Es scheint so, als solle die Mechanik (die im Sinne *Newtons* zugleich Dynamik ist) bei Kant auf Stoßgesetze reduziert werden,[253] die dynamisch erklärt wer-

251 „In der Phoronomie, da die Bewegung eines Körpers bloß in Ansehung des Raumes als Veränderung der Relation in *demselben* betrachtet wurde, war es ganz gleichgültig, ob ich den Körpern im Raume oder anstatt dessen dem relativen Raume eine gleiche, aber entgegengesetzte Bewegung zugestehen wollte; beides gab völlig einerlei Erscheinung. Die Quantität der Bewegung des Raumes war bloß die Geschwindigkeit und daher die des Körpers gleichfalls nichts als seine Geschwindigkeit (weswegen er als bloßer beweglicher Punkt betrachtet werden konnte). In der Mechanik aber, da ein Körper in Bewegung gegen einen anderen betrachtet wird, gegen den er durch seine Bewegung ein Causalverhältnis hat, . . . kommt ein anderer Begriff der Quantität der Bewegung ins Spiel, nämlich nicht derjenigen, die bloß in Ansehung des Raumes gedacht wird und allein in der Geschwindigkeit besteht, sondern derjenigen, wobei zugleich die Quantität der Substanz (als bewegende Ursache) in Anschlag gebracht werden muß . . ." (I. Kant, Metaphysische Anfangsgründe der Naturwissenschaft, a. a. O., S. 547). Diese Argumentation hängt weitgehend mit Kants Auffassung des Gegenwirkungsprinzips zusammen (vgl. hierzu die Seiten 125–130 dieses Abschnitts).

252 Nach der Newtonschen Definition ist eben eine Kraft nur dann vorhanden, wenn $m\ddot{\mathfrak{x}} \neq 0$. Im Fall $m\ddot{\mathfrak{x}} = 0$ liegt keine Kraft vor, und diese Bedingung kann natürlich auch bei $\dot{\mathfrak{x}} \neq 0$ erfüllt sein; die Abwesenheit von Kräften bedeutet nicht Ruhe, und der Impuls kann verschieden von Null sein ($m\dot{\mathfrak{x}} \neq 0$), wenn keine Kraft vorhanden ist.

253 Dabei stützt sich Kant offensichtlich sehr stark auf Euler, der bei Annahme eines Äthers die Anziehung auf Stoß zurückführen will und so die Undurchdringlichkeit zum Ursprung der Kräfte erklärt. In den „Briefen an eine deutsche Prinzessin" schreibt er: „Weil also jede Ursache von der Veränderung des Zustandes in einem Körper Kraft heißt, so ist es notwendig die Undurchdringlichkeit der Körper selbst, die die Kräfte zu ihrer Veränderung hervorbringt. In der Tat, weil die Undurchdringlichkeit nichts anderes als die Unmöglichkeit ist, daß zwei Körper sich durchdringen sollten, so widersetzt sich jeder Körper dem Durchdringen, auch wenn es nur in seinen kleinsten Teilchen geschehen sollte. Sich aber dem Durchdringen widersetzen heißt nichts anderes, als eine Kraft zur Verhinderung des Durchdringens äußern. Folglich ist allemal, sooft zwei Körper nicht ohne sich zu durchdringen in ihrem Zustand verharren können, die Undurchdringlichkeit die Quelle der Kräfte, durch die sie ihren Zustand so weit verändern, als nötig ist, wenn keiner den anderen durchdringen soll. Also *in der Undurchdringlichkeit der Körper liegt der wahre Ursprung der Kräfte*, die den Zustand der Kör-

den sollen. Allerdings wäre selbst dann auch bei Kant – wider seinen Willen – die Unterscheidung nicht zu umgehen, die die klassische Mechanik zwischen der Existenz eines Körpers (als ruhend bzw. geradlinig gleichförmig bewegt) und der Geschwindigkeitsveränderung macht. Die Kräfte, die die Ausdehnung ausmachen, die den dynamischen Begriff der Materie konstituieren sollen, können in der Kantschen Naturdynamik nicht Maß für die Materie sein. Kant legt nur den Schnitt zwischen Kinematik und Dynamik, den er total vermeiden will, an eine andere Stelle.

Es wird nach diesen Erörterungen nun nicht mehr verwundern, daß Kant unter Trägheit nicht geradlinig gleichförmige Bewegung bzw. die ihr gleichberechtigte Ruhe versteht, sondern Leblosigkeit der Materie.[254] Seine Fürsprache für das Trägheitsprinzip bedeutet demzufolge Ablehnung des Hylozoismus. Die Trägheit im Newtonschen Sinne führt er dann zwangsläufig als Repulsivkraft wieder ein, was sich darin ausdrückt, daß und wie er das erste und das zweite Newtonsche Axiom zusammenfaßt:[255] „*Zweites Gesetz der Mechanik.* Alle Veränderung der Materie hat eine äußere Ursache. (Ein jeder Körper beharrt in seinem Zustand der selben Geschwindigkeit, wenn er nicht durch eine äußere Ursache genötigt wird, diesen Zustand zu verlassen.)"[256] Sieht man

per in unserer Welt beständig ändern, und das ist die wahre Auflösung des Geheimnisses, das die Philosophen so lange beunruhigt hat." (L. Euler, Briefe an eine deutsche Prinzessin, a. a. O., S. 77f.; Hervorhebung – R. W.) Einige Briefe zuvor hatte Euler geschrieben: „Wir wollen setzen, es wären vor Erschaffung der Welt nichts als zwei voneinander entfernte Körper hervorgebracht, außer ihnen existierte nichts, und beide wären in Ruhe. Wäre es wohl möglich, daß der eine sich dem anderen näherte oder daß sie eine Neigung hätten, einander näher zu kommen? Wie würde aber eins das andere in der Entfernung gewahr werden? Wie die Begierde bekommen, sich mit ihm zu vereinigen? Dies sind Begriffe, welche die Vernunft wider sich aufbringen. Aber sobald man annimmt, daß der Raum zwischen den Körpern mit einer feinen Materie angefüllt ist, so sieht man gleich ein, daß diese Materie auf die Körper durch den Stoß wirken kann, und die Wirkung daraus beinahe eben dieselbe sein muß, als wenn sie sich wechselweise anzögen. Da wir nun wissen, daß in der Tat eine solche flüssige Materie vorhanden ist, welche den Raum zwischen den himmlischen Körpern ausfüllt, ich meine der Äther, so scheint es vernünftiger zu sein, der Wirkung des Äthers die gegenseitige Anziehung der Körper zuzuschreiben, wenn man auch die Art dieser Wirkung nicht einsieht, als zu einer ganz unverständlichen Eigenschaft seine Zuflucht zu nehmen." (Ebenda, S. 53, s. auch S. 52, 72, 82).

254 I. Kant, Metaphysische Anfangsgründe der Naturwissenschaft, a. a. O., S. 544.

255 Diese beiden Grundgesetze der Mechanik lauten bei Newton: „1. Gesetz. Jeder Körper verharrt in seinem Zustand der Ruhe oder der gleichförmigen und geradlinigen Bewegung, wenn er nicht durch einwirkende Kräfte gezwungen wird, seinen Zustand zu ändern." „2. Gesetz. Die Änderung der Bewegung ist der Einwirkung der bewegenden Kraft proportional und geschieht nach der Richtung derjenigen geraden Linie, nach welcher jene Kraft wirkt." (I. Newton, Mathematische Prinzipien der Naturlehre, a. a. O., S. 32).

256 I. Kant, Metaphysische Anfangsgründe der Naturwissenschaft, a. a. O., S. 543.

davon ab, daß „äußere Ursache" und „einwirkende Kraft" in der Newtonschen Mechanik nicht schlechthin identisch sind[257], und versteht man unter „Veränderung der Materie" Veränderung des Bewegungszustandes, so könnte man den Kantschen Text als Wiedergabe des ersten und zweiten Axioms akzeptieren. Doch verweisen der Gebrauch, den er von seinem zweiten Gesetz der Mechanik macht, dessen philosophische Begründung und die Mehrdeutigkeit der Formulierung darauf, daß er die Newtonsche und somit physikalische Auffassung dieser beiden mechanischen Grundgesetze nicht voll rezipiert. Was heißt zum Beispiel „Veränderung der Materie"? Fällt die geradlinig gleichförmige Bewegung auch darunter? Wenn nicht, wie vereinbart sich das dann mit Kants proklamiertem Begriff von der mechanischen Bewegung? Wenn ja, dann bedarf auch die geradlinig gleichförmige Bewegung einer äußeren Ursache, in Kantscher Terminologie also einer Kraft. Kants Worte sind auch voll vereinbar mit seiner bisher dargestellten Kraftkonzeption: Um Bewegung einer Materie überhaupt (also mechanische Bewegung, nicht kinematische) zu erzeugen, bedarf es einer Kraft. Befindet sich der Körper in einer geradlinig gleichförmigen Bewegung (und von einer anderen spricht er im Prinzip nicht), so behält er seine Geschwindigkeit bei, bis eine Kraft, für Kant also ein Impuls, ihm eine andere Geschwindigkeit erteilt, wonach er sich wiederum geradlinig und gleichförmig fortbewegt.

Es wurde gezeigt, daß Kant tatsächlich für die bloße Existenz (für den Grundzustand) Kräfte postuliert. Deshalb kann er das zweite Axiom gar nicht akzeptieren. Oder: Er akzeptierte es und käme zu dem Schluß, daß für die Existenz, für die geradlinig gleichförmige Bewegung, für den Ruhezustand Kräfte nicht erforderlich sind. Doch dies lehnt er ja gerade ab, denn „alle Materie ist leblos",[258] und daher bedarf alle Veränderung der Materie einer Ursache.[259] Dabei betont Kant ausdrücklich, daß es um *äußere* Ursachen geht, denn die Materie habe keine inneren Bestimmungen.[260] Dies vorausgesetzt, wird offensichtlich, daß Kant der Materie Kräfte einpflanzen muß, um Mechanik als möglich zu zeigen, um zu zeigen, daß die Dynamik im Kantschen Sinne Voraussetzung der Mechanik in seinem Sinne sein muß. Dennoch fällt es schwer, die Konstituierung der Materie durch Kräfte nicht als innere Bestimmung zu verstehen, da ja diese inhärenten Kräfte deutlich von den äußeren Ursachen unterschieden werden sollen. Da Kant Kraft nicht als Wechselwirkung, nicht als aktives Prinzip im Sinne Newtons versteht, sieht er nur die notwendige Polemik gegen den Hylozoismus, gegen den Monadismus der Wolffianer.[261] Kant sieht, daß

257 S. Abschn. 2 des Kap. II.

258 I. Kant, Metaphysische Anfangsgründe der Naturwissenschaft, a. a. O., S. 544.

259 Ebenda, S. 543.

260 Ebenda.

261 Dabei stützt sich Kant wieder maßgeblich auf Euler (vgl. dessen diesbezügliche Ausführungen in: L. Euler, Briefe an eine deutsche Prinzessin, a. a. O., S. 66–69, 72–75).

ein einzelner Gegenstand nicht aus sich heraus, ohne Beziehung auf andere, wirken kann. Nur: als absolut einzelner kann er eben auch nicht existieren, keine „ursprünglichen" Kräfte haben. Kant argumentiert im Interesse einer wissenschaftlichen Dynamik, insofern er zum Ausdruck bringt, daß Veränderung des Bewegungszustandes nicht durch etwas Inhärentes, im Einzelnen Eingeschlossenes, sondern durch das Gegeneinander der Körper bedingt ist, nicht aber durch eine bewegende Seele.

Hiermit ist Kant gegen die Auffassung von den occulten Qualitäten durchaus im Recht (nicht aber ist er das im Sinne der Newtonschen Dynamik). Belebtheit der Materie darf keine Ausrede sein. Dies würde jede Wissenschaft zunichte machen. *Jedes* Verhalten eines Körpers – ob wundersam oder gesetzmäßig – könnte als bedingt durch die Seele des Körpers ausgegeben werden. Insofern hat Kant recht: „Der Tod aller Naturphilosophie wäre der Hylozoismus."[262] Aber das Newtonsche Trägheitsprinzip ist nicht von dieser hylozoistischen Art. Daher kann aus der Ablehnung des Hylozoismus nicht die Ablehnung der Wirkungsfähigkeit der Materie, der von Newton akzeptierten Grundlage, folgen. Insofern irrt Kant, wenn er fortfährt: Aus dem „Begriffe der Trägheit als bloßer Leblosigkeit fließt von selbst, daß sie nicht ein *positives Bestreben* seinen Zustand zu erhalten bedeute. Nur lebende Wesen werden in diesem letztere Verstande träg genannt, weil sie eine Vorstellung von einem anderen Zustande haben, den sie verabscheuen und ihre Kraft dagegen anstrengen."[263] Man kann Kant jedoch zugestehen, daß er nichts anderes *wollte*, als sich gegen die Beseeltheit der Materie, gegen alle mystischen Annahmen abzugrenzen und positiv – in Begriffen der klassischen Mechanik – zu bestimmen, was ihr „Vermögen zu widerstehen" ausmacht, wodurch es bedingt ist.

Dennoch bleibt es nachdenkenswert, daß der „Kräftefanatiker" Kant gerade das zweite Axiom der klassischen Mechanik bzw. den Newtonschen Kraftbegriff uminterpretiert. Es läßt sich leicht einsehen, daß dies auch Konsequenzen für seine Interpretation des dritten Axioms hat. Er vermischt das Prinzip der Relativität geradlinig gleichförmig gegeneinander bewegter Bezugssysteme mit dem Gegenwirkungsprinzip, indem er beide nicht konsequent durchführt bzw. anders als Newton auffaßt und so den wahren Zusammenhang zwischen beiden verkennt, der darin besteht, daß aus dem zweiten und dritten Axiom für ein System von Massenpunkten das erste Axiom und somit das Galileische Relativitätsprinzip folgt.[264] Da die Beschleunigung (und die wirkliche Bedeutung der Gravitation für die Mechanik) in Kants Konzeption keine Rolle spielt,

262 I. Kant, Metaphysische Anfangsgründe der Naturwissenschaft, a. a. O., S. 544.

263 Ebenda.

264 Über den Zusammenhang von Gegenwirkungsaxiom und Relativitätsprinzipien s. auch H.-J. Treder, Über Prinzipien der Dynamik von Einstein, Hertz, Mach und Poincaré (Veröffentlichungen des Forschungsbereiches Kosmische Physik, hrsg. v. H.-J. Treder, Berlin, 1974, S. 15ff., 65).

kann er natürlich das dritte mechanische Grundgesetz mit ihr nicht in Verbindung bringen. Unter Gegenwirkungsprinzip versteht Kant nur die Gleichheit von Stoß und Gegenstoß im Sinne von Impulserhaltung. Obwohl Kant heftig gegen die Identifizierung von erstem und zweitem Axiom polemisiert, entflieht er ihr selbst nicht ganz. Seine berechtigte Argumentation gegen die Auffassung derer, die Gegenwirkung mit Widerstand gegen die Bewegung gleichsetzen, erscheint zum größten Teil als Abwehr der Konsequenzen seiner eigenen Voraussetzungen. Wenn jene recht hätten – meint Kant –, würde die Bewegung durch die Gegenwirkung aufgezehrt, vermindert oder vertilgt, indem der bewegende Körper einen Teil seiner Bewegung bloß dazu aufwenden müßte, um die Trägheit des ruhenden zu überwinden.[265]

Kant betont die Bedeutung des Gegenwirkungsprinzips als ein allgemein zugrunde liegendes Prinzip. Er fordert, daß es vereinbar sein müsse mit der Bewegung eines zuvor ruhenden Körpers, ohne daß dafür eine Trägheitskraft zu überwinden wäre. Diese Bedingung sei erfüllt, berücksichtige man, daß der betreffende Körper ja nur bezüglich eines bestimmten Raumes ruhe. Denn nimmt man an – so Kant –, ein Körper B ruhe in einem bestimmten System, in einem bestimmten Raum, in bezug auf den sich ein anderer Körper geradlinig gleichförmig in Richtung auf B bewegt, so ist es auf Grund der Relativität inertial zueinander bewegter Systeme möglich, mehrere Systeme oder – wie Kant sagt – Räume auszuwählen, in denen sich die beiden Körper in beliebigen Anteilen aufeinander zu bewegen, ohne daß man eines dieser Bewegungsverhältnisse als das wahre ausmachen könnte. Nur bezüglich des absoluten Raumes (womit, um es physikalisch sinnvoll zu interpretieren, das Schwerpunktsystem gemeint sein könnte, was Kant aber nirgends direkt sagt)[266] sei ihre Bewegung bestimmbar, ausgezeichnet, und hier habe jeder der beiden Körper den gleichen Anteil an der Bewegung in entgegengesetzter Richtung (ihre Impulse sind entgegengesetzt gleich). Hier seien die wirkenden Ursachen (die Impulse?) nur aufeinander bezogen. Im absoluten Raum – und nur in ihm – seien Wirkung und Gegenwirkung gleich. Damit habe man das Kriterium, um den absoluten Raum von den relativen Räumen abzuheben. Wegen der Gleichheit von Wirkung und Gegenwirkung versetzten die aufeinander zu bewegten Körper im absoluten Raum einander in Ruhe. Doch gelte ihre

265 I. Kant, Kritik der reinen Vernunft, a. a. O., S. 550, auch S. 545–551; sowie I. Kant, Gedanken von der wahren Schätzung der lebendigen Kräfte, in: Frühschriften a. a. O., Bd. II.

266 Wenn man konsequent den absoluten Raum mit dem Schwerpunktsystem gleichsetzen und diese Auffassung zum Ausgangspunkt einer Mechanik machen würde, dann verwandelte sich die Newtonsche Mechanik in eine reine Relativmechanik: Das Ruhsystem $\dot{\mathfrak{R}}=0$ der Massenpunkte A, B, C, ... mit gleichen Massen $m_A=m_B=m_C= \ldots$ sei das Schwerpunktsystem dieser Massenpunkte. In jedem Ensemble von Massenpunkten treten dann anstelle der Geschwindigkeiten $\dot{\mathfrak{r}}_A$, $\dot{\mathfrak{r}}_B$, $\dot{\mathfrak{r}}_C$, ... überhaupt nur die Relativgeschwindigkeiten $\dot{\mathfrak{r}}_{AB}$, $\dot{\mathfrak{r}}_{BC}$, $\dot{\mathfrak{r}}_{AC}$, ... auf. Der absolute Raum Newtons ist dann das (immer wieder gesuchte) Schwerpunktsystem des Kosmos. Die Hertzsche Mechanik beruht auf dieser Konzeption.

Ruhe wiederum nur in bezug auf diesen Raum, bezüglich anderer Räume seien sie auch nach ihrem Zusammenstoß in Bewegung. Am deutlichsten wird diese Konzeption, wenn man das Kantsche Beispiel zitiert: „Es sei ein Körper A mit einer Geschwindigkeit AB in Ansehung des relativen Raumes gegen den Körper B, der in Ansehung eben desselben Raums *ruhig* ist, im Anlaufe. Man teile die Geschwindigkeit AB in zwei Teile, Ac und Bc, die sich umgekehrt wie die Massen B und A gegeneinander verhalten, und stelle sich A mit der Geschwindigkeit Ac im absoluten Raume, B aber mit der Geschwindigkeit Bc in entgegengesetzter

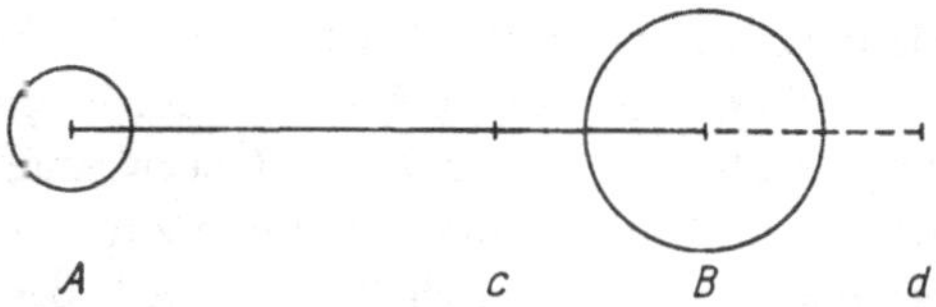

Richtung *zusammt dem relativen Raume* bewegt vor: so sind beide Bewegungen einander entgegengesetzt und gleich, und da sie einander wechselseitig aufheben, so versetzen sich beide Körper beziehungsweise aufeinander, d. i. im absoluten Raume, in Ruhe. Nun war aber B mit der Geschwindigkeit Bc in der Richtung BA, die der des Körpers A, nämlich AB, gerade entgegengesetzt ist, *zusammt dem relativen Raume* in Bewegung. Wenn also die Bewegung des Körpers B durch den Stoß aufgehoben wird, so wird darum doch die Bewegung des relativen Raums nicht aufgehoben. Also bewegt sich nach dem Stoße der *relative Raum* in Ansehung beider Körper A und B (die nunmehr im absoluten Raume ruhen) in der Richtung BA mit der Geschwindigkeit Bc, oder, welches einerlei ist, beide Körper bewegen sich nach dem Stoße mit gleicher Geschwindigkeit Bd = Bc in der Richtung des stoßenden AB. Nun ist aber nach dem vorigen die Quantität der Bewegung des Körpers B in der Richtung und mit der Geschwindigkeit Bc, mithin auch die in der Richtung Bd mit derselben Geschwindigkeit der Quantität der Bewegung des Körpers A mit der Geschwindigkeit und in der Richtung Ac gleich: folglich ist die Wirkung, d. i. die Bewegung Bd, die der Körper B durch den Stoß im relativen Raume erhält, und also auch die Handlung des Körpers A mit der Geschwindigkeit Ac der Gegenwirkung Bc jederzeit gleich." Da dies für Stoß wie für Zug gilt, folgt, „daß in aller Mitteilung der Bewegung Wirkung und Gegenwirkung einander jederzeit gleich seien".[267] Kant unterstellt, daß sich die beiden Körper nach dem Zusammenstoß, bezogen auf ihre Unterlage, gemeinsam in gleicher Richtung, aber mit verminderter Geschwindigkeit, fortbewegen.

Die Kantsche Argumentation fällt sofort zusammen, nimmt man das Relativitätsprinzip, das er so sehr herausstellt, ernst. Dann gibt es nämlich nicht mehr *den* relativen Raum (womit Kant den Raum meint, in dem der Körper B vor

267 I. Kant, Kritik der reinen Vernunft, a. a. O., S. 546f.

dem Zusammenstoß mit dem heranrollenden Körper A ruht und in bezug auf den sich beide Körper angeblich danach mit gleicher Geschwindigkeit und Richtung bewegen), sondern unzählig viele relative Räume, darunter auch einen solchen, in dem sich die beiden Körper genau in entgegengesetzter Richtung bewegen. Und wie sieht es dann mit dem Gegenwirkungsprinzip aus? Wenn das Galileische Relativitätsprinzip gilt, kann man natürlich ein beliebiges Inertialsystem auswählen und dieses aus irgendwelchen Gründen bevorzugen, aber man muß zeigen, daß *in* ihm das Gegenwirkungsprinzip gilt. Es muß in jedem System gelten, sonst sind es eben keine zueinander gleichberechtigten Räume, sonst gilt das Relativitätsprinzip nicht. Nach Kants Vorstellungen ist nun das Gegenwirkungsprinzip überhaupt nur realisiert im absoluten Raum und, wenn nicht Stillstand herbeigeführt werden soll, im Überwechseln zum ehemaligen Ruhsystem des Körpers B – also durch die Bevorzugung zweier Räume, des absoluten und „des" relativen, wobei sich Kant je nach Bedarf mal auf den einen, mal auf den anderen bezieht. Seine Stoßgesetze sind abhängig vom Bezugssystem.

Die ganze Wirrnis entspringt daraus, daß Kant von einem extremen Spezialfall ausgeht, dem total unelastischen Stoß. Ganz anders ist es in allen übrigen Fällen. Beim elastischen Stoß verhalten sich die Körper nicht so, wie es Kant angibt, sondern nach dem Zusammenstoß bleibt – bezogen auf die Unterlage – A liegen, und B rollt allein weiter, und zwar so, daß der Impuls des Körpers A vor dem Zusammenstoß gleich ist dem Impuls des Körpers B nach dem Zusammenstoß. Nach den Stoßgesetzen zehren sich, bezogen auf den Kantschen absoluten Raum, Wirkung und Gegenwirkung nicht auf (in dem von Kant gemeinten Sinne, daß die beiden Körper in bezug aufeinander ruhen), sondern die Körper entfernen sich im Verhältnis ihrer Massen wieder von ihrem gemeinschaftlichen Schwerpunkt, so daß in jedem Augenblick die Wirkung gleich der Gegenwirkung ist.

Den eigentlichen Sinn des Galileischen Relativitätsprinzips, der gerade in der Aussage besteht, daß in allen Inertialsystemen die mechanischen Gesetze in gleicher Weise gelten, verfehlt Kant also. Offensichtlich sind die Kantschen Überlegungen noch zu sehr der unmittelbaren sinnlichen Anschauung verhaftet. Die Bevorzugung des einen relativen Raumes und die nur partielle Anerkennung der Gleichberechtigung aller Inertialsysteme in der Mechanik bezeugt mangelnde mathematische Abstraktion. „Der" relative Raum Kants – wie er es nennt „der Raum des Körpers" – ist wohl der Tisch, auf dem sich die Billardkugeln bewegen, ist das System, das unmittelbar wahrnehmbar ist, und Kant nennt es ja auch die Bewegungsverhältnisse in der Erscheinung.[268]

Die Mechanik behandelt Relativbewegungen. Kant kann sich nicht dazu durchringen anzuerkennen, daß die Physik eine Gruppe von Bezugssystemen festlegt. Er möchte immer die Voraussetzungen (die vorausgeschickten, voran-

268 Ebenda, S. 545.

gestellten *Setzungen*) der Physik als wirklich seiend, das heißt als ein für allemal gegeben akzeptieren können. Die Physik behandelt aber immer Wenn-so-Beziehungen. Hier zeigt sich bereits Kants *absolute* Apriorität. „Willkürliche" Setzungen, womit wohl alle möglicherweise veränderlichen Setzungen gemeint waren, sollten ausgeschlossen werden. Die notwendigen Voraussetzungen der Physik sollten eindeutig und ein für allemal aus der Natur des menschlichen Verstandes abgeleitet werden. Die abschließenden Ausführungen über Kants Auffassungen zum Gegenwirkungsaxiom machen das noch einmal recht deutlich.

Kants Hauptanliegen bei der Behandlung des Gegenwirkungsaxioms ist es, zu erklären, wie eine Bewegung beginnen kann. „... so ist es hier eben die Aufgabe, wie diese Möglichkeit (des Übergangs der Bewegung von einem Körper auf den andern – R. W.) begreiflich zu machen sei, deren Erklärung nun gerade auf demselben Grunde beruht, woraus das Gesetz der Gleichheit der Wirkung und Gegenwirkung abgeleitet wird." Hier kommen nun wieder die inhärenten Kräfte ins Spiel, die diesen Zusammenhang erklären sollen: „Man kann sich gar nicht denken, wie die Bewegung eines Körpers A mit der Bewegung eines anderen B notwendig verbunden sein müsse, als so, daß man sich Kräfte an beiden denkt, die ihnen (dynamisch) (das meint: inhärent – R. W.) vor aller Bewegung zukommen, z. B. Zurückstoßung, und nun beweisen kann, daß die Bewegung des Körpers A durch Annäherung gegen B mit der Annäherung von B gegen A und, wenn B als ruhig angesehen wird, mit der Bewegung desselben *zusammt seinem Raume* gegen A notwendig verbunden sei, sofern die Körper mit ihren (ursprünglich) bewegenden Kräften bloß relativ auf einander in Bewegung betrachtet werden." Die kinematische Relativbewegung, das Inertialprinzip soll also durch inhärente Kräfte erklärt werden. Wenn auch ein ruhender Körper in bestimmter Beziehung bewegt ist, so müssen also immer, das heißt, auch dort, wo er ruht, Kräfte in ihm sein. Und dies soll man a priori einsehen. Die ganze Mechanik wäre so rational begründet. In diesem Sinne setzt Kant seine Worte fort: „Dieses letztere kann völlig a priori dadurch eingesehen werden, daß, es mag nun der Körper B in Ansehung des empirisch erkennbaren Raumes ruhig, oder bewegt sein, er doch in Ansehung des Körpers A notwendig als bewegt angesehen werden müsse: weil sonst kein Einfluß desselben auf die repulsive Kraft beider stattfinden würde, ohne welchen ganz und gar keine mechanische Wirkung, d. i. keine Mitteilung der Bewegung durch den Stoß, möglich ist."[269]

Im Bestreben, keine Lücke zu lassen, alle Voraussetzungen der Mechanik *unmittelbar einsichtig* zu machen, weist Kant dem Gegenwirkungsaxiom in Verbindung mit seiner Kräftekonzeption eine Rolle zu, die im Rahmen der klassischen Mechanik gar nicht gebraucht wird, durch die er sich aber in unbestreitbare Widersprüche zu den Axiomen der Newtonschen Mechanik verstrickt.

269 Ebenda, S. 550.

Das dritte Axiom fixiert die Gleichheit von aktiver und passiver Masse. (In diesem Sinne enthält es die Aussage über die Gleichberechtigung, mithin über die Relativität der Wirkung und Gegenwirkung, keineswegs bedeutet es natürlich, daß jede Wirkung durch eine entsprechende Gegenwirkung sofort aufgehoben wird, daß also sozusagen niemals etwas passiert.) Es schränkt so im Interesse einer sinnvollen Physik die Möglichkeiten für Kräftebestimmungen ein, die das erste und zweite Axiom allein zulassen. Diese beiden Axiome wiederum gehören unmittelbar zusammen. Das erste enthält aus passiver Sicht das zweite, so wie das zweite aus aktiver Sicht das erste.[270] Das Vermögen der Materie zu widerstehen (einer Einwirkung, die sie von der geradlinig gleichförmigen Bewegung abbringen „will") ist nur eine andere Formulierung dafür, daß eine Kraft aufgewandt werden muß, um die Materie von der geradlinig gleichförmigen Bewegung abzubringen, und daß umgekehrt diese erforderliche Kraft abhängt von dem zu überwindenden Vermögen der Materie zu widerstehen, also von der Masse und von der zu erzielenden Beschleunigung, vom zu erzielenden Grad des Abweichens vom „Grundzustand". Die Beziehung der Kantschen Kräftekonzeption zu den Newtonschen Axiomen betrachtend, wurden Verstöße gegen die klassische Mechanik noch deutlicher als zuvor. Doch *Kants Ziel der dynamischen Erweiterung der Newtonschen Mechanik war ihre apriorische Begründung*, und diese wurde in dem Maße, in dem es im Interesse der klassischen bürgerlichen Philosophie lag, erreicht.[271]

5. Das Apriorische ersetzt die Atome, der absolute Raum den leeren Raum

Kant lehnte, wie gezeigt, den Atomismus ab – da durch ihn die Mannigfaltigkeit der Materie nicht empirisch zugänglich werde, da er keine empirisch begründete Naturwissenschaft ermögliche – und konzipierte statt dessen die Zurückführung der „Verschiedenheit der Materie" auf Kräfte. Die *Möglichkeit* einer solchen Reduktion meinte Kant apriorisch beweisen zu können und andererseits auch zu müssen, da alles Empirische keine absolute Gewißheit vermittle, das heißt, keine notwendigen Gesetzesaussagen. Dabei sollte alles, was apriorisch vorausgesetzt werden mußte, klar und deutlich aus dem menschlichen Verstand ableitbar sein.

In der Vorrede zu den „Metaphysischen Anfangsgründen der Naturwissenschaft" erklärt Kant: „*Eigentliche* Wissenschaft kann nur diejenige genannt werden, deren Gewißheit apodiktisch ist; Erkenntnis, die bloß empirische Gewißheit enthalten kann, ist nur uneigentlich sogenanntes *Wissen*."[272] Daher

270 Vgl. hierzu S. 118, Anm. 244.
271 Siehe Abschn. 6 des Kap. III.
272 I. Kant, Metaphysische Anfangsgründe der Naturwissenschaft, a. a. O., S. 468.

muß – so argumentiert er – jede wirkliche Naturwissenschaft einen Teil enthalten, auf den sich die apodiktische Gewißheit, die die Vernunft in der Naturwissenschaft sucht, gründen kann. Jenen Teil nennt er reinen Teil, und ihn will er möglichst vollständig und „ganz unbemengt" vom empirischen darstellen, damit man genau bestimmen könne, was die Vernunft für sich zu leisten vermöge, und wo sie der Beihilfe der Erfahrungsprinzipien bedürfe.[273]

273 So will Kant darstellen, was prinzipiell a priori über die Grundkräfte auszumachen sein müßte. Das vollzieht sich z. B. in der Weise, daß er zunächst das Grundobjekt seiner Naturphilosophie definiert: „Ein *Körper* in physischer Bedeutung ist eine Materie zwischen bestimmten Grenzen (die also eine Figur hat). *Der Raum zwischen diesen Grenzen, seiner Größe nach betrachtet*, ist der *Rauminhalt* (volumen). Der Grad der Erfüllung eines Raumes von bestimmtem Inhalt heißt *Dichtigkeit*." (Ebenda, S. 525). In einem zweiten Komplex bestimmt er dann Arten des Zusammenhangs wie: flüssig, verschoben, getrennt, fest, starr, spröde, Reibung, die ebenso wie die Körperbestimmungen durch die Grundkräfte müssen konstituiert werden können. In einem dritten Abschnitt bestimmt er die Elastizität als Springkraft, durch die eingewirkt habende Kräfte, die Größe oder Gestalt verändern, kompensiert werden. Die Elastizität muß Kant betonen, um das Gegenwirkungsprinzip als Gleichheit von Impuls und Gegenimpuls zu realisieren. Viertens diskutiert er mögliche Wirkungen der Körper aufeinander, Arten ihrer gegenseitigen Einwirkungen, immer auf der Basis der beiden angenommenen Grundkräfte. Er unterscheidet die mechanische Wirkung als Wirkung bewegter Körper aufeinander durch Mitteilung ihrer Bewegung und die chemische Wirkung (Auflösung oder Scheidung) als Wirkung von Materien, insofern diese auch in Ruhe durch eigene Kräfte wechselseitig die Verbindung ihrer Teile verändern.

Bei den Ausführungen um die chemische Wirkung geht es Kant keineswegs etwa um die apriorische Konstruktion einer Chemie, sondern um die Diskussion grundsätzlicher Arten der Einwirkung der Körper aufeinander. Er dokumentiert damit seine Einsicht, daß die mechanische Wirkung nicht ausreicht, um die spezifischen Verschiedenheiten der Körper durch die Grundkräfte zu konstruieren. Daß auch chemische Wirkung mit Ortsbewegung verbunden ist, wird zwar übersehen, ist aber in diesem Zusammenhang unwichtig, weil es nur darauf ankommt, sich etwas zu denken, das nicht auf mechanische Bewegung reduziert werden kann. (Der Terminus „chemische Bewegung" ist vielleicht nur Ausdruck eines begrifflichen Mangels, der seine Analogie in der Bezeichnung „Wasser" findet, die Thales für den Begriff der Materie wählte, den er ja gerade erst bildete, für den es also noch kein adäquates Wort gab.) Die chemische Auflösungskraft kann nach Kant empirisch eine mögliche Grenze haben, doch ihn interessiert die Möglichkeit, alles Bestehende auflösen zu können, eine Auflösungskraft, die begründet (denkbar macht), warum es keine absoluten Atome gibt, nichts, das eine letzte Schranke ist, hinter die nicht zurückgegangen werden kann. In diesem Sinne schreibt er: „Daß das Auflösungsmittel nicht weiter wirke, mag immer in der Natur, so weit Erfahrung reicht, seine gute Richtigkeit haben; es ist hier aber nur die Rede von der Möglichkeit einer auflösenden Kraft, die auch dieses Klümpchen und so ferner jedes andere, was noch übrig bleibt, auflöse, bis die Solution vollendet ist." (Ebenda, S. 531).

Es erhebt sich natürlich die Frage, wann die Solution vollendet ist. Wenn nichts mehr übrigbleibt? Man kann sie nur als prinzipiell stets unvollendete Solution postulieren, nie als ausgeführte, wenn man nicht die Materie ins Nichts auflösen oder sich zu Atomen bekennen will.

Für diesen reinen Teil sei aber zwischen der Rolle der Philosophie und der der Mathematik zu unterscheiden: „Reine Vernunfterkenntnis aus bloßen *Begriffen* heißt reine Philosophie oder Metaphysik, dagegen wird die, welche nur auf der *Construction* der Begriffe vermittelst Darstellung des Gegenstandes in einer Anschauung a priori ihr Erkenntnis gründet, Mathematik genannt."[274] Da sich nun Gesetze (das sind Prinzipien der Notwendigkeit dessen, was zum Dasein eines Dinges gehört) nach Kant mit einem Begriffe beschäftigen, der sich nicht konstruieren läßt, nämlich mit dem Dasein, *setzt jede Naturwissenschaft, die diesen Namen verdient, zuerst Philosophie voraus*.[275]

Die Philosophie nun enthält – wie Kant darstellt – keine empirischen Prinzipien, denn was *notwendig* zum Dasein eines Dinges gehört, könne man aus reiner Erfahrung nicht wissen, sondern – wie er meint – nur aus dem Begriff. Die jeder Naturwissenschaft vorangehende Philosophie handele daher entweder von den Gesetzen, die den Begriff Natur überhaupt erst möglich machen, ohne Beziehung auf ein *bestimmtes* Erfahrungsobjekt, dann heiße sie der transzendentale Teil der Metaphysik der Natur. Oder sie beschäftige sich mit der besonderen Natur dieser oder jener Art von Dingen, von denen ein empirischer Begriff gegeben ist, doch so, daß außer dem, was in diesem Begriff liegt, kein anderes empirisches Prinzip zur Erkenntnis dieser Dinge gebraucht wird. Zum Beispiel lege sie den Begriff einer Materie zugrunde und suche den Umfang der Erkenntnis, deren die Vernunft über diese Gegenstände fähig ist. Dies sei die Anwendung jener transzendentalen Prinzipien auf die Gegenstände der äußeren Sinne, und sie heiße besondere metaphysische Naturwissenschaft oder Physik. (In diesem Zusammenhang wird klar, welche physikalische Ergänzung der Newtonschen Mechanik Kant für erforderlich hielt.)

Wenn nun aber auch jede wirkliche Naturwissenschaft zuerst Metaphysik, also Philosophie, voraussetzt, so reicht diese – so Kant – zur apriorischen Erkenntnis der Naturdinge, das heißt zur Begründung des notwendigen apriorischen Teils der Naturwissenschaft, noch nicht aus. Denn etwas apriorisch erkennen heiße, etwas in seiner bloßen Möglichkeit erkennen. Die Möglichkeit bestimmter Naturdinge könne aber nicht aus ihren bloßen Begriffen erkannt werden, denn aus diesen könne nur die Möglichkeit des Gedankens, seine Widerspruchsfreiheit, abgeleitet werden, nicht aber die Möglichkeit des Objekts als eines Naturdings. Es sei daher noch nötig, daß die dem Begriffe korrespondierende *Anschauung* a priori gegeben werde, das heißt, daß der Begriff kon-

In dieser Weise diskutiert Kant, von welchem philosophischen Standpunkt aus man an den Bau einer wissenschaftlichen Naturlehre herangehen müßte, was von ihr zu fordern wäre. Dabei erwartet er, daß eine naturwissenschaftliche Theorie möglich ist, die das leistet, was man von der Naturwissenschaft nur im Fortgang ihrer Entwicklung, nur von der Naturwissenschaft als Ganzes fordern kann.

274 Ebenda, S. 469.

275 Vgl. ebenda.

struiert werde. (Außer der Konsequenz des Gedankens muß also noch der Übergang zur Erfahrung, müssen noch die „Anknüpfungsstellen" zum Empirischen angegeben werden.) Deshalb sei eine reine Naturlehre über bestimmte Naturdinge nur vermittelst der Mathematik möglich. Und Kant prägt hier seinen berühmten Satz: *„daß in jeder besonderen Naturlehre nur so viel eigentliche Wissenschaft angetroffen werden könne, als darin Mathematik anzutreffen ist"*.[276]

Aus Kants eigener Darstellung folgt, daß er unter Mathematik mehr versteht als heute allgemein üblich ist, daß er die mathematisch formulierte Physik, also Physik im Newtonschen Sinne, mit einschließt und unter Physik im wesentlichen ihre erkenntnistheoretische Begründung, ihre philosophischen Voraussetzungen versteht. Folglich ist auch seine Unterscheidung von Naturphilosophie und Physik nicht so klar, wird vieles als Physik ausgegeben, was eigentlich Philosophie ist. Damit hängen viele Inkonsequenzen zusammen, auf die bereits verwiesen wurde.[277]

Die Auffassung von der Konstruktion des Begriffs impliziert die „atomistische" Funktion der Kantschen Grundkräfte, aus denen die Materie konstruiert werden soll – mit all den Schwierigkeiten, die bereits aufgezeigt wurden. Sinn dieser Konstruktion – die Kant in seinem Werk durchführen will – ist der Nachweis der Anwendbarkeit der Mathematik in der Naturwissenschaft. Da apodiktische Gewißheit nur durch a-priori-Erkenntnis erlangt werden kann, soll die Naturlehre durch metaphysische Analyse so präpariert werden, daß in ihr Mathematik möglichst stark anwendbar wird, bzw. soll die Möglichkeit einer mathematischen Naturlehre metaphysisch bewiesen werden. Kräfte sind nun – das belegt die vorliegende Newtonsche Mechanik – etwas mathematisch Beschreibbares, zugleich jedoch auch erfassen sie empirisch Wirksames. Sie sind mithin das Bindeglied zwischen dem Apriorischen und dem empirisch Wahrnehmbaren. „Kraft" macht beides in einem möglich: Empirie und physikalische Theorie. Daher Kants Ziel, möglichst alles auf Kräfte zu reduzieren. In diesem Interesse sind die „Metaphysischen Anfangsgründe der Naturwissenschaft" verfaßt, wird der Begriff Materie analysiert: „Damit aber die

276 Ebenda, S. 470 (Hervorhebung – R. W.). – Aus dem Zitat geht klar hervor, daß Kant meint, die Wissenschaftlichkeit jeder *naturwissenschaftlichen Einzeldisziplin* hänge davon ab, wieviel Mathematik in ihr enthalten ist. Er sagt nicht, es sei dies Kriterium der Wissenschaftlichkeit überhaupt (etwa gar der Wissenschaftlichkeit der Philosophie), wie ihm oft unterstellt wird.

277 Daß Kant diese beiden Gesichtspunkte, den physikalischen und den philosophischen, nicht eindeutig unterscheidet, ist wohl auch der Grund dafür, daß er – je nachdem wie man es betrachtet – zu viel oder zu wenig macht. Für nur prinzipielle philosophische Überlegungen ist es z. B. nicht nötig, die Art, das „Gesetz", der Repulsion und der Attraktion oder der chemischen Wirkung zu diskutieren. Viele Inkonsequenzen könnte er sich so ersparen. Um aber physikalisch brauchbare Vorschläge zu unterbreiten, müßte Kant die mathematischen und experimentellen Voraussetzungen der Physik genauer kennen und berücksichtigen, z. B. eben wissen, wie eine Kraft in der Newtonschen Mechanik überhaupt definiert wird, wie ein Kraftterm aussieht und wie man zu ihm gelangt.

Anwendung der Mathematik auf die Körperlehre, die durch sie allein Naturwissenschaft werden kann, möglich werde, so müssen Prinzipien der *Construction* der Begriffe, welche zur Möglichkeit der Materie überhaupt gehören, vorausgeschickt werden; mithin wird eine vollständige Zergliederung des Begriffs von einer Materie überhaupt zum Grunde gelegt werden müssen." Dies sei reine Aufgabe der Philosophie, die zur Lösung dieser Aufgabe keiner besonderen Erfahrung bedürfe, sondern sich nur dessen bediene, was sie im „abgesonderten, obzwar empirischen Begriffe" selbst in Beziehung auf die reinen Anschauungsformen im Raume und in der Zeit antrifft. (Die reinen Entfernungsabhängigkeiten der Kantschen Kräfte erfahren hier ihre tiefere Begründung.) Diese Aufgabe löse die Philosophie nach Gesetzen, die schon im Begriff der Natur wesentlich enthalten seien.[278]

Um Fehler zu vermeiden, die sich aus der *Verknüpfung* von mathematischem und metaphysischem Anteil der reinen Naturwissenschaft ergeben könnten, will Kant nur den metaphysischen Teil darstellen, eingeschlossen die Prinzipien zur Konstruktion der Begriffe. Das Schema zur Vollständigkeit eines metaphysischen Systems der körperlichen Lehre sieht er nun aber mit seiner Kategorientafel gegeben. Diese enthält vier Klassen: die Kategorien der *Größe*, die der *Qualität*, der *Relation* und der *Modalität*. Durch dieses Schema schleust er nun den Materiebegriff (zu dem angegebenen Zweck, ihn zur Anwendung auf äußere Erfahrung tauglich zu machen) und findet daher die metaphysischen Anfangsgründe der Naturwissenschaft in die vier aufeinanderfolgenden Hauptstücke geteilt: Phoronomie (Kinematik), Dynamik, Mechanik, Phänomenologie.[279] Kants Trennung von Dynamik und Mechanik ergibt sich also letztlich aus seinem Kategorienschema, aus seinen metaphysischen Voraussetzungen, aus seiner Auffassung, es gäbe – naturwissenschaftlich faßbar – An-sich-Qualitäten. In seinem analytischen Vorgehen charakterisiert er die Materie erst an sich, dann in Beziehung (verschiedener Materien zueinander). Man soll also Existenz von Kräften denken können, ohne zugleich die gegenseitige Mitteilung von Bewegung zu denken. Damit erklärbar wird, wieso das möglich ist, was die Mechanik unter Voraussetzung der Kinematik behandelt (nämlich Regeln der Verknüpfung der Bewegung durch physikalische Ursachen), müsse zuvor die „Qualität der Materie" charakterisiert werden. Nach Kant ist dies der Gegen-

278 Ebenda, S. 472.

279 „*Die metaphysischen* Anfangsgründe der Naturwissenschaft sind also unter vier Hauptstücke zu bringen, deren *erstes* die *Bewegung* als reines *Quantum* nach seiner Zusammensetzung ohne alle Qualität des Beweglichen betrachtet und **Phoronomie** genannt werden kann, das *zweite* sie als zur *Qualität* der Materie gehörig unter dem Namen einer ursprünglich bewegenden Kraft in Erwägung zieht und daher **Dynamik** heißt, das *dritte* die Materie mit dieser Qualität durch ihre eigene Bewegung gegen einander in *Relation* betrachtet und unter dem Namen **Mechanik** vorkommt, das *vierte* aber ihre Bewegung oder Ruhe bloß in Beziehung auf die Vorstellungsart oder Modalität, mithin als Erscheinung äußerer Sinne bestimmt und **Phänomenologie** genannt wird." (Ebenda, S. 477).

stand der Dynamik, und seine Behandlung schlägt sich in der dynamistischen Auflösung der Materie nieder.

In welcher Weise Kant den Begriff der Materie als Begriff des letzten Subjekts durch die vier Kategorienklassen schreitend vollständig zergliedert, das offenbart seine gesamte naturdynamische und philosophische Konzeption.

Gegen das Kantsche Vorhaben ließe sich einwenden, Materie im philosophischen Sinne sei nicht zusammensetzbar, sondern nur als das Ganze ihrer Momente zu fassen. Materie in physikalischer Hinsicht ist gesetzt als Masse (jedenfalls in der klassischen Mechanik); sie geht in der Form von Konstanten in physikalische Gleichungen ein, durch die sie bestimmt wird. „Welche Materie" soll hier konstituiert werden? Wird der Begriff „Materie" im philosophischen wie im physikalischen Sinne als jeweils schon vorhanden vorausgesetzt, so kann man über beide ohne *besondere* Erfahrung nachdenken, natürlich nicht ohne Erfahrung überhaupt, denn das, was „im Begriff liegt", ist nicht unabhängig vom erarbeiteten empirischen Material. Kants Unternehmen ist sinnvoll als Kontrolle der begrifflichen Konsistenz der in der Physik gebrauchten Größen.

Entsprechend der genannten vier Gebiete gibt Kant nun in aufsteigender Linie oder synthetisierender Weise nacheinander vier Definitionen der Materie. Die phoronomische: „*Materie* ist das *Bewegliche* im Raume. Der Raum, der selbst beweglich ist, heißt der materielle, oder auch der *relative* Raum; der, in welchem alle Bewegung zuletzt gedacht werden muß (der mithin selbst schlechterdings unbeweglich ist), heißt der reine, oder auch *absolute* Raum."[280] Die dynamische: „*Materie* ist das *Bewegliche*, sofern es einen Raum *erfüllt*. Einen Raum erfüllen, heißt allem Beweglichen widerstehen, das durch seine Bewegung in einen gewissen Raum einzudringen bestrebt ist. Ein Raum, der nicht erfüllt ist, ist *ein leerer Raum*."[281] Die mechanische: „*Materie* ist das Bewegliche, sofern es als ein solches bewegende Kraft hat."[282] Die phänomenologische: „*Materie* ist das Bewegliche, sofern es als ein solches im Gegenstand der Erfahrung sein kann."[283] *Materie ist also in jedem Falle das Bewegliche und wesentlich durch seine Beziehung zum Raum bestimmt bzw. durch eine bestimmte Art von Raum definiert.* Unter diesem Gesichtspunkt werden Kinematik, Dynamik, Mechanik, Phänomenologie im folgenden beleuchtet.

Ausgehend von der ersten Materiedefinition und zu dem angegebenen Zweck wird zunächst die der Newtonschen Mechanik zugrunde liegende Kinematik behandelt. Es erhebt sich die Frage, ob Kant diese als eine Art Metrik darstellt, die der eigentlichen Physik vorausgesetzt werden muß. Kräfte spielen hier noch keine Rolle, und so soll das, worum es in der Phoronomie geht (um die

280 Ebenda, S. 480.
281 Ebenda, S. 496.
282 Ebenda, S. 536.
283 Ebenda, S. 554.

Grundsätze der Zusammensetzung von Bewegungen überhaupt, also um das Additionstheorem der Geschwindigkeiten), gänzlich a priori ausgemacht werden. Es sei dies eine notwendige Voraussetzung für die nachfolgende Physik. „Denn die Regeln der Verknüpfung der Bewegungen durch physische Ursachen, d. i. Kräfte, lassen sich, ehe die Grundsätze ihrer Zusammensetzung überhaupt vorher rein mathematisch zum Grund gelegt werden, niemals gründlich vortragen."[284] Um Bewegung überhaupt zu denken, bedarf es nach Kant keiner Kraft. Daß damit aber nicht die geradlinig gleichförmige Bewegung physikalischer Körper gemeint ist, wurde bereits gezeigt, und auch Kants weitere Argumentation belegt das.

Es bedarf also keiner Kraft, um Bewegung überhaupt zu denken, aber verschiedener Räume, denn in der Kinematik wird die Bewegung eines Körpers nur in Ansehung des Raumes, als Veränderung der Relationen im Raume betrachtet. Insofern gilt dem Verfasser der „Metaphysischen Anfangsgründe der Naturwissenschaft" die Phoronomie als reine Größenlehre der Bewegung, in der keine Eigenschaft der Materie eine Rolle spielt, außer der, beweglich zu sein. Insofern könne man die Materie als Punkt betrachten, müsse seine Bewegung aber nicht nur auf den Raum, sondern auch auf die Zeit beziehen, also seine Geschwindigkeit beachten. Die Kinematik wird erklärt als Lehre von der Zusammensetzung der Bewegung ein und desselben Punktes nach Richtung und Geschwindigkeit, das heißt, eine Bewegung wird vorgestellt als eine, die zwei oder mehrere Bewegungen in sich enthält und deren Größe sich aus den anderen Bewegungen zusammensetzt, „sofern sie mit dieser einerlei sind, und nicht etwa sofern sie sie als Wirkung hervorbringen, da sie ihre Ursachen sind."[285]

Für die Regeln dieser Zusammensetzung geradliniger Bewegung ist die Annahme eines Relativitätsprinzips notwendig. Nach diesem sei alle kinematische Bewegung relativ. Eine absolute Bewegung könne – meint Kant – nie erfahren werden, denn es wäre dies eine Bewegung bezogen auf den absoluten, das heißt auf den absolut ruhenden Raum. Ein absolut ruhender Raum sei einer, der sich nicht in einem umfassenderen Raum befinde. Die Bewegung des Raumes sei aber nur erfahrbar, wenn sich der Raum in einem anderen bewege. Soweit es also um empirische Räume gehe, seien diese immer relativ, und es gäbe kein Kriterium, einen dieser Räume zu bevorzugen und Ruhe und Bewegung absolut zu unterscheiden. Erkenntnistheoretisch begründet Kant so die Notwendigkeit des relativen Raumes in der Phoronomie als der Voraussetzung der Physik: „In aller Erfahrung muß etwas empfunden werden, und das ist das Reale der sinnlichen Anschauung, folglich muß auch der Raum, in welchem wir über die Bewegung Erfahrung anstellen sollen, empfindbar, d. i. durch das, was empfunden werden kann, bezeichnet sein, und dieser, als Inbegriff aller Gegenstände der Erfahrung und selbst ein Objekt derselben, heißt

284 Ebenda, S. 487.
285 Ebenda, S. 495.

der *empirische* Raum. Dieser aber, als materiell, ist selbst beweglich. Ein beweglicher Raum aber, wenn seine Bewegung soll wahrgenommen werden können, setzt wiederum einen anderen, erweiterten materiellen Raum voraus, in welchem er beweglich ist, diesen eben sowohl einen anderen und so fort ins Unendliche. Also ist alle Bewegung, die ein Gegenstand der Erfahrung ist, bloß relativ; der Raum, in dem sie wahrgenommen wird, ist ein relativer Raum . . ." *Ein absoluter Raum* kann deshalb niemals Gegenstand der Erfahrung sein, aber er *muß unbedingt gedacht werden*, um die unendlich fortsetzbare Kette relativer Räume abzuschließen, *um einen Raum zu haben, mit dem jeder relative verglichen werden kann.*[286]

Kant betont also bereits hier, am Anfang seiner metaphysischen Grundlegung, den Raum als notwendige Voraussetzung naturwissenschaftlicher Erkenntnis, und zwar sieht er die Notwendigkeit des relativen wie des absoluten Raums. Dabei wird der absolute Raum als notwendige *Voraussetzung* der Physik nachgewiesen. Kant argumentiert: Der absolute Raum ist „*an sich* nichts und gar kein Objekt, sondern bedeutet nur einen jeden anderen relativen Raum, den ich mir über jeden gegebenen ins Unendliche hinausrücke, als einen solchen, der diesen einschließt und in welchem ich den erstern als bewegt annehmen kann. Weil ich den erweiterten, obgleich immer noch materiellen, Raum nur in Gedanken habe und mir von der Materie, die ihn bezeichnet, nichts bekannt ist, so abstrahiere ich von dieser, und er wird daher wie ein reiner, nicht empirischer und absoluter Raum vorgestellt, mit dem ich jeden empirischen vergleichen und diesen in ihm als beweglich vorstellen kann, der also jederzeit als unbeweglich gilt. *Ihn zum wirklichen Dinge zu machen, heißt die logische Allgemeinheit irgend eines Raumes, mit dem ich jeden empirischen als darin eingeschlossen vergleichen kann, in eine physische Allgemeinheit des wirklichen Umfanges verwechseln und die Vernunft in ihrer Idee mißverstehen.*"[287] Man soll also die notwendige erkenntnistheoretische Voraussetzung nicht ontologisieren!

Allerdings führt Kant den absoluten Raum anders ein als Newton, was mit der unterschiedlichen Kraftkonzeption beider zusammenhängt. Wozu Kant den absoluten Raum benötigt, wurde bei der Diskussion des Gegenwirkungsaxioms sichtbar. Damit wurde auch offenbar, daß er nicht schlechthin geradlinig gleichförmig zueinander Bewegtes als verschiedene Bezugssysteme faßt. Er verkennt, daß jeder Körper als Bezugskörper genommen werden und seine Bewegung im Raum als Bewegung verschiedener Bezugssysteme oder Räume zueinander aufgefaßt werden kann. Ein Körper hat bei ihm „seinen" Raum, womit sein Ruhsystem gemeint ist. Das wird aber nicht derartig bezeichnet, und so besteht die Gefahr, daß dieses System zu *dem* relativen Raum verabsolutiert wird. Ein anderes auch mögliches Bezugssystem ist für Kant stets nur der „umfassendere

286 Ebenda, S. 482.

287 Ebenda, S. 481f. (Hervorhebung des letzten Satzes — R. W.).

Raum". So wird die von ihm als allgemeines Prinzip verkündete Relativität der geradlinigen Bewegung nicht voll akzeptiert, und vor allem wird sie da aufgehoben, wo das Galileische Relativitätsprinzip erst physikalischen Sinn erhält, in der Mechanik": „In der Phoronomie ... ist es an sich ganz unbestimmt und beliebig, ob und wie viel ich Geschwindigkeit dem einen oder dem anderen von der gegebenen Bewegung beilegen will; künftig in der Mechanik, da ein bewegter Körper in wirksamer Beziehung auf andere Körper im Raume seiner Bewegung betrachtet werden soll, wird dieses nicht mehr so völlig einerlei sein wie es an seinem Orte gezeigt werden soll."[288] Was jedoch in der Mechanik nicht mehr so völlig einerlei ist, das ist keine Einschränkung des Galileischen Relativitätsprinzips, sondern ergibt sich daraus, daß *beschleunigt* zueinander bewegte Bezugssysteme in der klassischen Mechanik nicht gleichberechtigt sind. Kant versucht, die Nichtberücksichtigung der Beschleunigung, ihrer Bedeutung für die Newtonsche Physik, durch Einschränkung des Relativitätsprinzips der Mechanik zu kompensieren. Bekanntlich identifiziert Kant Impuls und Kraft. Die Diskussion des Stoßes zeigte, daß er dadurch dazu gebracht wurde, das Gegenwirkungsaxiom für Impulse und nicht für Kräfte zu formulieren. Da das dritte Axiom aber für Impulse nicht in allen Inertialsystemen erfüllt ist, muß er ein spezielles Bezugssystem auszeichnen, das er mit dem Namen „absoluter Raum" belegt. Irrtum und Einsicht berühren sich hier, denn auf diese Sicht Kants gründet sich eben auch sein Postulat, den absoluten Raum nicht zu ontologisieren.

Seine Hauptaufgabe in der Mechanik sieht Kant darin, die Newtonschen Axiome philosophisch, das heißt durch sogenannte Sätze der Metaphysik zu begründen. Es erscheint dies allerdings in hohem Maße als tautologische Rechtfertigung, denn Kant räumt selbst ein, daß es nicht *die* Metaphysik gibt. Was bürgt also für die Richtigkeit der ausgewählten metaphysischen Sätze? Allerdings demonstriert Kant hier zugleich auch, daß die Axiome der Physik von ihr nicht begründet werden können, nicht von der physikalischen Theorie, deren Axiome sie sind. Doch wenn dies so ist und die Axiome zudem nicht pure Erfahrungssätze, nicht rein empirisch nur zu rechtfertigen sein sollten – was für Kant eine zu ungewisse Grundlage wäre, eine Grundlage ohne apodiktische Gewißheit –, müssen sie philosophisch begründet werden. Kant zeigt so, daß die Physik in ihren Fundamenten wesentlich auch auf philosophischen Thesen beruht. Bei ihm sieht das im einzelnen so aus: Dem ersten Gesetz der Mechanik (das bei Kant in Abweichung von der Newtonschen Darstellung lautet: Bei allen Veränderungen der körperlichen Natur bleibt die Quantität der Materie im Ganzen dieselbe, unvermehrt und unvermindert) wird der Satz zugrunde gelegt: Bei allen Veränderungen der Natur entsteht Substanz weder, noch vergeht sie.[289] Zur Begründung des zweiten Gesetzes[290] zieht er den metaphysischen Satz heran: Alle Veränderung hat eine

288 Ebenda, S. 488, s. auch S. 547. 289 Ebenda, S. 541.

290 Vgl. I. Kant, Metaphysische Anfangsgründe der Natur, a. a. O., S. 543; vgl. S. 123, Anm. 256.

Ursache, alle Veränderung der Materie hat eine äußere Ursache.[291] Und das dritte Gesetz begründet er mit dem Satz der Metaphysik: Alle äußere Wirkung in der Welt ist Wechselwirkung.[292]

Das erste Gesetz bezieht sich bei Kant auf die Erhaltung der Materie. Es wird bei Newton nicht formuliert, bei Kant hingegen ist es ein sich durchziehender Aspekt. Der Begründer der klassischen Mechanik behandelt jeweils abgeschlossene endliche Systeme, eine Kosmologie hat er nicht ausgearbeitet. Für den Philosophen Kant jedoch ist gerade die kosmologische Betrachtung Sinn und Zweck seiner Untersuchung (wobei er von seinem erkenntniskritischen Standpunkt allerdings betont, daß der Kosmos als Ganzes niemals Gegenstand der Erfahrung, mithin niemals Gegenstand einer empirischen Wissenschaft sein kann). Der Begriff „Materie" umfaßt also für Kant zum einen das, was die Kantsche Dynamik darüber sagt, zum anderen beinhaltet er das Beharrende, insofern die Materie als Substanz nicht entstehen und vergehen kann. Substanz ist sie aber, da sie als das Bewegliche im Raume das letzte Subjekt ist. Substanz aber ist als Gegenstand äußerer Sinne nur im Raume möglich und nach Bedingungen desselben.

Welche Bedingungen es sind, nach denen die Substanz möglich ist, korrespondiert mit dem Maß der Materie. Wie Kant die Quantität der Materie bestimmt, ist durch seine Raumkonzeption bedingt. Für diese Quantitätsbestimmung spielt die Beschleunigung auf Grund des Kantschen Kraftbegriffs – wie bereits gezeigt wurde – keine Rolle. Daher sieht Kant auch nicht, daß die klassische Mechanik den absoluten Raum voraussetzen muß, weil sie nur so die einer jeden Krafteinwirkung proportionale Beschleunigung als Größe definieren kann. Kant führt den absoluten Raum ebenfalls dort ein, wo Kräfte auftreten, aber wegen seines anderen Kraftbegriffes aus anderen Gründen. Wie bei der Diskussion des Gegenwirkungsprinzips gezeigt wurde, muß er den absoluten Raum auf Grund falscher physikalischer Vorstellungen annehmen, da er dieses Prinzip, das dritte Axiom, sonst nicht aufrechterhalten könnte. Um die fehlende Beschleunigung vorzutäuschen, mußte er das Galileische Relativitätsprinzip einschränken. Da Kants Kräfte nur entfernungsabhängig sind, nur erste Ableitungen enthalten, kann er mit der Beschleunigung einerseits nichts anfangen, und andererseits funktioniert deshalb überhaupt nur seine Ersatzkonstruktion.

Trotz falscher Argumente erkennt Kant die unbedingte Notwendigkeit des absoluten Raums als erkenntnistheoretische Voraussetzung der Mechanik. Er diskutiert diese Notwendigkeit unter dem Gesichtspunkt, daß die Vernunft immer nur unter gegebenen Bedingungen begreifen kann.[293] Diesem Problem ist die ganze Phänomenologie untergeordnet. Ihre Aufgabe sei es – meint Kant –, die Bedingungen aufzuzeigen, unter denen der Gegenstand möglicher Erfahrung – die Materie – auf die eine oder andere Art durch das Prädikat der Bewegung

291 Ebenda, S. 543.
292 Ebenda, S. 544.
293 Ebenda, S. 565.

bestimmt werden müsse.[294] Damit ist gemeint: In der Erscheinung ist Bewegung nur als Veränderung der Relation im Raum gegeben, diese aber ist auf verschiedene Weise möglich. Entweder ist es gleichgültig, welchem von zwei Körpern die Veränderung beigelegt wird, oder einer von ihnen muß unter Ausschließung des anderen als bewegt gedacht werden, bzw. beide müssen zugleich als bewegt gedacht werden. Dies sind nach Kant die drei möglichen Prädikate der Bewegung. In der Erscheinung sei nun aber nicht bestimmt, welcher dieser Fälle jeweils zutreffe. Es sei dies aber notwendig, damit aus Wahrnehmung Erfahrung werden könne. Die Phänomenologie soll nun die Bedingungen aufzeigen, unter denen das eine oder andere Prädikat zutreffe. Dabei ergibt sich nach Kant: Die kinematische Bewegung kommt nicht dem Objekte zu, sondern nur seinem Verhältnis zum Subjekt. Es heiße dies aber auch, daß die geradlinige Bewegung als absolute Bewegung nicht denkbar sei und so nur ein relatives Prädikat sei.

Für die Kreisbewegung treffe jedoch die zweite Sorte Prädikate zu. Denn da jeder Körper in jedem Punkte des Kreises bestrebt ist, in der den Kreis berührenden geraden Linie fortzugehen, so beweise jeder Körper in der Kreisbewegung eine bewegende Kraft. Da nun aber die Bewegung des Raums im Unterschied zur Bewegung des Körpers nur phoronomisch sei und keine bewegende Kraft habe, so sei, wenn die Bewegung des Körpers gesetzt ist, die des Raumes ausgeschlossen. Hierfür gilt also nach Kant kein Relativitätsprinzip.[295] Kant argumentiert hierbei „nur" mit der ständigen Richtungsänderung, nicht mit Beschleunigung. Es bleibt offen, ob ihm bewußt ist, daß sich beides bedingt. Wahrscheinlich nicht, denn er kommt mit der Kreisbewegung nicht zurecht.[296] Obwohl er ihr die zweite Art von Bewegungsprädikaten zuordnet, führt er sie am Beispiel der Achsendrehung der Erde im leeren Raum auf Relativbewegungen zurück. Die Kreisbewegung sei immer Bewegung zweier Körper, damit als im relativen Raum sich vollziehend vorstellbar, und insofern sei die Kreisbewegung prinzipiell keine absolute Bewegung. Diesen Nachweis braucht Kant, da sonst – wie er meint – der Mittelpunkt der Schwere aller Materie verrückt werden würde. Eine absolute Bewegung könne nur – so sie real möglich wäre – die geradlinige Bewegung des Weltganzen sein. Und er braucht diesen Nachweis, da nach seinem Begriff von absolutem Raum dieser nicht erkennbar ist. Sich auf Newtons Anmerkungen zu den Erklärungen am Anfang der „Prinzipien" beziehend,[297] betont Kant, daß die

294 Ebenda, S. 555.

295 Zu Kants Diskussion der Kreisbewegung s. ebenda, S. 495, 561.

296 Vgl. hierzu z. B. I. Kant, Opus postumum, Bd. I, a. a. O., S. 445.

297 Newton schreibt dort: „Die wahren Bewegungen der einzelnen Körper zu erkennen und von den scheinbaren scharf zu unterscheiden, ist übrigens sehr schwer, weil die Theile jenes unbeweglichen Raumes, in denen die Körper sich wahrhaft bewegen, nicht sinnlich erkannt werden können. Die Sache ist jedoch nicht gänzlich hoffnungslos. Es ergeben sich nämlich die erforderlichen Hülfsmittel, theils aus den scheinbaren Bewegungen, welche die Unterschiede der wahren sind, theils aus den Kräften, welche den wahren Bewegungen als wirkende Ursachen zu Grunde liegen. Werden z. B. zwei Kugeln in gegebener gegenseitiger Entfer-

Kreisbewegung bezüglich des absoluten Raumes empirisch erkannt werden kann, obwohl der absolute Raum grundsätzlich nicht empirisch zugänglich sei. Dieses Paradoxon – meint er – verdiene aufgelöst zu werden. Für ihn muß es aber unauflösbar sein, da er und Newton eben verschiedene Begriffe vom absoluten Raum haben und für ihn die Voraussetzungen der Physik eben nicht Voraussetzungen einer Theorie, sondern absolute Denknotwendigkeiten sind.

Nachdem Kant die verschiedenen Möglichkeiten, Bewegungen zu prädizieren, diskutiert hat, kommt er zu dem Ergebnis, daß in der allgemeinen Naturwissenschaft drei Begriffe notwendig wären und mithin ihre genauere Bestimmung erforderlich sei: der Begriff der Bewegung im relativen Raum, der Begriff der Bewegung im absoluten Raum und der Begriff der relativen Bewegung im Unterschied zur absoluten. Allen drei Begriffen werde aber der Begriff des absoluten

nung mittelst eines Fadens verbunden und so um den gemeinschaftlichen Schwerpunkt gedreht, so erkennt man aus der Spannung des Fadens das Streben der Kugeln, sich von der Axe der Bewegung zu entfernen und kann daraus die Größe der kreisförmigen Bewegung berechnen. Brächte man hieraus beliebige gleiche Kräfte an beiden Seiten der Kugeln zugleich an, um die Kreisbewegung zu vergrößern oder zu verkleinern; so würde man aus der vergrößerten oder verminderten Spannung des Fadens die Vergrößerung oder Verkleinerung der Bewegung erkennen und hieraus endlich diejenigen Seiten der Kugeln erkennen können, auf welche die Kräfte einwirken müßten, damit die Bewegung am stärksten vergrößert würde, d. h. die hintere Seite oder diejenige, welche bei der Kreisbewegung nachfolgt. Sobald man aber die nachfolgende und die ihr entgegengesetzte vorangehende Seite erkannt hätte, würde man auch die Richtung der Bewegung erkannt haben. Auf diese Weise könnte man sowohl die Größe als auch die Richtung dieser kreisförmigen Bewegung in jedem unendlich großen leeren Raume finden, wenn auch nichts Äußerliches und Erkennbares sich dort befände, womit die Kugeln verglichen werden könnten. Würden nun in jenem Raume einige sehr entfernte Körper aufgestellt, welche unter sich eine gegebene Lage beibehalten, wie die Fixsterne in der Gegend des Himmels, so könnte man aus der relativen Bewegung der Kugeln unter den Körpern nicht erkennen, ob diesen oder jenen die Bewegung zuzuschreiben sei. Achtet man aber auf den Faden, und findet man seine Spannung so, wie die Bewegung der Kugeln sie erfordert; so kann man daraus schließen, daß die Kugeln sich bewegen und die Körper ruhen, und wird dann endlich aus der Bewegung der Kugeln unter den Körpern die Richtung der Bewegung folgern. Auf die wahren Bewegungen aus ihren Ursachen, Wirkungen und scheinbaren Unterschieden zu schließen, und umgekehrt, aus den wahren oder scheinbaren Bewegungen die Ursachen und Wirkungen abzuleiten, wird im Folgenden ausführlicher gelehrt werden. Zu diesem Ende habe ich die folgende Abhandlung (die „Prinzipien" – R. W.) verfaßt." (I. Newton, Mathematische Prinzipien der Naturlehre, a. a. O., S. 31).

Es zeigt sich hier sehr deutlich der Unterschied zwischen Newton und Kant. Kant will offensichtlich sein Beispiel von der Erde, die sich im leeren Raum dreht und von der er behauptet, man könne ihre Drehung um die eigene Achse im leeren Raum feststellen, diesem Newtonschen Beispiel nachbilden. Dabei muß er aber voraussetzen, daß man von irgendwoher weiß, in welche Richtung die Kraft wirkt. Newton hingegen gibt eine Möglichkeit an, wie man das unmittelbar empirisch ermitteln kann – durch die Spannung des Fadens.

Raumes zugrunde gelegt, der somit in Kantscher Sicht eine fundamentale Bedeutung erhält. „Wie kommen wir aber", fragt er nun, „zu diesem sonderbaren Begriffe, und worauf beruht die Notwendigkeit seines Gebrauchs?"[298] Er antwortet: Alle Bewegung kann nur relative Bewegung sein, nicht absolute. Denn Materie kann nur bezüglich Materie, nicht aber bezüglich des bloßen Raumes als bewegt oder ruhig gedacht werden. Damit nun alle Bewegung des Materiellen als nur relativ *gedacht* werden kann, braucht man den absoluten Raum.[299] Das heißt also: *Der absolute Raum ist notwendig, um zu empirisch begründeten allgemeinen und notwendigen Urteilen kommen zu können. Der Raum wird hier in einem im Vergleich zur Atomistik neuen Sinne Bedingung für die Denkbarkeit der Bewegung.*

Daß Körper grundsätzlich nur bewegt sind *durch* ihre Beziehung aufeinander, diese Einsicht setzt sich bei Kant nur indirekt durch. Er bekennt sich nicht dazu, sondern nimmt den absoluten Raum als prinzipiell notwendige apriorische Bestimmung, nicht aber als Notwendigkeit für die Physik bzw. für eine bestimmte physikalische Theorie, die eben die durch philosophische Erkenntnis gewonnene These, daß es Bewegung der Körper nur durch Beziehung der Körper aufeinander, nur durch ihre Wechselwirkung gibt, nur erfassen kann, indem sie das eine Moment – hier den absoluten Raum – festsetzt.

Wenn Kant feststellt, daß der absolute Raum sinnlich nicht wahrnehmbar ist, so stimmt er darin völlig mit Newton überein.[300] Während es Newton aber hauptsächlich darum geht, den mathematischen Begriff des Raumes und der Zeit, den er mit dem absoluten gleichsetzt, vom gewöhnlichen zu unterscheiden, um die Vorurteile aufzuheben, die diese Begriffe nur auf die Sinne beziehen,[301] will Kant diese beiden Begriffe miteinander vereinen, ohne zu erklären, was sie sind. Newton formuliert mit seiner Begriffsunterscheidung die für die Physik notwendige Idealisierung und Objektivierung. In diesem Sinne sagt er: „*Der absolute Raum* bleibt vermöge seiner Natur und ohne Beziehung auf einen äußeren Gegenstand stets gleich und unbeweglich. *Der relative Raum* ist ein Maass oder ein beweglicher Theil des erstern, welcher von unsern Sinnen, durch seine Lage gegen andere Körper bezeichnet und gewöhnlich für den unbeweglichen Raum genommen wird. ... Der absolute und der relative Raum sind dasselbe an Art und Größe, aber sie bleiben es nicht immer an Zahl. Bewegt sich z. B. die Erde, so ist der Raum unserer Atmosphäre, welcher in Bezug auf unsere Erde immer derselbe

298 I. Kant, Metaphysische Anfangsgründe der Naturwissenschaft, a. a. O., S. 559.

299 Vgl. ebenda; s. auch Kants Argumentation zur Einführung des absoluten Raumes in die Kinematik, S. 105, Anm. 208.

300 Vgl. I. Newton, Mathematische Prinzipien der Naturlehre, S. 25–30; vgl. S. 140f., Anm. 297.

301 „Bis jetzt habe ich zu erklären versucht, in welchem Sinne weniger bekannte Benennungen in der Folge zu verstehen sind. *Zeit*, *Raum*, *Ort* und *Bewegung* als allen bekannt, erkläre ich nicht. Ich bemerke nur, daß man gewöhnlich diese Größen nicht anders, als in Bezug auf die Sinne auffaßt und so gewisse Vorurteile entstehen, zu deren Aufhebung man sie passend in absolute und relative, wahre und scheinbare, mathematische und gewöhnliche unterscheidet." (Ebenda, S. 25).

bleibt, bald der eine, bald der andere Theil des absoluten Raumes, in welchen die Atmosphäre übergeht und ändert sich so beständig."[302]

Im Unterschied zu Kant sind nun aber für Newton Bewegungen im absoluten Raum stets absolute Bewegungen, da ja das eine durch das andere definiert ist.[303] Für Kant gibt es – wie erwähnt – überhaupt keine absolute Bewegung, obzwar einen absoluten Raum. Dieser Unterschied ergibt sich, obwohl Newton wie Kant sagen, daß eine wahre Bewegung (bei Newton identisch mit absoluter Bewegung, bei Kant ist jede mechanische, auch eine geradlinig gleichförmige, Bewegung eine wahre Bewegung) nur erzeugt oder abgeändert wird durch Kräfte, welche auf den Körper selbst einwirken, wogegen relative Bewegungen erzeugt oder abgeändert werden, ohne daß die Kräfte auf diesen Körper einwirken, und umgekehrt die wahre Bewegung des Körpers *stets* durch auf ihn einwirkende Kräfte geändert wird, wogegen die relative Bewegung durch diese Kräfte nicht notwendig geändert werden muß. Der Grund dieser Differenz liegt darin, daß beide Denker von den Kräften verschiedene Begriffe haben. Bei Kant ist eben einer Kraft nicht eine Beschleunigung proportional, sondern er will die ganze Mechanik mit ersten Ableitungen aufbauen. Newton hingegen bestimmt deutlich: „*Die wirkenden Ursachen*, durch welche absolute und relative Bewegungen voneinander verschieden sind, sind die *Fliehkräfte* von der Axe der Bewegung. Bei einer nur relativen Kreisbewegung existieren diese Kräfte nicht. ..."[304] Die Beschleunigung ist absolut, und darum braucht die klassische Mechanik den absoluten Raum oder: sie kann die Größe Beschleunigung nur definieren, wenn sie einen absoluten Raum voraussetzt.

Kant bestimmt nun klar den leeren Raum als erkenntnistheoretische Voraussetzung der Mechanik, indem er ihn zum absoluten macht[305]: „Der leere Raum in *phoronomischer* Rücksicht, der auch der absolute Raum heißt, sollte billig nicht ein leerer Raum genannt werden; denn er ist nur die Idee von einem Raume, in welchem ich von aller besonderen Materie, die ihn zum Gegenstande der Erfahrung macht, abstrahiere, um in ihm den materiellen, oder jeden empirischen Raum noch als beweglich und dadurch die Bewegung nicht bloß einseitig als absolutes, sondern jederzeit wechselseitig als bloß relatives Prädikat zu denken. Er ist also gar nichts, was zur Existenz der Dinge, sondern bloß zur Bestimmung der Begriffe gehört und sofern existiert kein leerer Raum."[306] Doch unterscheidet Kant auch noch andere leere Räume, die er auf die verschiedenen Begriffe der Bewegung und bewegenden Kräfte bezieht. „Der leere Raum in *dynamischer* Rücksicht ist der, der nicht erfüllt ist, d. i. worin dem Eindringen des Beweglichen nichts anderes

302 Ebenda, S. 25f.

303 Absolute Bewegung ist Übertragung des Körpers von einem absoluten Ort zu einem anderen absoluten Ort. Absolut ist ein Ort, wenn er ein Ort im absoluten Raum ist. Entsprechendes gilt für den relativen Raum und die relative Bewegung.

304 Ebenda, S. 29.

305 Vgl. z. B. I. Kant, Metaphysische Anfangsgründe der Naturwissenschaft, a. a. O., S. 563ff.

306 Ebenda, S. 563.

Bewegliches widerstrebt, folglich keine repulsive Kraft wirkt."[307] Diesen leeren Raum als wirklich leeren Raum könnte man – so Kant – sowohl mit der Absicht, den spezifischen Unterschied der Dichtigkeit abzuleiten, als auch um die Möglichkeit einer von allem äußeren Widerstande freien Bewegung im Weltraume zu begründen, postulieren. Daß Kant die erste Absicht ablehnt, hat er in seiner Dynamik gezeigt. Er verweist allerdings darauf, daß er nicht die Unmöglichkeit dieses Raumes beweisen könne, rechtfertigt sich aber: „Daß es indessen mit dieser Wegschaffung des leeren Raumes ganz hypothetisch zugeht, darf niemand befremden; geht es doch mit der Behauptung desselben nicht besser zu."[308] Der leere Raum in der zweiten Absicht ist nach Kant der leere Raum in *mechanischer* Beziehung. „Man sieht leicht", meint er, „daß die Möglichkeit oder Unmöglichkeit desselben nicht auf metaphysischen Gründen, sondern dem schwer aufzuschließenden Naturgeheimnisse, auf welche Art die Materie ihrer eigenen ausdehnenden Kraft Schranken setze, beruhe." Da ihm jedoch die Möglichkeit graduell unterschiedlicher Raumerfüllung als erwiesen gilt, „so möchte wohl um der freien und daurenden Bewegung der Weltkörper willen ein leerer Raum anzunehmen nöthig sein, weil der Widerstand selbst bei gänzlich erfüllten Räumen alsdann doch so klein, als man will gedacht werden kann".[309] Wenn Kant nun behauptet, diesen leeren Raum anzunehmen oder zu verwerfen habe keine erkenntnistheoretischen Gründe, so gibt er doch in gleichem Atemzuge zu, daß ein quasi-leerer Raum (einer, dessen Widerstand genügend gering ist) vorausgesetzt werden muß, um die freie und dauerhafte Bewegung der Weltkörper denken zu können. Und ganz offenbar wird seine Auffassung von der Verwandlung des leeren Raumes in eine erkenntnistheoretische Bedingung, wenn er die „Metaphysischen Anfangsgründe der Naturwissenschaft" mit den Worten beendet: „und so endigt sich die metaphysische Körperlehre mit dem *Leeren* und eben darum Unbegreiflichen, worin sie einerlei Schicksal mit allen übrigen Versuchen der Vernunft hat, wenn sie im Zurückgehen zu Prinzipien den ersten Gründen der Dinge nachstrebt, da, weil es ihre Natur so mit sich bringt, niemals etwas anders, als sofern es unter gegebenen Bedingungen bestimmt ist zu begreifen, folglich sie weder beim Bedingten stehen bleiben, noch sich das Unbedingte faßlich machen kann, ihr, wenn Wißbegierde sie auffordert, das absolute Ganze aller Bedingungen zu fassen, nichts übrig bleibt, als von den Gegenständen auf sich selbst zurückzukehren, um anstatt der letzten Grenzen der Dinge die letzte Grenze ihres eigenen, sich selbst überlassenen Vermögens zu erforschen und zu bestimmen."[310] Der Raum (verschiedenster Art) gibt die Bedingungen des Beweglichen an, und ohne bestimmte Bedingungen kann die Vernunft nichts begreifen.[311]

307 Ebenda.

308 Ebenda, S. 564.

309 Ebenda.

310 Ebenda, S. 565.

311 Im großen und ganzen spürend, daß seine Lösung doch nicht mit den Prinzipien der Physik voll übereinstimmt, versucht Kant im „Opus postumum", den Raum als etwas physikalisch

Mit dieser Darstellung setzt Kant den Gedanken fort, den er bereits in seiner allerersten Schrift „Gedanken von der wahren Schätzung der lebendigen Kräfte" geäußert hatte, den Gedanken des Zusammenhangs von Eigenschaften des Raums mit den mechanischen Gesetzen. Dort hatte er die Verknüpfung der Dreidimensionalität des Raumes mit dem Newtonschen Gravitationsgesetz erkannt. Allerdings, da das Gesetz zu jener Zeit für ihn etwas unmittelbar Gegebenes war, wollte er dort aus dem Gesetz den Charakter des Raumes begründen, später verfolgte er das genau umgekehrte Ziel. Vom heutigen Standpunkt aus ist es keine prinzipielle Frage, was man woraus ableitet, es geht vor allem um den gegenseitigen Zusammenhang. Für Kant war es jedoch nicht gleichgültig, da er ja zunächst das Gesetz, später den Raum in seinen Eigenschaften als etwas von vornherein Gegebenes, als etwas Absolutes, nicht als etwas Gesetztes ansah. Die Erkenntnis des Zusammenhangs bleibt jedoch ein unbestreitbares Verdienst. Ein unbestreitbares Verdienst ist es, 1746 zu schreiben: „Die dreifache Abmessung scheinet daher zu rühren, weil die Substanzen in der existierenden Welt so in einander wirken, daß die Stärke der Wirkung sich wie das Quadrat der Weiten umgekehrt verhält. Diesem zufolge halte ich davor, daß ... aus einem andern Gesetze auch eine Ausdehnung von andern Eigenschaften und Abmessungen geflossen wäre."[312] Zwar erklärt Kant nicht, worin dieser Zusammenhang besteht, doch lassen seine späteren Ausführungen,[313] in denen er die Konstanz des Kraftflusses (Konstanz der Newtonschen Gravitationskraft) nur bei einer kugelsymmetrischen Ausbreitung im dreidimensionalen euklidischen Raum für gewährleistet hält, annehmen, daß ihm dies bewußt war.

Für Kant hängen Raum und Gesetz allerdings vor allem dadurch zusammen, daß seine Kräfte im wesentlichen nur entfernungsabhängig, raumabhängig sind. Eine Dynamik zu entwickeln, in der die Kräfte nur von den Raumverhältnissen, den geometrischen Verhältnissen abhängen, dieser Gedanke war im Interesse der Verwirklichung des Kantschen metaphysischen Ziels sehr anziehend. Physik als Geometrie zu betreiben, das ist seit der Antike mehrfach versucht und erfolgreich als Statik von Archimedes durchgeführt worden, nicht aber gelang es, Dynamik als Geometrie darzustellen. Kant scheint der erste zu sein, der versucht hat,

Wirksames und doch zugleich als eine apriorisch bestimmte Erkenntnisbedingung besser zu fassen, indem er einen Äther einführt (vgl. S. 97, Anm. 180, 181, u. S. 112, Anm. 226).

312 I. Kant, Gedanken von der wahren Schätzung der lebendigen Kräfte, a. a. O., S. 380.

313 „Von einer jeden Kraft, die in verschiedenen Weiten unmittelbar wirkt und in Ansehung des Grades, womit sie auf einen jeden in gewisser Weite gegebenen Punkt bewegende Kraft ausübt, nur durch die Größe des Raumes, in welchem sie sich ausbreiten muß, um auf jenen Punkt zu wirken, eingeschränkt wird, kann man sagen: daß sie in allen Räumen, in die sie sich verbreitet, so klein oder groß sie auch sein mögen, immer ein gleiches Quantum ausmache, daß aber der Grad ihrer Wirkung auf jenen Punkt in diesem Raume jederzeit im umgekehrten Verhältnis des Raumes stehe, in welchem sie sich hat verbreiten müssen, um auf ihn wirken zu können." (I. Kant, Metaphysische Anfangsgründe der Naturwissenschaft, a. a. O., S. 519, vgl. auch S. 113, Anm. 230).

Dynamik weitgehend auf Geometrie zurückzuführen, und er ist der Erkenntnis der modernen Physik, daß die Geometrie des Raumes durch die Gravitation bestimmt wird, recht nahe gekommen. Der „leere" Raum ist in seinem System der, in dem keine Repulsion, wohl aber Attraktion wirkt; es ist ein Raum, den die Materie zwar nicht erfüllt, aber einnimmt. Da für Kant aber der ebene euklidische Raum selbstverständlich und denknotwendig ist, der einzig mögliche – und es im Interesse seiner Philosophie auch sein mußte –, konnte er nicht auf die Abhängigkeit der Raumstruktur von der Gravitation schließen. Den Zusammenhang zwischen Raum und Gesetz, somit auch zwischen Raum und Gravitationsgesetz, hat er in seiner kritischen Phase in erster Linie in der Bedeutung des Raumes als reiner Anschauungsform a priori für die Erkenntnis gesehen. Raum und Zeit sind ihm apriorische Bedingungen für die Möglichkeit der Erkenntnis.

Kant hat also ausführlich gezeigt, daß die Naturwissenschaft, daß die Physik apriorische Bestimmungen notwendigerweise braucht. Doch sind die Bestimmungen, die er im einzelnen angibt, nicht in jedem Falle die gnoseologischen Voraussetzungen der Newtonschen Mechanik. Bedingt ist diese Differenz wesentlich durch die Trennung des physikalischen Inhalts von der mathematischen Sprache sowie dadurch, daß ihm ein Vergleich zwischen *verschiedenen* physikalischen Theorien nicht möglich war. Somit konnte auch nicht die Einsicht gewonnen werden, daß nicht jede physikalische Theorie gleiche erkenntnistheoretische Voraussetzungen hat, diese also in gewisser Weise austauschbare Setzungen, nicht ein für allemal durch die Natur des Verstandes gegeben sind. Daher wurde verkannt, daß nur im Fortschritt der Physik eine Reduktion des apriorischen Teils bzw. eine Ausweitung der Dynamik möglich ist. Die Verabsolutierung der – in Kantscher Weise rezipierten – Mechanik wird so fast unvermeidlich. Sie erscheint in diesem Zusammenhang bei Kant als Versuch, innerhalb der einen physikalischen Theorie, den dynamischen Teil durch metaphysische Begründung zu erweitern. Von einer einzigen physikalischen Theorie wird gefordert, was alle physikalischen Theorien zusammen nur im Prozeß ihre Entwicklung leisten können. Diese Forderung war für Kant aber unausweichlich, wollte er doch zu seiner Zeit (und für seine Klasse) den Ausschließlichkeitsanspruch der Vernunft begründen.

Die seinerzeit objektive Unmöglichkeit, die erkenntnistheoretischen Voraussetzungen verschiedener physikalischer Theorien miteinander zu vergleichen, und seine philosophische Absicht führten Kant zu dem Ergebnis, daß es absolute Aprioritäten für jede Erkenntnis überhaupt und insbesondere auch für jede physikalische Erkenntnis gäbe. Insofern es kein gleichbleibendes absolutes Apriori gibt, ist diese These natürlich falsch. Aber sie enthält auch die Erkenntnis, daß eine *bedingungslose Erkenntnis nicht möglich* ist, daß immer etwas vorausgesetzt wird (in hohem Maße auch etwas, das für das einzelne Individuum apriorisch ist) und dies für die Physik generell Philosophie und Mathematik, namentlich auch Geometrie, sind.

Die Apriorität ersetzt in diesem Sinne bei Kant die Atome, die Newton annehmen mußte, um die Möglichkeit objektiver Gesetze zu begründen. In seinen „Prolegomena zu einer jeden künftigen Metaphysik, die als Wissenschaft wird auftreten können" schreibt der Begründer der klassischen deutschen Philosophie: „Es sind viele Gesetze der Natur, die wir nur vermittelst der Erfahrung wissen können; aber die Gesetzmäßigkeit in Verknüpfung der Erscheinungen, d. i. die Natur überhaupt, können wir durch keine Erfahrung kennen lernen, weil Erfahrung selbst solcher Gesetze bedarf, die ihrer Möglichkeit a priori zum Grunde liegen. – Die Möglichkeit der Erfahrung überhaupt ist also zugleich das allgemeine Gesetz der Natur, und die Grundsätze der erstern sind selbst die Gesetze der letztern. Denn wir kennen Natur nicht anders als den Inbegriff der Erscheinungen, d. i. der Vorstellungen in uns, und können daher das Gesetz ihrer Verknüpfung nirgend anders als von den Grundsätzen der Verknüpfung derselben in uns, d. i. den Bedingungen der notwendigen Vereinigung in einem Bewußtsein, welche die Möglichkeit der Erfahrung ausmacht, hernehmen."[314]

6. Naturdynamik und Beherrschung des Widerspruchs durch methodologische Regelung

Es gibt also nach Kant ein absolutes Apriori. Aber die Philosophie, die es begründet, wird in den Dienst einer durchgängigen Naturdynamik gestellt. „Eine rationale Naturlehre verdient also den Namen einer Naturwissenschaft nur alsdann, wenn die Naturgesetze, die in ihr zum Grunde liegen, a priori erkannt werden und nicht bloße Erfahrungsgesetze sind." Um diesen Standpunkt fruchtbar zu machen, entwickelte Kant seine Kräftekonzeption: „Denn es ist überhaupt über den Gesichtskreis unserer Vernunft gelegen, ursprüngliche Kräfte a priori ihrer Möglichkeit nach einzusehen, vielmehr besteht alle Naturphilosophie in der Zurückführung gegebener, dem Anscheine nach verschiedener Kräfte auf eine geringere Zahl Kräfte und Vermögen, die zur Erklärung der Wirkungen der ersten zulangen, welche Reduction aber nur bis zu Grundkräften fortgeht, über die unsere Vernunft nicht hinaus kann. Und so ist Nachforschung der Metaphysik hinter dem, was dem empirischen Begriffe der Materie zum Grunde liegt, nur zu der Absicht nützlich, die Naturphilosophie, so weit als es immer möglich ist, auf die Erforschung der dynamischen Erklärungsgründe zu leiten, weil diese allein bestimmte Gesetze, folglich wahren Vernunftzusammenhang der Erklärungen hoffen lassen."[315] Die Kantsche Kräftekonzeption erbringt nicht die universelle Naturdynamik, wie sie ihrem Erfinder vorschwebte. Der tiefere Grund liegt eben darin, daß er sich zur Selbstbewegung der Materie nur bekannte, aber diese Konzeption nicht durchführte und dies auf der von ihm gewählten philosophischen Basis auch nicht konnte.[316] (Man wird hierbei an Kants ethi-

314 I. Kant, Prolegomena zu einer jeden künftigen Metaphysik, a. a. O., S. 319.

315 I. Kant, Metaphysische Anfangsgründe der Naturwissenschaft, a. a. O., S. 534.

316 Vgl. hierzu M. Buhr, Immanuel Kant – Einführung in Leben und Werk, Leipzig 1969;

sches Prinzip erinnert, daß allein der gute Wille das Entscheidende sei, nicht der Erfolg.) In Erscheinung tritt dieser Grund in der Verkennung prinzipieller Newtonscher Voraussetzungen zur Ausarbeitung einer physikalischen Theorie, die Kant auch der Illusion verfallen ließ, die Mechanik könne leisten, was die Physik nur in der Potenz, in der Gesamtheit ihres Progresses leisten kann. Zugleich führte ihn seine Aprioritätsphilosophie aber auch zu der Erkenntnis, daß uns die Idee, das Weltganze zu erfassen, nie gegeben, sondern stets nur aufgegeben ist. Da es keine Erkenntnis unabhängig von Bedingungen gibt, kann das Unbedingte (die Welt als Ganzes) nicht gewußt werden. Kant meint, daß „das Unbedingte nicht an Dingen, sofern wir sie kennen, (sie uns gegeben werden,) wohl aber an ihnen, sofern wir sie nicht kennen, als Sachen an sich selbst, angetroffen werden müsse".[317] Seine hierin zum Ausdruck kommende Unterscheidung von Welt an sich und Welt der Erscheinungen enthält seine Lösung des offenen Problems der Atomistik, wie Sinnlichkeit und Denken miteinander zu vereinen sind, und zeigt zugleich den tieferen Grund seiner Ablehnung des Atomismus.

Die Erkenntnis a priori geht – so Kant – auf Erscheinungen, läßt die Sache an sich selbst zwar als für sich wirklich, aber von uns unerkannt, liegen. „Das, was uns notwendig über die Grenze der Erfahrung und aller Erscheinungen hinauszugehen treibt, ist das *Unbedingte,* welches die Vernunft in den Dingen an sich selbst notwendig und mit allem Recht zu allem Bedingten, und dadurch *die Reihe der Bedingungen als vollendet verlangt.*"[318] Die Erscheinung ist gegeben, und die Vernunft fordert die absolute Vollständigkeit der Bedingungen ihrer Möglichkeit (sofern diese eine Reihe ausmachen), das heißt, sie fordert eine vollständige Synthesis, wodurch die Erscheinung nach Verstandesgesetzen erklärt werden könne.[319] Von der Idee der Totalität (des Unbedingten) geht man aus und versucht, mit Verstandesbegriffen und -gesetzen das Gegebene zu rekonstruieren. Die vollständige Reihe der Bedingungen kann nun nach Kant grundsätzlich auf zweierlei Art gedacht werden: Entweder ist das Unbedingte die Gesamtheit der Reihe, das heißt, die Gesamtheit der Individuen, des Einzelnen, realisiert schon das Ganze, das Allgemeine (Standpunkt des Empirismus). Oder das Unbedingte ist ein Teil dieser Reihe, und zwar in dem Sinne, daß das Ganze, das Allgemeine, noch nicht mit der Gesamtheit der Individuen, des Einzelnen, gegeben ist, sondern in einem besonderen Wesen verkörpert wird bzw. eines besonderen integrierenden Prinzips bedarf (Standpunkt des Rationalismus), das sich dann – je nach Fragestellung – als Weltanfang oder Weltgrenze, als das absolut Einfache (Atom), als absolute Selb-

M. Buhr/G. Irrlitz, Der Anspruch der Vernunft, a. a. O.; M. Buhr, Die Philosophie Immanuel Kants als theoretische Quelle des Marxismus-Leninismus, a. a. O.

317 I. Kant, Kritik der reinen Vernunft, a. a. O., S. 25.

318 Ebenda (zweite Hervorhebung – R. W.).

319 Vgl. ebenda, S. 505.

ständigkeit (Freiheit) oder absolute Naturnotwendigkeit etabliert.[320] Diese Denkweise des Unbedingten erscheint in den Kantschen Antinomien jeweils als These, die erste Denkweise dagegen als Antithese.

Um die mit dem Aufstellen und dem Auflösen der Antinomien verknüpfte Ablehnung des Atomismus zu erläutern, sei noch das folgende bemerkt. Kants Meinung zum Atom ist seine Meinung zur Existenz eines einfachsten Wesens, eines letzten Subjekts überhaupt. Nach ihm ist der Begriff eines einfachsten Wesens nicht durch Erfahrung sinnlich verständlich zu machen, d. i. nicht in concreto, „und so ist er in Ansehung aller verhofften Einsicht in die Ursachen der Erscheinungen ganz leer und kann zu keinem Prinzip der Erklärung dessen, was innere oder äußere Erfahrung an die Hand giebt, dienen".[321] Und da nun der Begriff eines einfachsten Wesens nicht als Prinzip zur Erklärung der Erfahrung oder zur Einsicht in die Ursache der Erscheinungen dienen kann und insofern ganz leer ist, sollen wir nichts, wozu wir gelangen können, für ein letztes Subjekt halten. Und als ein letztes Subjekt sieht er an, „was übrig bleibt, nachdem alle Accidenzen (als Prädikate) abgesondert worden, mithin das Substantiale".[322] Das Substantiale selbst aber – meinte Kant – könne niemals von unserem noch so tief eindringenden Verstand, selbst wenn ihm die ganze Natur aufgedeckt wäre, gedacht werden, „weil die spezifische Natur unseres Verstandes darin besteht, alles diskursiv, d. i. durch Begriffe, mithin auch durch lauter Prädikate zu denken, wozu also das absolute Subjekt jederzeit fehlen muß." „Daher sind alle reale Eigenschaften, wodurch wir Körper erkennen, lauter Accidenzen, sogar die Undurchdringlichkeit, die man sich immer nur als die Wirkung einer Kraft vorstellen muß, dazu uns das Subjekt fehlt."[323] Über ein absolut letztes Subjekt kann man natürlich nichts wissen, weil diese Trennung von Subjekt und Prädikat gar nicht möglich ist. Ein Begriff ist die Einheit von Subjekt und Prädikat. Man kann und muß sie zwar unterscheiden, aber sie haben in der Trennung voneinander keine Existenz und sind in dieser gar nicht denkbar und bestimmbar. Kants Argumentation offenbart, daß er den Atomismus auf Grund seiner Aprioritätsphilosophie ablehnte, auf Grund seiner These: Es kann nichts Wahres, es kann nicht das Wesen gewußt werden, sondern nur die Erscheinung. Da Kant verschiedene physikalische Theorien nicht für möglich hielt, die klassische Mechanik letztlich nicht als physikalische Theorie ansah, ihre Voraussetzungen nicht als Setzungen, ihr Apriori nicht als relatives Apriori, konnte für ihn *ein letztes Subjekt bezogen auf eine bestimmte Theorie* nicht akzeptabel sein, ihm gar nicht in den Sinn kommen. (Es hat aber jede Theorie *ihr* Elementares, das innerhalb dieser Theorie unauflösbar ist, aber es ist eben nicht absolut unauflösbar, sondern nur in dieser Theorie nicht.)

320 Vgl. ebenda, S. 507.

321 I. Kant, Prolegomena . . ., a. a. O., S. 331.

322 Ebenda, S. 333.

323 Ebenda, S. 333f.

Da es kein Prädikat ohne Subjekt geben kann, werden bei Kant „alle realen Eigenschaften, zu denen uns das Subjekt fehlt", selbst zum Subjekt. Die Kräfte (die ja eigentlich Eigenschaften sind, Eigenschaften von etwas, das Kraft ausübt, oder von Objekten, die aufeinander Kraft ausüben) wurden so in der Funktion, die sie zu spielen haben, zu einer Art letzter Bausteine, aus denen sich die Materie konstituieren soll.

Weil die Materie als Ganzes, als Unbedingtes, niemals Gegenstand wirklicher Erfahrung sein kann, sondern nur Gegenstand möglicher Erfahrung, ist die mit der Naturdynamik angestrebte Totalphysik im Grunde genommen nach Kants eigener Konzeption nicht möglich, ist sie nie gegeben, doch uns stets aufgegeben. Mit Kants eigenen Worten: „Jede einzelne Erfahrung ist nur ein Teil von der ganzen Sphäre ihres Gebietes, *das absolute Ganze aller möglichen Erfahrung* ist aber selbst keine Erfahrung und dennoch ein notwendiges Problem für die Vernunft, zu dessen bloßer Vorstellung sie ganz anderer Begriffe nöthig hat, als jener reinen Verstandesbegriffe, deren Gebrauch nur immanent ist, d. i. auf Erfahrung geht, soweit sie gegeben werden kann, indessen dass Vernunftsbegriffe auf die Vollständigkeit, d. i. die collective Einheit der ganzen möglichen Erfahrung, und dadurch über jede gegebene Erfahrung hinaus gehen und *transzendent* werden."[324]

Genau dieses Problem der *kollektiven Einheit* behandeln die vier Antinomien. Eine von ihnen betrifft die Frage der unendlichen Teilbarkeit, die Frage, ob in der Welt etwas einfach sei oder ob alles ins Unendliche geteilt werden müsse. Die anderen fragen, ob die Welt von Ewigkeit her sei oder einen Anfang habe, ob der Weltraum ins Unendliche mit Wesen erfüllt oder innerhalb gewisser Grenzen eingeschlossen sei, ob es eine Erzeugung und Hervorbringung aus Freiheit gäbe oder ob alles an der Kette der Naturordnung hänge und ob es irgendein gänzlich unbedingtes und an sich notwendiges Wesen gäbe oder ob alles seinem Dasein nach bedingt und mithin äußerlich abhängend und an sich zufällig sei.[325] Bekanntlich zeigt Kant, daß beide Antworten beweisbar sind, und nennt genau dieses die Antinomie der reinen Vernunft.

Da die *unbedingte Totalität der Synthesis der Erscheinungen* niemals Gegenstand der Erfahrung sein kann, so sei es – meinte Kant – für die Erklärung der Erscheinungen unerheblich, ob man sich für die These oder für die Antithese entscheide, es komme nur darauf an, mit sich selbst einig zu werden.[326] Um dies zu erreichen, entwickelte Kant ein regulatives Prinzip als Grundsatz der Vernunft, das postuliert, was im Regressus (in der Rekonstruktion, in der Erklärung der Erscheinung) von uns geschehen soll, nicht um zu antizipieren, was im Objekt vor allem Regressus an sich gegeben ist, sondern um zu dem vollständigen Begriffe des Objekts zu gelangen. Dieser „Grundsatz der Vernunft

324 Ebenda, S. 238.
325 Vgl. I. Kant, Kritik der reinen Vernunft, a. a. O., S. 514–548, 563.
326 Ebenda, S. 565.

ist also eigentlich nur eine *Regel*, welche in der Reihe der Bedingungen gegebener Erscheinungen einen Regressus gebietet, dem es niemals erlaubt ist, bei einem schlechthin Unbedingten stehenzubleiben".[327] Das Unbedingte werde also niemals erreicht, denn im empirischen Regressus gelange man immer nur zu einer Bedingung, die selbst wiederum als empirisch bedingt angesehen werden müsse.[328] Und so besage das regulative Prinzip, daß wir nie an eine Grenze kommen, an keinen ersten Weltanfang in der Zeit, an keine äußerste Grenze dem Raume nach, zu keinem kleinsten Teilchen. Dabei macht dieses Prinzip keine Aussage darüber, ob es eine solche Grenze gibt oder nicht. Es war für Kant ein Werkzeug des Verstandes zur regressiven Synthesis der empirischen Erkenntnis, für sich genommen liefert es keine Erkenntnis. Es dient nur dazu, das Unbedingte denkbar zu machen.

Die Antinomie der reinen Vernunft tritt nur auf, wenn man das Unbedingte als „Ding an sich selbst" *und zugleich* seine Erkennbarkeit im Sinne einer empirischen Wahrnehmung annimmt. Kants Diskussion um die Auflösung der Antinomie drehte sich um die Frage, ob es eine derartige regressive Synthesis, Rekonstruktion der Erkenntnis gebe, daß die Antinomie der Vernunft ausgeschlossen wäre. Die Antwort ist bekanntlich, daß der Widerspruch wegfalle, wenn man die Objekte des Denkens in zweierlei Bedeutung nimmt: „Wenn man annimmt, unsere Erfahrungserkenntnis richte sich nach den Gegenständen als Dingen an sich selbst, (so findet sich), daß das Unbedingte *ohne Widerspruch gar nicht gedacht* werden könne; dagegen, wenn man annimmt, unsere Vorstellung der Dinge, wie sie uns gegeben werden, richte sich nicht nach diesen, als Dingen an sich selbst, sondern diese Gegenstände vielmehr, als Erscheinungen, richten sich nach unserer Vorstellungsart, *der Widerspruch wegfalle* . . ."[329]

Kant suchte die Auflösung der Antinomien mit dem Ziel, die Frage zu beantworten, unter welchen Voraussetzungen die einzelnen bürgerlichen philosophischen Systeme in Übereinstimmung zu bringen sind. Es galt, Empirismus und Rationalismus als Ausdruck jener einen Vernunft, in deren Namen

327 „Der Grundsatz der Vernunft also ist eigentlich nur eine *Regel*, welche in der Reihe der Bedingungen gegebener Erscheinungen einen Regressus gebietet, dem es *niemals erlaubt ist, bei einem schlechthin Unbedingten stehenzubleiben*. Er ist also kein Prinzipium der Möglichkeit der Erfahrung und der empirischen Erkenntnis der Gegenstände der Sinne, mithin kein Grundsatz des Verstandes; denn jede Erfahrung ist in ihren Grenzen (der gegebenen Anschauung gemäß) eingeschlossen, auch kein *konstitutives Prinzip* der Vernunft, den Begriff der Sinnenwelt über alle mögliche Erfahrung zu erweitern, sondern ein Grundsatz der größtmöglichen Fortsetzung und Erweiterung der Erfahrung, nach welchem keine empirische Grenze für absolute Grenze gelten muß, also ein Prinzipium der Vernunft, welches *als Regel* postuliert, was von uns im Regressus geschehen soll und nicht antizipiert, was im Objekte vor allem Regressus an sich gegeben ist." (Ebenda, S. 585).

328 Vgl. ebenda, S. 586, 592f.

329 Ebenda, S. 25.

die Bourgeoisie ihren Herrschaftsanspruch geltend machte, darzustellen. Also *mußte* bewiesen werden, daß beide Richtungen vereinbar sind, miteinander und mit der klassischen Mechanik und beide zugleich für sie notwendig. Kants Philosophie bildete den Abschluß der bürgerlichen Aufklärungsphilosophie, indem sie eben ihre beiden Hauptrichtungen, Rationalismus und Empirismus, durch methodologische Regelung widerspruchslos miteinander zu vereinigen bestrebt war. Damit eröffnete sie jedoch zugleich die Periode der Erzeugung einer einheitlichen bürgerlichen Philosophie, die die ideologische Funktion erfüllte, die kapitalistischen Privateigentümer im Namen der Vernunft unter einem Klasseninteresse zu vereinigen.[330] Es ging daher gar nicht darum, zu begründen, warum und wie sinnliche und rationale Stufe der Erkenntnis ineinander übergehen können, oder zu fragen, woher die apriorischen Anschauungsformen kommen, sondern darum, zu zeigen, daß man beide Erkenntnisstufen braucht, man weder die eine empiristisch noch die andere rationalistisch verabsolutieren darf, es ging darum, Regeln aufzustellen für ihr Zusammenspiel. Trotz dieses bürgerlich ideologischen Motivs und der damit verknüpften beschränkten Problemsicht lag in diesen Regeln natürlich ein erkenntnistheoretischer Fortschritt, der namentlich auch grundsätzliche Merkmale des physikalischen Erkenntnisprozesses erfaßte. Man kann der Bemerkung voll zustimmen, „daß Kants Erkenntnistheorie nichts anderes darstellt als das Selbstverständnis der Newtonschen Epoche".[331] Durch Kants regulatives Prinzip wurde der genannte Widerspruch ausgeschlossen, was ja eine wesentliche Voraussetzung zur Begründung des Prinzips physikalischen Denkens war. Durch dieses Prinzip wurde der Verstand als Tat gefaßt und zwar so, daß es sowohl rationalistischen Subjektivismus als auch empiristischen Positivismus ausschloß. Denn sich die Dinge vorzustellen, wie sie an sich sind – erkannte Kant – hieße, davon zu abstrahieren, wie wir zu ihrer Kenntnis gelangen können.[332] Diese Auffassung war bei Kant allerdings mit der Meinung gekoppelt, daß „Erscheinungen überhaupt außer unseren Vorstellungen nichts sind ...".[333] Nun sind tatsächlich Naturgegenstände nicht *an sich* erkennbar, sondern immer nur in bezug auf uns. *Doch:* Ihre Beziehung auf uns ändert sich, hängt ab davon, was wir aus ihnen machen können bzw. mit welchen Mitteln wir sie zwingen können, andere Beziehungen auf uns zu äußern. Diese Mittel können stets nur zweckgerichtet präparierte Naturgegenstände sein. Somit ist die Erscheinung

330 Vgl. zu dieser Problematik, die sich auch auf die Einschätzung der Kantschen Philosophie als höchster Form bürgerlicher Wissenschaftsauffassung, mithin auch auf die bürgerliche Auffassung des Verhältnisses von Sinnlichkeit und Verstand bezieht, P. Ruben, Die „Kritik der reinen Vernunft" und die methodologische Aufgabe der Philosophie, in: Zum Kantverständnis unserer Zeit, hrsg. v. H. Ley, P. Ruben und G. Stiehler, Berlin 1975.

331 A. Unsöld, H. Hertz. Prinzipien der Mechanik, in: Physikalische Blätter, 8/1970.

332 Vgl. I. Kant, Kritik der reinen Vernunft, a. a. O., S. 577.

333 Ebenda, S. 583.

objektiv, und andererseits gibt es kein Wesen, keine wesentliche Bestimmung, die prinzipiell nicht zur Erscheinung zu bringen wäre.

Die These: Es kann nichts Wahres, sondern nur die Erscheinung gewußt werden, erinnert sehr stark an den Newtonschen Satz, daß wir von den Substanzen der Dinge soviel wissen, wie ein Blinder von der Farbe. Doch gab Newton in seinen Regeln zur Erforschung der Natur an, nach welchen Prinzipien man durch Versuche von den Erscheinungen auf *allgemeine* Eigenschaften schließen kann. Newtons wie Kants Ansichten beruhen darauf, daß in der Physik Aussagen nur über Wirkungen auf bestimmte im Experiment gestellte „Anfragen" gemacht werden. Die physikalischen Aussagen sind immer Wenn-dann-Beziehungen. Sie sind so nicht unmittelbar Aussagen über die Wirklichkeit, sondern über mögliche Prozesse. Erst bei vorgegebenen Bedingungen werden sie zu Aussagen über wirkliche Prozesse. (Den Beweis dafür, daß das, was in diesen Aussagen behauptet wurde, zutrifft, erbringt letztlich die nach diesen Aussagen gebaute funktionierende Technik.)

Für Kant jedoch gab es einen absoluten Unterschied zwischen dem Wahren und der Erscheinung, zwischen dem an-sich-seienden und dem erscheinenden Ding. Er bestimmte die Grenze seiner erkenntnistheoretischen Einsicht mit dem Hauptsatz seiner methodologischen Regelung, daß Allgemeinheit und Notwendigkeit nicht der Wahrnehmung entsprängen.[334] Sie hätten, behauptet er, eine andere Quelle – das Subjekt, das einzelne erkennende Subjekt. Nun sind die durch das gesellschaftliche Zusammenwirken der Individuen im Arbeitsprozeß (gesellschaftliches Subjekt) konstruierte Allgemeinheit und Notwendigkeit in der Tat nicht aus dem einzelnen Subjekt heraus zu erklären. Sie sind für es wirklich apriorisch. Das, was Kant apriorische Erkenntnisbedingung nennt, ist in einer relativen Apriorität vorhanden. Das menschliche Bewußtsein ist keine „tabula rasa" – wie der Empirismus meint –, wenn es an die Erkenntnis der objektiven Realität geht, in zweierlei Hinsicht nicht: *Erstens* gehen in jeden Erkenntnisprozeß schon bestimmte begriffliche Voraussetzungen ein.[335] Und *zweitens* werden jedem menschlichen Individuum das Vorstellungsvermögen und die Begriffswelt übermittelt, die sich in der gesamten Menschheitsgeschichte herausgebildet haben (natürlich nicht unabhängig von der individuellen Erfahrung). Für das Individuum sind sie a priori, nicht aber für die Menschheit überhaupt. Die Relativität dieses Apriori kann jedoch nur begriffen werden, wird die Rolle des Arbeitsprozesses für die Entwicklung

334 So schreibt er in den „Prolegomena", daß nach Regeln des *Zusammenhangs* in Raum und Zeit einzelne Erkenntnisse zu einer Erfahrung verknüpft würden. Erfahrungsurteile „erfordern jederzeit über die Vorstellungen der sinnlichen Anschauung noch besondere, *im Verstande ursprünglich erzeugte Begriffe*, welche es eben machen, daß das Erfahrungsurteil *objektiv gültig* ist". (I. Kant, Prolegomena . . ., a. a. O., S. 291, auch S. 298).

335 Vgl. W. I. Lenin, Konspekt zu Hegels „Vorlesungen über die Geschichte der Philosophie", a. a. O., S. 246.

des Erkenntnisvermögens in die Betrachtung einbezogen, wird die Wissenschaft selbst als allgemeine Arbeit verstanden.[336]

Kant aber verläßt nicht die Ebene des Subjekts, und bleibt man in diesem Rahmen, ist das Problem nicht anders zu lösen, als er es getan hat. Er verlegte das durch das Zusammenwirken der Individuen produzierte Allgemeine und Notwendige, das Problem der kollektiven Einheit, als apriorisches Verstandesvermögen in das Subjekt. Er negierte es damit nicht, sondern setzte es als gegeben voraus. Es sei noch bemerkt, daß Kant damit in seinen sogenannten kritischen Schriften das Problem des Allgemeinen „materialistischer" gelöst hat als in den Frühschriften, in denen die die Allgemeinheit und Notwendigkeit repräsentierenden Gesetze als an sich vorhanden, von Gott mit der Schöpfung der Materie gegeben dargestellt wurden.[337]

Das apriorische Setzen der kollektiven Einheit bestimmt genau Kants Begriff der Synthesis und seine reine Vernunft als bürgerliche Vernunft. Bezüglich der Erkenntnis erscheint bei Kant der Dualismus von Sinnlichkeit und Verstand als wechselseitiger Ausschluß von Anschauung und Denken. Genau dieser Dualismus charakterisiert die bürgerliche Wissenschaftsauffassung, da die Bourgeoisie im Rahmen ihrer Weltanschauung die Trennung von Sinnlichkeit und Verstand unterstellen muß.[338]

Das bürgerliche Verständnis der Sinnlichkeit ergibt sich daraus, daß sich der Besitzer der Produktionsmittel als Nichtarbeiter nur rezeptiv zur Sinnlichkeit verhalten kann. Der Bourgeois etabliert sich hier als *Private*igentümer,

336 Vgl. K. Marx, Das Kapital, Bd. I, a. a. O., S. 407.

337 Kant glaubte, sich für sein zum Zwecke der Auflösung der Antinomie der reinen Vernunft erdachtes regulative Prinzip auf Newton berufen zu können. In der „Untersuchung über die Deutlichkeit der Grundsätze der natürlichen Theologie und der Moral" schreibt er: „Die echte Methode der Metaphysik ist mit derjenigen im Grunde einerlei, die Newton in die Naturwissenschaft einführte, und daselbst von so nutzbaren Folgen war. Man soll, heißt es daselbst, durch sichere Erfahrungen, allenfalls mit Hülfe der Geometrie die Regeln aufsuchen, nach welchen gewisse Erscheinungen der Natur vorgehen. Wenn man gleich den ersten Grund davon in den Körpern nicht einsieht, so ist gleichwohl gewiß, daß sie nach diesem Gesetze wirken, und man erklärt die verwickelte Naturbegebenheiten, wenn man deutlich zeigt, wie sie unter diesen wohlerwiesenen Regeln enthalten seien." (I. Kant, Untersuchung über die Deutlichkeit der Grundsätze der natürlichen Theologie und Moral, a. a. O., S. 149). Diese Berufung bezieht sich wahrscheinlich auf Newtons Bemerkungen, daß er nichts über die physische Ursache der Gravitation, über ihren in den Körpern liegenden Grund, sagen könne, sondern nur das mathematische Gesetz gefunden habe, nach dem die Gravitation wirkt. Konstruktiv ist hiermit die Einsicht verbunden, daß physikalische Gesetze grundsätzlich nicht anders sein können, daß die Physik der Prinzipien insofern stets nur Aussagen über das Wie, nicht über das Warum macht. Daß dies so ist, erkannte Kant, aber warum dies so ist, blieb ihm verschlossen — wegen seiner Kraftkonzeption und der mit ihr verknüpften mangelnden Einsicht in die Mathematik als Sprache der Physik.

338 Vgl. S. 152, Anm. 330.

als vereinzeltes Individuum. Er etabliert sich als Mitglied seiner Klasse, als Repräsentant des Allgemeinen, wenn es um die Kalkulation der Wertzusammensetzung geht, wenn er das ihm gehörende, aber vom Arbeiter produzierte Produkt mit anderen Mitgliedern seiner Klasse austauschen will. Damit tritt das Allgemeine nur auf als rechnender Verstand, für den sich – da der Wert durch sinnlich verschiedene Gegenstände repräsentiert wird – die Sinnlichkeit auf reine Verschiedenheit in der Wertrepräsentation reduziert.

Für den bürgerlichen Verstand geht es niemals darum, den konkreten gesellschaftlichen Zusammenhang zu organisieren, zu synthetisieren, sondern immer nur darum, den abstrakten Zusammenhang der Privateigentümer als Gemeinschaft von Tauschenden zum Objekt des Verstandes, zum Gegenstand der Analyse und Synthese zu machen. Nun erweist der Verstand aber in seiner Operation mit Werten anstelle der Bearbeitung der sinnlichen Naturgegenstände seine Autonomie gegenüber den Naturobjekten. Wie Marx schreibt, müssen die Gegenstände A, B, C als Waren als etwas betrachtet werden, das verschieden ist von dem, was sie als Dinge sind, sollen sie als gleichwertige Ausdrücke derselben Einheit behandelt werden.[339] Der Verstand erweist sich so gerade dadurch als soziales Organ, daß er die Kontradiktion, den Widerspruch, negiert, die zu Beginn eines individuellen Austauschs gesetzten verschiedenen Preise für dasselbe Produkt durch Handelseinigung in ein und denselben Preis verwandelt. (Denn der reale Austausch ist nur möglich bei Wertidentität verschiedener Produkte.) Genau in dieser Funktion der Wertekalkulation wird der Verstand in der bürgerlichen Gesellschaft und vom Standpunkt der Produktionsmittel besitzenden Klasse als soziales Organ gebraucht. Es handelt sich dabei aber stets um eine Sozialität in Abstraktion von der Produktion. Daher ist im bürgerlichen Bewußtsein mit dem Terminus „Verstand" immer das abstrahierende, nicht das philosophisch-dialektische oder konkrete Denken gemeint. Die von diesem Verstand entwickelte Rationalität bezieht sich stets auf die Fassung der Wertbeziehungen, das Allgemeine bedeutet nie etwas anderes als Bestimmung durch Abstraktion (Bildung von Abstraktionsklassen). Das Konkrete erscheint diesem Verstand als Repräsentant einer Klasse untereinander gleichartiger Gegenstände. Was der Gegenstand außer seinem Repräsentantendasein sonst noch sein mag, wird als reiner sinnlicher Schein aufgefaßt, als etwas, das „in Wahrheit" gar nicht vorhanden sei. So wird das, was in Hinsicht auf den Austausch tatsächlich zutrifft, als Beschaffenheit der Realität überhaupt ausgegeben, das relativ Gültige also verabsolutiert.

Die Sinnlichkeit (des zu verkaufenden Gegenstandes) ist als Lockmittel für die Realisation des Tauschwertes etwas dem eigentlichen Ding, das heißt seinem Wert, Äußerliches. Zugleich müssen die sinnlichen Eigenschaften als etwas Wichtiges anerkannt werden, weil ohne sie der Austausch nicht zu realisieren ist. Die Ware muß nicht nur Wert, sondern auch Gebrauchswert reprä-

339 Vgl. S. 159, Anm. 352.

sentieren oder vortäuschen. Im Austausch wird aber wiederum gerade von der Sinnlichkeit abstrahiert. Produkte verschiedenen Gebrauchswerts werden unter eine Klasse *gleichwertiger* Produkte subsumiert. Infolgedessen werden in der bürgerlichen Gesellschaft – siehe Marx – alle Beziehungen zu Geldbeziehungen, alle Verhältnisse unter dem Gesichtspunkt der Werte und ihrer operativen Verknüpfungen gesehen.

Auf Grund der Trennung zwischen Sinnlichkeit und Verstand wird die empirische Erkenntnis von vornherein als sinnliche Wahrnehmung, als Anschauung gefaßt. „Sache der Sinne ist es", schreibt Kant, „anzuschauen."[340] Daß eine Unterscheidungsarbeit geleistet wird, indem Gegenstände vorgegeben werden, wird total übersehen. Die Sinnlichkeit vermittelt so nur die Feststellung, ob ein „an sich gegebener" Gegenstand mit einer vorausgesetzten Vorstellung übereinstimme oder nicht. Die Sinnlichkeit ist in Kants Erkenntnistheorie nicht *Tätigkeit* des Unterscheidens, des Herausholens eines Gegenstandes aus dem Prozeß des Zusammenwirkens mit anderen, sondern hat nur die Funktion, den schon als bestimmt unterstellten Gegenstand zu beschauen, zu beriechen, zu betasten, zu schmecken oder zu hören, um zu begutachten, ob er den Forderungen der Vorstellung entspreche. Die Sinnlichkeit ist somit konsumtiv, kontemplativ, rezeptiv, aber nicht produktiv gefaßt, das menschliche Subjekt wird nur als sinnlich anschauend, nicht als sinnlich produzierend genommen. Sie gilt nicht als Resultat der Bildung, sondern als Natureigenschaft des Menschen. Für die so aufgefaßte empirische Erkenntnis erscheint die Welt als eine unbegrenzte Mannigfaltigkeit *einzelner* Gegenstände, während die sinnliche *Tätigkeit der Vereinzelung* (Gegenstandsauswahl und -bestimmung) völlig ignoriert wird. Da das produktive Dasein der Sinnlichkeit des Menschen an den Gebrauch von Mitteln (Werkzeugen, Produktionsmitteln) gebunden ist, Arbeitsmittel wie Arbeitsgegenstände aber in der kapitalistischen Gesellschaft denen gehören, die nicht arbeiten, kann die fundamentale Rolle des Werkzeugs als Bildungsmittel der Sinnlichkeit erkenntnistheoretisch nicht gedacht werden. Die Trennung von Werkzeug und Sinnlichkeit reflektiert sich in der bürgerlichen erkenntnistheoretischen Auffassung des Verstandes daher notwendigerweise so, daß der Verstand außerhalb der Sinnlichkeit sein Dasein haben muß.[341] Erst Marx konzipierte die Sinnlichkeit als sinnliche gegenständliche Tätigkeit und hob so den Antagonismus von Sinnlichkeit und Verstand auf.[342]

340 I. Kant, Prolegomena ..., a. a. O., S. 304.

341 Vgl. P. Ruben, Die „Kritik der reinen Vernunft" und die methodologische Aufgabe der Philosophie, a. a. O., S. 177f.

342 Diese Konzeption fand ihren ersten prägnanten Ausdruck in den Feuerbach-Thesen. So schreibt Marx in der ersten: „Der Hauptmangel alles bisherigen Materialismus ... ist, daß der Gegenstand, die Wirklichkeit, Sinnlichkeit nur unter der Form des *Objekts oder der Anschauung* gefaßt wird; nicht aber als *sinnlich menschliche Tätigkeit, Praxis;* nicht subjektiv. Daher die *tätige* Seite abstrakt im Gegensatz zu dem Materialismus von dem Idealismus – der natürlich die wirkliche, sinnliche Tätigkeit als solche nicht kennt – entwickelt.

In der „Kritik der reinen Vernunft" setzte Kant nun die bürgerliche Wissenschaftsauffassung im Sinne dieses Antagonismus von Sinnlichkeit und Verstand als selbstverständlich voraus. Indem er diesen Antagonismus nicht vertuschte, der vom bürgerlichen Standpunkt tatsächlich nicht aufzuheben ist, entwickelt er die höchste Form bürgerlicher Wissenschaftsauffassung und gibt erstmals eine dialektische Fassung des Erkenntnisproblems.[343] Hierin liegt der Grund, weshalb sich die erkenntnistheoretische Forschung immer wieder auf ihn bezieht. Die Kantsche Erkenntnistheorie ist dem physikalischen Erkenntnisprozeß insoweit angepaßt, inwieweit die Charakteristiken der Objekte der Physik, der physikalischen Größen, den Charakteristiken der Werte entsprechen. Die Wissenschaft vom Wertaustausch ist in ihrer erkenntnistheoretischen Grundlegung identisch mit der Wissenschaft vom Größenaustausch. Kant hat daher, als er seine „Kritik der reinen Vernunft" als Traktat von der Methode verfaßte,[344] zugleich ein Traktat der physikalischen Methode vorgelegt.

Er wollte, um „das Skandal der Vernunft" zu beseitigen, das Erkenntnisvermögen als Instrument untersuchen, und zwar sollte es als Instrument vor seinem Gebrauche darauf geprüft werden, was es tauge. Hegel kritisiert Kant dafür, weil sich erst im Gebrauche zeige, was ein Ding tauge, ebenso wie man nicht schwimmen lernen könne, bevor man ins Wasser gehe. Bekanntlich beginnt aber der Schwimmunterricht mit Trockenübungen. Bei diesen stehengeblieben, wird man nicht schwimmen lernen, aber sie sind eine notwendige Vorbereitung, sind Übung der Bewegungs*abfolge*. Denn vom bloßen Ins-Wasser-Gehen lernt man auch nicht schwimmen. In diesem Sinne ist Kant gegen Hegel im Recht, wenn er die *Existenz* von Notwendigkeit und Allgemeinheit durch die Existenz von Mathematik und Naturwissenschaft für erwiesen hält und auch die philosophischen Ergebnisse seiner Vorgänger, der Rationalisten und Empiristen, als gegeben nimmt. Aus dieser Sicht hat er eine notwendige Trokkenübung geleistet. Oder mit Hegel: Seine Erkenntnistheorie, das heißt seine methodologische Regelung zur Beherrschung des Widerspruchs, ist gute Einleitung in die Philosophie.[345] Sie ist der notwendige erste Schritt, die unabdingbare Voraussetzung, den Prozeß der physikalischen Erkenntnis philo-

... er faßt die menschliche Tätigkeit selbst nicht als *gegenständliche* Tätigkeit." Und in der fünften: „Feuerbach, mit dem *abstrakten Denken* nicht zufrieden, will die *Anschauung;* aber er faßt die Sinnlichkeit nicht als *praktische* menschlich-sinnliche Tätigkeit." In der neunten lesen wir: „Das Höchste, wozu der anschauende Materialismus kommt, d. h. der Materialismus, der die Sinnlichkeit nicht als praktische Tätigkeit begreift, ist die Anschauung der einzelnen Individuen und der bürgerlichen Gesellschaft." (K. Marx, Thesen über Feuerbach, in: MEW, Bd. 3, Berlin 1958, S. 5ff.)

343 Zu Kants dialektischer Fassung der Erkenntnis vgl. M. Buhr, Die Philosophie Immanuel Kants als theoretische Quelle des Marxismus-Leninismus, a. a. O., S. 16.

344 Diese „Kritik der reinen spekulativen Vernunft ... ist ein Traktat von der Methode, nicht ein System der Wissenschaft selbst". (I. Kant, Kritik der reinen Vernunft, a. a. O., S. 27).

345 G. W. F. Hegel, Vorlesungen über die Geschichte der Philosophie, Bd. III, a. a. O., S. 544.

sophisch darzustellen. Es steht noch aus, den physikalischen Erkenntnisprozeß in den gesellschaftlichen Erkenntnis- und Arbeitsprozeß einzubetten und damit auch die Frage beantworten zu können, woher der Verstand seine apriorischen Bestimmungen hat. Bei Kant hingegen, der diese Frage nicht aufklärt, hat der Verstand eben diese apriorischen Bestimmungen, hat er sie als reine Form, die durch die Erfahrung erst Inhalt bekommt.[346]

Kant hat darauf aufmerksam gemacht, *daß die Physik Gedankenbestimmungen ohne deren weitere Untersuchung gebraucht*. Aber er hat nicht begründet, warum das notwendig ist und warum sie gerade diese Gedankenbestimmungen (von denen Kant spricht) voraussetzen muß. Er hat diese selbst nicht in ihrer Notwendigkeit untersucht. Die Darstellung des „reinen Teils" der Physik artet oftmals in eine versuchte eigene Konstruktion der Physik aus, statt ihre Voraussetzungen philosophisch zu analysieren. Hegel charakterisiert dies treffend mit den Worten: „Denn daß die Materie Bewegung habe, ferner Anziehungs- und Repulsionskraft usf., alle diese Begriffe setzt er voraus, statt ihre Notwendigkeit aufzuzeigen. – Es ist der ‚Anfangsgründe der Naturwissenschaft' großes Verdienst, für einen Anfang einer Naturphilosophie darauf aufmerksam gemacht zu haben, daß die Physik Gedankenbestimmungen ohne deren weitere Untersuchung gebraucht, welche die wesentlichen Grundlagen ihrer Gegenstände ausmachen ... Es ist Aufzeigen der Metaphysik, der allgemeinen Begriffe von der Natur; dies ist sehr eingeschränkt, auf Materie und Bewegung. Es ist Versuch zu denken, d. h. die Gedankenbestimmungen aufzuzeigen, deren Produkt solche Vorstellungen wie Materie seien. Er hat die Grundbegriffe und Grundprinzipien dieser Wissenschaft zu bestimmen versucht und zu einer sogenannten *dynamischen* Naturlehre die Veranlassung gegeben."[347] Damit hat Kant das *Bedürfnis* des philosophischen, womit gemeint ist, des dialektischen, namentlich auch des naturdialektischen, Denkens begründet, hat – wie es Hegel ausdrückt – den Rhythmus der Erkenntnis (d. i. die methodologische Regelung zur Beherrschung des Widerspruchs), die wissenschaftliche Bewegung, als ein allgemeines Schema vorgezeichnet.[348]

Dem philosophischen Bedürfnis des Physikers ist damit zunächst voll Rechnung getragen. Denn für ihn ist es unmittelbar nur wichtig zu wissen, *daß* es in der Physik nichtaufgeklärte, vorausgesetzte Begriffe gibt, *daß* die Einordnung des Empirischen in eine vorhandene Theorie möglich und *daß* nicht alles aus der Theorie ableitbar ist. Alles weitere muß er sowieso als Physiker konkret selbst erledigen, durch seine Arbeit als Physiker erreichen. Es besteht als konkretes Problem stets die Aufgabe, Verstand und Sinnlichkeit, physikalische Theorie und experimentelle Ergebnisse zu vereinen. Dazu bedarf es bestimmter

346 Raum und Zeit erscheinen nach Hegel bei Kant als die reine Form, als das *Leere* (vgl. ebenda, S. 493).

347 Ebenda, S. 520f.

348 Ebenda, S. 544.

Regelungen. Der Physiker muß als Physiker nicht wissen, warum sie funktionieren.

Der Kantschen Apriorität der Vernunft entsprechen die Artefakte des Experiments, in dem die Natur gezwungen wird, auf wohlpräparierte, auf zweckgerichtete Fragen zu antworten. „Als *Galilei* seine Kugeln die schiefe Fläche mit einer von ihm selbst gewählten Schwere herabrollen, oder *Torricelli* die Luft ein Gewicht, was er sich zum voraus dem einer ihm bekannten Wassersäule gleich gedacht hatte, tragen ließ . . ., so ging allen Naturforschern ein Licht auf. Sie begriffen, daß die Vernunft nur das einsieht, was sie selbst nach ihrem Entwurfe hervorbringt, daß sie mit Prinzipien ihrer Urteile nach beständigen Gesetzen vorangehen und die Natur nötigen müsse auf ihre Fragen zu antworten, nicht aber sich von ihr allein gleichsam am Leitbande gängeln lassen müsse, denn sonst hängen zufällige, nach keinem vorher entworfenen Plane gemachte Beobachtungen gar nicht in einem notwendigen Gesetze zusammen, welches doch die Vernunft sucht und bedarf."[349] In dieser Weise – nicht wie ein Schüler, der sich alles vorsagen läßt, was der Lehrer will, sondern wie ein kluger Richter, der die Zeugen nötigt, auf die Fragen zu antworten, die er ihnen vorlegt – von der Natur zu lernen, bezeichnete Kant als den Einfall, dem die Physik die so vorteilhafte Revolution ihrer Denkart verdanke.[350] In diesem Sinne ist gemeint, daß wir nur das erkennen können, was wir selbst in die Dinge hineinlegen.[351] Es müßte dies aber auch heißen: Wir können nur das messen (erkennen), wofür wir schon eine Größenart erarbeitet haben. Man kann in der Physik nur messen, wenn man Größen hat. Diese Größen liegen nicht sinnlich anschaubar in der Natur vor. Sie müssen durch Vergleichsarbeit geschaffen werden.[352] Von dieser Arbeit abstrahiert die Aprioritätsphilosophie, und so liefert für sie der Verstand die notwendige Größenart, den Werterepräsentanten „kostenlos", eben a priori. Und doch trifft die Kantsche Erkenntnis „Erfahrung erfordert Verstand"[353]

349 I. Kant, Kritik der reinen Vernunft, a. a. O., S. 20.

350 Ebenda.

351 Vgl. ebenda, S. 24, 583.

352 Die Schwierigkeit der Größenbildung besteht darin, eine Gleichartigkeit herauszufinden, z. B. daß verschiedene Gegenstände Länge haben. Marx hatte bei der Bildung des Wertbegriffs mit den gleichen Problemen zu ringen: „. . . die Schwierigkeit liegt darin, A mit irgendeiner Menge B gleichzusetzen, und dies ist nur möglich, wenn eine gewisse Einheit für A und B besteht oder wenn A und B verschiedene Darstellungen derselben Einheit sind . . . *A, B, C müssen als etwas betrachtet werden, das verschieden ist von dem, was sie als Dinge . . . sind, . . . sollen sie als gleichwertige Ausdrücke derselben Einheit behandelt werden* . . . Sie sind Äquivalente . . . Es machte nichts aus, wenn sie ungleiche Ausdrücke wären, etwa A > 4B oder A < 4B. In allen diesen Fällen sind sie, sofern sie Werte sind, nur in der Quantität verschieden oder gleich, sind aber stets Quantitäten der gleichen Qualität. Die Schwierigkeit besteht darin, diese Qualität zu finden." (K. Marx, Theorien über den Mehrwert, in: MEW, Bd. 26. 3, Berlin 1962, S. 160 (Hervorhebung – R. W.)

353 I. Kant, Kritik der reinen Vernunft, a. a. O., S. 23.

genau die experimentelle Methode, durch die die Naturlehre zur Wissenschaft wurde, zur theoretischen Naturforschung.

Mit Kants erkenntniskritischer Antwort auf die Frage: Was ist das Gegebene? schließt sich der Kreis, der mit der Verkündigung begann: Gebet mir Materie; ich will euch zeigen, wie eine Welt daraus entstehen soll. Die Gegenstände sind uns demnach niemals an sich selbst, sondern immer nur in der Erfahrung gegeben.[354] Damit aber das Erfahrungsurteil objektiv gültig sei, seien – lehrte Kant – über die Vorstellungen der sinnlichen Anschauung hinaus noch besondere, im Verstande ursprünglich erzeugte Begriffe erfordert.[355] Das heißt, Kant objektivierte die subjektive sinnliche Wahrnehmung durch den allgemeinen menschlichen Verstand. Der Fehler liegt nicht darin, daß er ihm diese Rolle zumaß, sondern in dem unhistorischen, abstrakten Begriffe, den er von ihm hatte. Noch heute ist jedoch – weit hinter Kant zurückfallend – in bestimmten Fachkreisen der Glaube verbreitet, das eigentliche Fundament, das, was als objektive Grundlage gegeben ist, auf der dann die Theorie errichtet wird, seien die einzelnen harten Fakten. Einstein polemisierte hiergegen mit dem Argument, daß erst die Theorie darüber entscheidet, was man beobachten kann.[356] Und Eddington bemerkte – zwar bezogen auf die Astronomie, die hier aber stellvertretend für alle Naturwissenschaften stehen kann – treffend: „Für einen Leser, der entschlossen ist, jede Theorie zu fliehen und nur klare Beobachtungstatsachen zuzulassen, müßten alle astronomischen Bücher auf dem Index stehen. *Denn es gibt keine reinen Beobachtungstatsachen über die Himmelskörper*. Astronomische Messungen sind ausnahmslos Messungen von Erscheinungen, die sich in einer irdischen Sternwarte oder Beobachtungsstation abspielen; nur die Theorie übersetzt sie in Erkenntnisse von einem Universum da draußen. – Wenn ein Beobachter mitteilt, daß er einen neuen Stern in einer bestimmten Stellung entdeckt hat, ... (so ist für ihn) die Lokalisierung eine Beobachtungstatsache – und darum sicherer begründet als theoretische Folgerungen, die etwa aus der Einsteinschen Theorie hergeleitet sind. Er muß aber schlucken, daß seine sog. ‚Tatsache', weit davon entfernt, eine Beobachtung zu sein, in Wirklichkeit ein Schluß ist, der sich auf die Einsteinsche Theorie stützt, es sei denn, daß er ihn auf irgendeine frühere Theorie gegründet hat, die noch weiter von den Beobachtungen entfernt ist; der Beobachter hat seinen Messungen eine theoretische Deutung gegeben, indem er aus theoretischen Gründen annahm, daß das Licht den Weltraum annähernd auf einer geraden Linie durchquert."[357] Genau diesen Grundzusammenhang von Theorie und Empirie, den Eddington hier schildert, hat Kant bewußtgemacht. Das „Objektivste" sind nicht die unmittelbaren Wahrnehmungen, sondern ist das, was in

354 Vgl. z. B. ebenda, S. 572.
355 Vgl. S. 153, Anm. 334.
356 Vgl. W. Heisenberg, Der Teil und das Ganze, a. a. O., S. 92.
357 A. S. Eddington, Dehnt sich das Weltall aus?, a. a. O., S. 25–27.

die Theorie eingebaut, mit ihr erklärt werden kann. In diesem Sinne betonte Engels die Notwendigkeit des theoretischen Denkens für die empirische Naturforschung. Denn die auf die bloße Erfahrung pochende, das Denken mit souveräner Verachtung behandelnde Empirie führe auf den sichersten Weg von der Naturwissenschaft zum Mystizismus.[358]

Kant sah – wie gezeigt – nicht nur die Notwendigkeit von Voraussetzungen, die aus der Physik, aus der Dynamik nicht ableitbar sind, sondern auch die Notwendigkeit und die Möglichkeit, sie mit Kräften, mit mathematisch und empirisch zugänglichen Prinzipien, zu kombinieren. Mit der gleichzeitigen Angabe von Regeln ihrer Zusammenfügung verwies er auf die Erfordernisse einer mathematisierten empirischen Naturwissenschaft. Er behauptete die Bedeutung der Mathematik für die Wissenschaftlichkeit der Physik (die er ungewollt auch dadurch demonstrierte, daß er in Unwissenschaftlichkeit dort gerät, wo er die mathematische Sprache der Physik vernachlässigt). Zudem gab Kant mit der Zielstellung, eine vorliegende physikalische Theorie dynamisch zu erweitern, das Prinzip physikalischen Erkenntnisfortschritts an.

Kant machte bewußt, daß Newton mehr, erkenntnistheoretisch mehr, geleistet haben mußte, als die Lockesche Philosophie vorgab. Newton selbst vertrat Lockes Philosophie, aber er war, indem er die klassische Mechanik als erste physikalische Theorie begründete, über diese Philosophie hinausgegangen. Kant zeigte, daß weder der englische Empirismus noch der in Frankreich heimische Rationalismus ausreichten, die Physik erkenntnistheoretisch zu begründen. Jedoch hat – wie aus dem Bisherigen hervorgeht – auch Kant nicht *die* Erkenntnistheorie der Physik ausgearbeitet. Das kann schon deshalb nicht sein, weil er grundlegende Prinzipien der Mechanik, mithin der Physik, verkannte. Zudem kann eine Erkenntnistheorie, die die Erkenntnis nicht als Moment der menschlichen Arbeit versteht, auch nicht den Erkenntnisprozeß einer Naturwissenschaft voll erfassen. So wie Kant – in seiner bürgerlichen Weltsicht befangen – die „reine Vernunft" als allgemein menschliche ausgab, sie nicht als bürgerliches Bewußtsein erkennen konnte, seine reine Vernunft nicht in ihrer Besonderheit, ihrer spezifischen Bestimmung, so identifizierte er auch die klassische Mechanik mit der Physik überhaupt (was auf Grund des Sondercharakters der klassischen Mechanik als Protophysik in vielerlei Hinsicht gerechtfertigt ist, aber eben nicht generell). Dadurch werden bestimmte seiner Aussagen falsch. So stimmt es zwar – wie Kant als regulatives Prinzip zur Auflösung der Antinomie der reinen Vernunft angibt –, daß wir zum Beispiel bei der Teilung der Materie nie an eine Grenze geraten, es kein kleinstes Teilchen gibt, kein Atom, aber dies trifft eben nur für den Erkenntnisprozeß als ganzen zu, nicht im Rahmen einer bestimmten Theorie, *für die* es jeweils stets etwas Elementares gibt (Elementarkonstanten zum Beispiel). Die Identifizierung von Mechanik und

358 F. Engels, Dialektik der Natur, a. a. O., S. 337, 345; s. auch F. Engels, Herrn Eugen Dührings Umwälzung der Wissenschaft (Anti-Dühring), in: MEW, Bd. 20, Berlin 1962, S. 8–26.

Physik und die damit verknüpfte Verkennung der Mechanik in ihrer Eigenart als physikalische Theorie verhinderte diese Einsicht.

Kant hat jedoch – das sei nochmals wiederholt – mit seiner erkenntniskritischen Philosophie wesentliche Züge des physikalischen Erkenntnisprozesses erfaßt. Das gelang, weil die Physik auf dem Experiment, auf Vergleichsarbeit beruht, nicht auf produktiver, gegenständlich verändernder Arbeit. Seine *Kombination* von apriorischen Verstandesbestimmungen und sinnlicher Wahrnehmung erfaßt die experimentelle Methode, das Prinzip physikalischer Sinnlichkeit, soweit es eben den Rhythmus des physikalischen Erkenntnisprozesses betrifft. Denn die sinnlich produzierten Gegenstände (seien sie nun vom Menschen erzeugt oder ohne sein Zutun entstanden) kann die Physik als gegeben voraussetzen.

Um diese von der Physik getroffene Voraussetzung jedoch zu begreifen, sie zu analysieren und zu begründen, dazu bedurfte es Hegels und Marx', die – in verschiedener Weise – die *Produktion* der „kollektiven Einheit" aufzeigten. Dabei konnte dann der Widerspruch durch keine methodologische Regelung wegfallen. Es erwies sich, daß Marx' Konzeption der gegenständlichen Sinnlichkeit erforderlich ist, um eine Naturdynamik als Naturdialektik, als dialektisch-materialistische Naturphilosophie, durchzuführen. Sie ist es deshalb, weil der Grundgedanke der materialistischen Naturdialektik, die Historizität der Natur zu explizieren, nur durchführbar ist, wenn man anerkennt, daß ein realer Naturgegenstand nur von einem anderen Naturgegenstand erzeugt worden sein kann. Nur ein System von Naturgegenständen kann sich selbst erzeugen; und es existiert nur, weil und indem es sich selbst erzeugt. Dieser Gedanke liegt implizit und in einer für die mit „Verstandesgegenständen"[359] operierenden Physik typischen Weise (den Widerspruch zu fassen) auch der klassischen Mechanik zugrunde. Anders hätte Newton die Physik nicht begründen können. Bewußt werden und erkenntnistheoretisch verarbeitet werden konnte dieser Sachverhalt aber erst, als die Wissenschaft von der Gesellschaft, als eine wissenschaftliche Philosophie geschaffen worden war, also erst mit Marx' Konzeption der Arbeit als Grundlage des menschlichen Entwicklungs- und Erkenntnisprozesses, das heißt auch als Grundlage der Herausbildung des Subjekts, dem die „apriorischen" reinen Anschauungsformen und Verstandesbestimmungen eigen sind.

Hieraus erhellt aber auch, daß eine Naturdynamik, versteht man sie nicht als Philosophie, sondern als Physik, niemals Welterklärung sein kann; denn die Physik ist eben eine Einzelwissenschaft.

[359] Zu diesem von Hegel geprägten Begriff, der sich auf die Objekte des analytischen Denkens bezieht, s. auch R. Wahsner, Naturwissenschaft zwischen Verstand und Vernunft, in: Vom Mute des Erkennens. Beiträge zur Philosophie G. W. F. Hegels, hrsg. v. M. Buhr u. T. I. Oisermann, Berlin (in Vorbereitung, erscheint noch 1981).

Schlußbemerkung

Den Atomismus als ein Grundprinzip der Physik zu erkennen, setzt voraus, zwischen atomistischer Modelltheorie und atomistischer erkenntnistheoretischer Begründung zu unterscheiden. In der antiken Atomistik war undifferenziert beides enthalten: der erkenntnistheoretische Grundgedanke, die Bewegung physikalisch zu denken, und das spezielle Modell einer aus kleinsten Bausteinen errichteten Welt. Als Modelltheorie mußte der Atomismus aufgegeben werden, da ein Prinzip physikalischer Sinnlichkeit aus ihm nicht abzuleiten war. Die experimentelle Methode und der mit ihr verknüpfte Kraftbegriff ließen sich – wie gesagt – in die klassische Form des Atomismus nicht einbauen. Mit ihm wurde eben „nur" das Prinzip des physikalischen Denkens begründet, und zwar insofern, als das atomistische Prinzip das Grundschema entwickelte, wie der die Bewegung ausmachende Widerspruch physikalisch zu fassen sei. Daher und insofern kann der Atomismus als erkenntnistheoretische Grundlage der Physik höchstwahrscheinlich nie völlig revidiert werden. Dies findet – wie eingangs gezeigt – auch in den heute in der Physik diskutierten Problemen, die die Grundstruktur der Physik betreffen, seinen Ausdruck.[360]

360 So muß man in jeder physikalischen Theorie etwas Elementares und Konstantes voraussetzen; daß eine reine Feldtheorie (verstanden als absolute Kontinuitätstheorie) bislang nicht ausgearbeitet werden konnte, daß im Unendlichkleinen und im Unendlichgroßen etwas in Form von Rand- und Anfangsbedingungen *gesetzt* werden muß, scheint prinzipielle Gründe zu haben. So schreibt z. B. Treder: „Mit der Vorgabe der Bewegungsgleichungen entsprechend Hertz sind die Fundamente (der Urbau) der Physik usw. noch nicht abgeschlossen. Zu den Bewegungsgleichungen treten die Grenz- und Anfangsbedingungen und die Vorgabe universeller Konstanten." (H.-J. Treder, Physik der Prinzipien und deduktive Physik, in: Philosophische Probleme des physikalischen Raumes, Berlin 1974, S. 1).

Einstein diskutierte diese Problematik u. a. mit der Frage, ob singularitätsfreie Theorien möglich seien, ob das Postulieren von Grenzbedingungen im Großen und im Kleinen vermeidbar sei. Er kam in seiner letzten Arbeit „Relativistische Theorie des nichtsymmetrischen Feldes" zu folgendem Ergebnis: „Eine Feldtheorie ist durch das System der Feldgleichungen noch nicht vollkommen bestimmt. Soll man das Auftreten von Singularitäten zulassen? Soll man Grenzbedingungen postulieren? Meine Meinung zur ersten Frage ist, daß man Singularitäten ausschließen muß. Es scheint mir nicht vernünftig, in einer Kontinuums-Theorie Punkte (bzw. Linien etc.) einzuführen, in denen die Feldglei-

Der Atomismus ist natürlich nicht die einzige erkenntnistheoretische Grundlage der Physik. Es zeigte sich aber, daß er durch die anderen sich entwickelnden Prinzipien (namentlich durch die Entwicklung der experimentellen Methode) nicht revidiert, sondern nur modifiziert wurde. Es erwies sich der rationale Kern der materialistischen Philosophie des Atomismus gerade darin, daß er – mit der vorgetragenen Einschränkung – dem physikalischen Denkprozeß angemessen ist. Als Basis dialektisch- und historisch-materialistischer Philosophie ist der Atomismus ungeeignet. Es kann kein „philosophisches Atom" geben, aber – und das sollte gezeigt werden – es muß ein „physikalisches Atom" geben.

Diese Notwendigkeit wurde erkenntnistheoretisch erstmals von der Kantschen Aprioritätsphilosophie begründet. Da Kant aber den Widerspruch zwischen Sinnlichkeit und Denken nur durch methodologische Regelung löste, da er die Herkunft der von der Physik vorausgesetzten Gedankenbestimmungen nicht aufzeigte, war die (z. B. vom Neokantianismus verwirklichte) Möglichkeit gegeben, seine Philosophie, namentlich auch seine Naturphilosophie, subjektivistisch zu verabsolutieren. Dies trat ganz offensichtlich in Erscheinung, als mit der Allgemeinen Relativitätstheorie Kants Argument von der

chungen nicht gelten. Außerdem ist deren Einführung gleichwertig mit der Festsetzung von im Hinblick auf die Feldgleichungen willkürlichen Grenzbedingungen auf geschlossenen ‚Flächen', welche die Singularitäten eng umschließen. Ohne ein solches Postulat ist die Theorie viel zu unbestimmt. Die zweite Frage ist nach meiner Ansicht dahin zu beantworten, daß die Festsetzung von Grenzbedingungen unerläßlich ist..." Im folgenden gibt Einstein auch zu, daß für seine Antwort auf die erste Frage noch keine positive Möglichkeit gefunden wurde: „Ist es denkbar, daß eine Feldtheorie die atomistische und Quantenstruktur der Realität zu verstehen gestattet? ... Ich glaube aber, daß gegenwärtig niemand etwas Zuverlässiges darüber weiß..., weil wir nicht beurteilen können, in welcher Weise und wie stark die Bedingung der Singularitätsfreiheit die Mannigfaltigkeit der Lösungen reduziert. Wir besitzen ja überhaupt keine Methode, singularitätsfreie Lösungen systematisch abzuleiten..." (A. Einstein, Grundzüge der Relativitätstheorie, Berlin(West)-Oxford-Braunschweig 1969, S. 162ff.). An dieser Situation hat sich bis heute nichts geändert.

Auch die Notwendigkeit, universelle Konstanten vorgeben zu müssen, zeigt die atomistische Komponente der heutigen Physik. Denn das, was zunächst als primäre, als inhärente Eigenschaften des Atoms gefordert wurde, verwandelt sich in der Physik z. T. in Konstanten. Die Konstanten übernehmen *eine* Funktion der Atome, doch sind sie im Gegensatz zu diesen handhabbar für eine wirkliche physikalische Theorie. Sie lassen eine größere Vielfalt, spezifischere Bestimmungen zu als die inhärenten Atomeigenschaften. Man kann an sie physikalische Forderungen stellen und sie so fortschreitend in die Dynamik einbeziehen. Die Mannigfaltigkeit der Erscheinungen ergibt sich so nicht durch die einfache Kombination ein für allemal angenommener Atomeigenschaften, sondern durch die mögliche fortschreitende Einbeziehung der Konstanten in die Dynamik können auch neue Eigenschaften erkannt werden. Angestrebt (jemals erreicht?) wird das „Auffinden" von dimensionslosen Elementarkonstanten.

Denknotwendigkeit der euklidischen Geometrie zusammenbrach. Denn indem sich Kant auf die apriorisch im Gemüt bereitliegende euklidische Raumvorstellung berief, um so über den Raum als reine Form der Anschauung Sinnlichkeit und Verstand miteinander zu verknüpfen, bezog er – obwohl dies seinem Anliegen gar nicht entsprechen konnte – implizit die gesamte Menschheitsgeschichte ein, deren Entwicklungsprodukt die euklidische Geometrie und ihre „Denknotwendigkeit" objektiv schließlich waren. Bei Kant werden unbewußt die sinnliche Wahrnehmung und die Bestimmung des Verstandes mittels der Menschheitsgeschichte verknüpft. Als sich aber erwies, daß die euklidische Geometrie weder die einzig denkbare noch die einzig physikalisch bedeutsame ist, war diese den historischen Aspekt implizit enthaltende Verbindung nicht mehr gegeben, und der Mangel der Kantschen Philosophie wurde für das erkenntnistheoretische Verständnis der Physik unmittelbar wirksam. Es wäre jetzt erforderlich gewesen, den Zusammenhang von Geometrie (reiner apriorischer Anschauungsform) und Erfahrung, von physikalischer Theorie und Messung bzw. das Wesen der experimentellen Methode explizit darzustellen und erkenntnistheoretisch zu begründen, um Kants methodologische Regelung nicht neokantianisch als das willkürliche Setzen von Spielregeln mißzuverstehen.[361]

Um das von Kant bezüglich des physikalischen Erkenntnisprozesses offengelassene Problem zu lösen, um also die Einzelwissenschaft Physik in den gesamtgesellschaftlichen – von der Philosophie zu untersuchenden – Erkenntnisprozeß einordnen zu können, muß die Besonderheit der Physik gegenüber der Philosophie herausgearbeitet werden. Diese besteht wesentlich darin, daß ein „apriorischer Anteil" für sie unabdingbar ist. Ein Rückblick auf die bisherige Entwicklung der Physik zeigt, daß diese im wesentlichen darin bestand, den in den passiven Prinzipien erfaßten „apriorischen Anteil" zu reduzieren und den der aktiven Prinzipien zu erweitern, was in der Erkenntnis neuer Naturgesetze jeweils seinen Ausdruck fand. Eine derartige Reduktion des „apriorischen Anteils" oder des Anteils der passiven Prinzipien ist mit einer Veränderung all seiner Bestandteile verknüpft, unter anderem auch mit der jeweils vorausgesetzten Raumvorstellung, das heißt der Geometrie. Gerade die modernen physikalischen Theorien belegen jedoch, daß diese partiell physikalisch bestimmt werden kann und daß die primären Eigenschaften der elementaren Teilchen sowie die Kosmologie aus prinzipiellen Gründen nicht rein aposteriorisch festgelegt, das heißt, daß die Eigenschaften dieser Teilchen nicht total auf Eigenschaften der Felder zurückgeführt bzw. als aktive Prinzipien gefaßt werden können. Eine vollständige Auflösung der Physik in aktive Prin-

361 Zum Status der Kantschen Erkenntnistheorie in der modernen Physik vgl. H.-H. v. Borzeszkowski/R. Wahsner, Erkenntnistheoretischer Apriorismus und Einsteins Theorie. Einstein in seiner Beziehung zu Newton und Kant, a. a. O., sowie H,-H. v. Borzeszkowski/R. Wahsner, Zur Beziehung von experimenteller Methode und Raumbegriff, in: DZfPh, 6/1980.

zipien bzw. in Dynamik bedeutete ihre absolute Vollendung und damit ihr Ende. Die Beseitigung der passiven Prinzipien ist eine Aufgabe, deren Erfüllung der Physik nie gegeben, aber stets aufgegeben ist. Diese Einsicht wurde im Prinzip – wenn auch in idealistischer Färbung und in Verabsolutierung (teils sogar Verkennung) der klassischen Mechanik – von Kant gewonnen und erstmals dargelegt.

In Kants Antinomien spiegeln sich die entgegengesetzten Standpunkte der Eleaten und der Herakliteer wider. Der Begründer der klassischen deutschen Philosophie hat die eleatische und herakliteische Frage durch seine Synthese von Rationalismus und Empirismus für die Belange der experimentellen Naturwissenschaft geregelt, nicht gelöst. Er hat so die antike Problematik, deren erste physikalisch fruchtbare Lösung die Atomistik bot, neu aufgenommen und, *nachdem* eine wirkliche physikalische Theorie von Newton ausgearbeitet worden war, den atomistischen Grundgedanken mit den notwendigen Modifikationen als Denkprinzip der Physik neu begründet. Man kann daher in gewisser Weise sagen: Kant hat Newton richtig verstanden und war deshalb kein Atomist. Denn er unterschied implizit den Atomismus als Modelltheorie vom Atomismus als physikalische Denkweise der Bewegung. Den ersten Aspekt des Atomismus lehnte er ab, was sich in seiner Polemik gegen die Atomistik überhaupt äußerte. Den zweiten Aspekt nahm er in seine Philosophie auf. Er schlägt sich dort in der apriorischen Begründung der Erkenntnis nieder. Wenn mit Kant so der physikalische Erkenntnisprozeß auch keineswegs endgültig rezipiert wurde, so trifft es eben doch zu, daß ohne Kant, ohne das positive, konstruktive Verständnis von Kant, die Naturwissenschaft – gerade auch die moderne – nicht philosophisch, nicht in ihrer erkenntnistheoretischen Problematik begriffen werden kann. Es zeigt sich tatsächlich immer wieder, daß die vom klassischen Atomismus, von Newton und Kant diskutierten Fragen nach wie vor zu den Grundproblemen, ihre Antworten zu den Grundlagen der Physik gehören.

Personenregister

Sachregister

FSC
www.fsc.org
MIX
Papier | Fördert
gute Waldnutzung
FSC® C083411

Kolibri 360 GmbH
Ferdinand-Jühlke-Straße 7
99095 Erfurt, Deutschland
produktsicherheit@kolibri360.de